美丽乡村规划与施工新技术

马虎臣　马振州　程艳艳　编著

机械工业出版社

本书结合"生态人居""生态环境""生态经济""生态文化"四大乡村工程建设,全面、系统地介绍了美丽乡村的生态人居住宅建筑工程、配套完整的乡村基础设施、家用生活设施的建设与应用,以及乡村建筑的节能减排、乡村园林等建筑施工技术。突出了"内容新""讲解明""易领会""能操作"的编写思路,是美丽乡村创建活动的管理者、设计者,以及从事建筑施工技术人员的技术参考用书,也可作为建筑施工高职院校的培训教材。

图书在版编目(CIP)数据

美丽乡村规划与施工新技术 / 马虎臣,马振州,程艳艳编著. —北京:
机械工业出版社,2015.1(2017.1 重印)
ISBN 978-7-111-48355-7

Ⅰ. ①美… Ⅱ. ①马… ②马… ③程… Ⅲ. ①乡村规划—中国②农村住宅-建筑工程-工程施工 Ⅳ. ①TU982.29②TU241.4

中国版本图书馆 CIP 数据核字(2014)第 246268 号

机械工业出版社(北京市百万庄大街 22 号 邮政编码 100037)
策划编辑:薛俊高 责任编辑:薛俊高 版式设计:赵颖喆
责任校对:张 薇 封面设计:马精明 责任印制:李 洋
北京振兴源印务有限公司印刷
2017 年 1 月第 1 版·第 4 次印刷
184mm×260mm·20.5 印张·502 千字
标准书号:ISBN 978-7-111-48355-7
定价:46.00 元

目　录

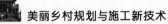

概　　述

百年奋斗铸就历史辉煌，信心百倍推进复兴伟业。

党的十八大首次提出了"美丽中国"的概念，明确了生态文明建设的终极目标。这是在新的历史时期和新的起点，提出的新目标和新要求。但是在我国，农村面积占到国土面积的98%左右，农村人口约占全国总人口的62%，要全面建成"美丽中国"的奋斗目标，没有农村的美丽，就没有全国的美丽，建设"美丽中国"就会成为一句纸上谈兵的空话。所以，创建"美丽乡村"，就是落实党的十八大精神，推进生态文明建设的需要，实现中华民族永续发展的坚强保证。开展"美丽乡村"创建活动，就是要重点推广节能减排技术，改善农村人居环境，落实生态文明建设，是实现中国梦的具体行动。所以，推进美丽乡村建设，责任重大，使命光荣。

一、建设"美丽乡村"的意义

加强农村人居环境建设，实行统一规划、合理布局、有序建设，有利于节约和集约土地，实现人与自然和谐相处；加强农村人居环境建设，加快农村基础设施、生产设施和公共设施建设，建成环境良好、功能完善、特色鲜明的新型乡村，有利于缩小城乡差别，改善投资环境，促进农村经济社会事业持续发展；加强农村人居环境建设，改变农民传统建房方式，帮助农民树立科学的规划意识、建设意识和生态意识，有利于把现代文明有机融入乡土文明，促进农民身心健康和思想观念、生活方式的转变，促进农村物质文明、精神文明、政治文明和生态文明的全面发展。

二、"美丽乡村"创建的基本原则

创建美丽乡村，必须遵循下列原则：

1. 以人为本，强化主体。在创建的过程中，要始终把农民群众的利益放在首位，不断强化农民群众在创建工作中的主体地位，发挥农民群众的创造性和积极性，尊重他们的知情权、参与权、决策权和监督权，引导发展生态经济、自觉保护生态环境、加快建设生态家园。

2. 生态优先，科学发展。按照人与自然和谐发展的要求，遵循自然规律，切实保护农村生态环境，展示农村生态特色，统筹推进农村生态人居、生态环境、生态经济和生态文化建设。注重挖掘传统农耕、人居等文化丰富的生态理念，在开发中保护，在保护中建设，形成一村一景、一村一业，一村一特色，彰显美丽乡村。

3. 规划先行，因地制宜。在规划时，要按照高标准、高起点的要求编制完成美好乡村建设规划。注重与村庄布局规划、土地利用规划、产业发展规划和农村土地综合整治规划的充分衔接，强化规划的前瞻性、科学性和可操作性，并且应充分考虑全国各地的自然条件，结合自然地形，依托山水资源，统筹编制"美丽乡村"建设规划，精心设计载体，突出乡村特色，形成模式多样的"美丽乡村"建设格局。

4. 典型引路，整体推进。强化总结提升和宣传发动，向社会推介一批涵盖不同区域类型、不同经济发展水平的"美丽乡村"典型建设模式，发挥示范带动作用，以点带面，有计划、有步骤地引导、推动"美丽乡村"创建工作。同时，鼓励各地自主开展"美丽乡村"创建工作，不断丰富创建模式和内容。

三、美丽乡村建设的内容

建设美丽乡村，主要有如下内容：

（一）推进"生态人居"工程

1. 推进旧村改造。按照"科学规划布局美"的要求，对村中的危旧房要连片拆除，对空心村和居住零星分散的单家独户要动员搬迁，尽量撤并自然村，安排集中居住，做到统一规划，建成布局合理、设施配套、环境优美、生态良好的新农村。使美丽乡村达到道路硬化、村庄绿化、路灯亮化、河道净化、环境美化的创建目标。

2. 改造危旧房屋。结合扶贫工作，加强农户建房规划引导，提高农户建房的标准，做到安全、实用、美观，推进农村危旧房改造和墙体立面整治，改善视觉效果。

3. 完善基本公共服务体系。根据乡村常住人口增长趋势和空间分布，统筹村镇级学校、幼儿园、医疗卫生机构、文化设施、体育场所等公共服务设施的建设和布局，逐步提高乡镇居民基本公共服务水平，达到学有所教、劳有所得、病有所医、老有所养的发展目标。

4. 提高生态景观。根据各村绿化现状，采取新造、补植、封育等措施，优化美化森林景观，特别是道路沿线、沿河两侧、闲地游园的绿化景观带改造，提高生态效益和景观效果，并且在经济发展的乡村，鼓励农户进行庭院绿化，屋顶墙体绿化，形成平面立面交叉的绿化体系。

5. 公共设施建设。完善通村道路、供水、排水、供电、通信、网络等基础设施，达到给水和排水系统完善，管网布局合理，饮用自来水符合国家饮用水卫生标准，对村内道路进行硬化，利用村内空闲地铺石筑径，塑造园艺景观，建设集村民休闲、健身、娱乐等功能于一体的休闲小广场，并配套文化娱乐、健身器材等公共设施，并且在乡村路灯、游园等场所，安装太阳能照明灯，实现乡村的亮化目标。

6. 加强防灾减灾。在山区及河流区域的乡村，要提高对山洪暴发、山体滑坡、河水泛滥、泥石流等自然灾害的防御力度。乡村中应按规定设置消防设施，加强减灾防灾能力建设。

（二）推进"生态环境"工程

按照"村容整洁环境美"的要求，突出重点、连线成片、健全机制，切实抓好改路、改水、改厕、垃圾处理、污水处理、广告清理等项目整治。

1. 整治乡村生活垃圾。全面推进"户集、村收、镇运"垃圾集中处理的模式，合理设置垃圾中转站、收集点，做到户有垃圾桶，自然村有垃圾收集池，行政村负责垃圾收集，镇有垃圾填埋场，确保乡村清洁。

2. 整治乡村生活污水。清除农村露天粪坑、简易茅厕和废杂间，整治和规范生活污水排放。门前街道上的所有厕所一律入户，全面推行无害化卫生公厕；大力推广农村生活用沼气建设，利用沼气池、生物氧化池、人工湿地等方式，开展农村污水处理，提高水体自我净化能力。

3. 整治农村畜禽污染。根据各村的特点，合理规划，整治农村死亡的牲畜家禽乱投乱扔现象，动员群众填埋。拆除污染猪舍、牛栏等，村庄内畜禽养殖户实行人居与畜禽饲养分开、生产区与生活区分离，畜禽养殖场全面配套建立沼气工程，达到畜禽粪便无害化处理。

4. 整治广告、路牌、门牌。按照"规范、安全、美观"的要求，对公路、河道及村庄公共视野范围内的广告牌和路牌进行清理，坚决拆除有碍景观、未经审批或手续不完备的广告牌。制定广告布点控制性规划，规范各种交通警示标志、旅游标识标志、宣传牌等。

5. 整治违章搭建。按照"谁建造、谁所有、谁清理"的原则，坚决拆除违章、乱搭乱建的建筑物，对废弃场所进行整治和复绿，建设乡村小游园，整治农村供电、网络和电视电话线路乱拉乱接问题，规范网络和线路的布局，促进村庄规范、整洁、美观。

（三）推进"生态经济"工程

1. 发展乡村生态农业。深入推进现代农业，推广种养结合等新型农作制度，大力发展高效农业，扩大无公害农产品、绿色食品、有机食品和森林食品生产。突出培养具有地方特色的"名、特、优、新"产品，推进"一村一品"的生态农业，致力打造一批生态农业专业村，增强特色产业和主导产业的示范带动作用。

2. 发展乡村生态旅游业。利用农村森林景观、田园风光、山水资源和乡村文化，发展各具特色的乡村休闲旅游业，努力做到"镇镇有特色，村村有美景"。拥有光荣历史的革命老区和历史文化名镇名村，可以发展人文旅游，突出爱国主义教育特色；拥有独特的自然生态条件和山水景观的乡村，要增强自然休闲特色，发展生态旅游，将传统的农耕逐步引向农业观光、农事体验、特色农庄、农情民舍等附加值高的乡村旅游发展。

3. 发展乡村低耗、低排放工业。按照生态功能区规划的要求，严格产业准入门槛，集中治理污染，严格对江河源头地区及水库库区的水源进行保护。严格执行污染物排放标准，推行"循环、减降、再利用"等绿色技术，调整乡村工业产业结构，不断壮大村域经济实力。

（四）推进"生态文化"工程

1. 培育文明乡风。按照乡村生态文化的规划，把文明乡风培育作为美好乡村建设的重要内容。通过在乡村建设生态文化活动中心、文化墙、文化橱窗，展示和宣传文化知识、文明礼仪、先进典型，教育引导农民群众树立良好的文明风尚，构建和谐的农村生态文化体系。

2. 创建特色文化村。编制特色文化乡村的保护规划，制定保护政策。在充分发掘和保护古村落、古民居、古建筑、古树名木和民俗文化等历史文化遗迹遗存的基础上，优化美化乡村人居环境，把历史文化底蕴深厚的传统村落培育成传统文明和现代文明有机结合的特色文化村。特别要挖掘传统农耕文化、山水文化、人居文化中丰富的生态思想，把特色文化村打造成为弘扬农村生态文化的重要基地。

3. 引导转变生活方式。结合农村乡风文明建设，引导农民追求科学、健康、文明、低碳的生产生活和行为方式，倡导生态殡葬文化，对公路沿线 100m 视野范围内和村庄第一重山的坟墓采取就地深填或绿化覆盖等措施进行整治改造，恢复公路和村庄周围自然生态景观。

4. 传承非物质文化遗产。悠悠中华五千年，散落在各地的古村落是中国社会历史发的见证，是中国农耕文明的结晶，是镌刻着人类智慧光芒的"活化石"。在这些古村落中，积聚着丰富的非物质文化遗产。如何保护和传承这些非物质文化遗产，也是建设美丽乡村的一个新的任务。

非物质文化遗产是不可再生的资源，是一个民族和地区最珍贵的财富。这些文化遗产记录着各民族在长期历史进程中形成的价值观念和审美观念，是民族悠久历史的稀有物证，是乡村文化延续和传承的重要载体。保护非遗，就是保护民族赖以生存、发展和走向未来的文化根基，也是当地经济发展的源泉。所以，在对乡村文化建设进行规划时，也要把保护非物质文化遗产作为一项内容进行规划。规划时，就是按照"保护为主，抢救第一，合理利用，传承发展"的保护方针，挖掘当地的非物质文化遗产，加强对文化资源的开发利用；并且多手段、全方位、广角度地注入文化元素，使人文资源与自然资源巧妙地结合，搞好文化、物化和民俗演绎，使潜在的文化资源成为可供大众分享的文化产品，保护好当地的非物质文化遗产。

第一章

美丽乡村的规划与布局

　　乡村，是在特定的自然地理条件下孕育而生的，是人类在生产、生活、安居后自然形成的人类聚集之所。犹如天道之成，星罗棋布地遍布全国各地。它坐落于山水之间，平地之上，集山、水、田、宅为一体。它借用当地的丰富资源，为社会创造着丰富的各类生活产品，具有城市不能代替的自然功能和社会功能。

第一节　美丽乡村总体规划

　　美丽乡村建设，不是"盆景复制"，也不是"穿衣戴帽"，更不是"涂脂抹粉"。美丽乡村，不仅要有形象美、形态美，更要有其内在美。使过村之人一见钟情，让常住之民日久情深，这样就需要通过内涵建设来体现乡村的这种"情"，体现内涵建设就必须用规划设计来实现、来优化。规划设计是通过乡村未来发展的目标，制定实现这些目标的途径、步骤和行动纲领，并据此对乡村建设进行调控从而引导乡村的发展和兴旺。

一、美丽乡村规划的原则

　　要建设好美丽乡村，就必须有科学的乡村规划。搞好美丽乡村规划，就要遵循三区四线的管理原则，如表 1-1 所示。

表 1-1　乡村规划应遵守的三区四线

序号	类别	规划管理的内容
1	禁建区	基本农田、行洪河道、水源地一级保护区、风景名胜核心区、自然保护核心区和缓冲区、森林湿地公园生态保育区和恢复重建区、地质公园核心区、道路红线、区域性市政走廊用地范围内、地质灾害易发区、文物保护单位保护范围等，禁止建设开发活动
2	限建区	风景名胜非核心区、自然保护非核心区和缓冲区、森林公园非生态保育区、湿地公园非保育区和恢复重建区，地质公园非核心区、海陆交界生态敏感区和灾害易发区、文物保护单位建设控制地带、文物地下埋藏区、机场噪声控制区、市政走廊预留和道路红线外控制区、矿产采空区外围、地质灾害低易发区、蓄滞洪区、行洪河道外围一定范围等，限制建设开发活动
3	适建区	在已经划定为建设用地的区域，合理安排生产用地、生活用地和生态用地，合理确定开发时序、开发模式和开发强度
4	绿线	划定各类绿地范围的控制线，规定保护要求和控制指标
5	蓝线	划定在规划中确定的江、河、湖、库、渠和湿地等地表水保护和控制的地域界线，规定保护要求和控制指标

（续）

序号	类别	规划管理的内容
6	紫线	划定国家历史文化名城内的历史文化街区和省、自治区、直辖市人民政府公布的历史文化街区的保护范围界线，以及城市历史文化街区外经县级以上人民政府公布保护的历史建筑和保护范围界线
7	黄线	划定对发展全局有影响、必须控制的基建设施用地的控制界线，规定保护要求和控制指标

并且，美丽乡村的总体规划应和土地规划、区域规划、乡村空间规划相协调，应当依据当地的经济、自然特色、历史和现状的特点，综合部署，统筹兼顾，整体推进。

坚持合理用地、节约土地的原则，充分利用原有建设用地。在满足乡村功能上的合理性、基本建设运行上的经济性前提下，尽可能地使用非耕地和荒地，要与基本农田保护区规划相协调。

在规划中，要注意保护乡村的生态环境，注意人工环境与自然环境相和谐。要把乡村绿化、环卫建设、污水净化等建设项目的开发和环境保护有机地结合起来，力求取得经济效益同环境效益的统一。

在对美丽乡村规划中，要充分运用辩证法，新建和旧村改造相结合，保持乡村发展过程的历史延续性，保护好历史文化遗产、传统风貌及自然景观。达到创新与改造、保护与协调的统一。

美丽乡村规划要与当地的发展规划相一致，要处理好近期建设与长远发展的关系。使乡村规模、性质、标准与建设速度同经济发展和村民生活水平提高的速度相同步。

二、乡镇规划用地标准

1. 规划建设用地结构

在对乡村进行规划时，应按照国家的《城市用地分类与规划建设用地标准》（GB 50137—2011）执行。规划中的居住用地、公共管理与公共服务用地、工业用地、交通设施用地、绿地用地的面积占建设用地面积的比例应符合表1-2的规定。

表1-2　规划建设用地结构

类别名称	占用地的比例（%）	类别名称	占用地的比例（%）
居住用地	25.0~40.0	交通设施用地	10.0~30.0
公共管理与公共服务用地	5.0~8.0	绿化用地	10.0~15.0
工业用地	15.0~30.0		

2. 规划人均单项建设用地标准

（1）规划人均居住用地指标。规划人均居住用地，一方面应依据国家制定的《建筑气候区划分标准》中划分的气候区划，再依据《城市用地分类与规划建设用地标准》（GB 50137—2011）执行。其指标应按表1-3执行。

表1-3　人均居住用地面积（m²/人）

建筑气候区划	Ⅰ、Ⅱ、Ⅵ、Ⅶ气候区	Ⅲ、Ⅳ、Ⅴ气候区
人均居住用地面积	28.0~38.0	23.0~36.0

（2）规划人均公共管理与公共服务用地面积不小于 $5.5\,m^2/$ 人。

（3）规划人均交通设施用地面积不应小于 $12.0\,m^2/$ 人。

（4）规划人均绿地面积不应小于 $10.0\,m^2/$ 人，其中人均公园绿地面积不应小于 $8.0\,m^2/$ 人。

三、乡村工业用地规划

工业生产是美丽乡村经济发展的主要因素，也是加快乡村现代化的根本动力，它往往是美丽乡村形成与发展的主导因素。因此美丽乡村工业用地的规模和布局直接影响美丽乡村的用地组织结构，在很大程度上决定了其他功能用地的布局。工业用地的布置形式应符合如下要求：

美丽乡村工业用地的规划布置形式，应根据工业的类别、运输量、用地规模、乡村现状以及工业对美丽乡村环境的危害程度等多种因素综合决定。一般情况下，其布置形式主要有如下三种：

1. 布置在村内的工业

在乡村中，有的工厂具有用地面积小，货运量不大，用水与用电量又少，但生产的产品却与乡村居民生活关系密切，整个生产过程无污染排放。如小五金、小百货、小型食品加工、服装缝纫、玩具制造、文教用品、刺绣编织等工厂及手工业企业。这类工业企业可采用生产与销售相结合的方式布置，形成社区性的手工业作坊。

工业用地布置在村镇内的特点是，为居民提供了就近工作的条件，方便了职工步行上下班，减少了交通量。

2. 布置在乡村边缘的工业

根据近几年乡村工业用地的布置来看，布置在乡村边缘的工业较多。按照相互协作的关系，这类布置应尽量集中，形成一个工业小区。这样，一方面满足了工业企业自身的发展要求，另一方面又考虑了工业区与居住区的关系。既可以统一建设道路工程、上下水工程设施，也可以达到节约用地、减少投资。并且还能减少性质不同的工业企业之间的相互干扰，又能使职工上下班人流适当分散。布置在村边缘的企业，所生产的产品就可以通过公路、水运、铁路等运输形式进行发货和收货。这类企业主要是机械加工、纺织厂等。

3. 布置在远离乡村的工业

在乡村中，有些工业受经济、安全和卫生等方面要求的影响，宜布置在远离乡村的独立地段。如砖瓦厂、石灰、选矿等原材料工业；有剧毒、爆炸、火灾危险的工业；有严重污染的石化工业和有色金属冶炼工业等。为了保证居住区的环境质量，规划设计时，应按当地最小风频、风向布置在居住区的下风侧，必须与居住区留有足够的防护距离。

图1-1是工业在乡村外围的用地布置形式。

四、道路用地的规划布置

"要想富，先修路"是对乡村发展的精辟总结。为此，"村村通"工程为美丽乡村发展奠定了坚实的基础。公路在乡村中的布置应按下面要求：

在规划美丽乡村对外交通公路时，通常是根据公路等级、乡村性质、乡村规模和客货流量等因素来确定或调整公路线路走向与布置。在美丽乡村中，常用的公路规划布置方式有：

（1）把过境公路引至乡村外围，以切线的布置方式通过乡村边缘。这是改造原有乡村道路与过境公路矛盾经常采用的一种有效方法。

（2）将过境公路迁离村落，与村落保持一定的距离，公路与乡村的联系采用引进入村道路的方法布置。

（3）当乡村汇集多条过境公路时，可将各过境公路的汇集点从村区移往乡村边缘，采用过境公路绕过乡村边缘组成乡村外环道路的布置方式。

（4）过境公路从乡村功能分区之间通过，与乡村不直接接触，只是在一定的入口处与乡村道路相联结的布置方式。

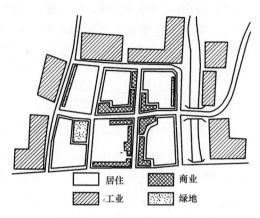

图 1-1　工业用地的布局

（5）高速公路的定线布置可根据乡村的性质和规模、行驶车流量与乡村的关系，可规划为远离乡村或穿越乡村两种布置方式。若高速公路对本村的交通量影响不大，则最好远离该村布置，另建支路与该村联系；若必须穿越乡村，则穿入村区段路面应高出地面或修筑高架桥，做成全程立交和全程封闭的形式。

五、港口乡村的规划布置

港口按其所处的水域地理位置分为河港和海港两大类。

水运主要利用地面水体进行运输，对乡村的干扰较少。水运与乡村的联结和转运主要是通过港口进行，所以港口是水运乡村的重要组成部分，也是水陆联运的枢纽。美丽乡村总体规划中的水运规划，首先要确定的就是港口的位置，然后才能合理地规划布置其他各项规划用地。

在选择港口位置时，既要满足港口工程技术、船舶航行、经营管理等方面要求，又要符合美丽乡村总体发展的利益，解决好港口与乡村工业、仓库、生活居住区之间的矛盾，使他们形成一个有机的整体。所以它必须符合下列要求：

（1）港口位置的选择必须符合地质条件好，冲刷淤积变化小，水流平顺，具备足够水深的河、海岸地段；有较宽的水域面积，能保证船舶方便、安全地进、出港，能满足船舶运转和停泊；应有足够的岸线长度及良好的避风条件；港区陆地面积必须保证能够布置各种作业区及港口的各项工程设施，并有一定的发展余地；港口位置还应选在有方便的水、电、建材供应，维修方便的地段。

（2）港口位置的选择应与乡村总体规划布局相协调，尽量避免将来可能产生的港口与乡村建设中的矛盾；应留出一定的岸线，尤其是村中心区附近的岸线作为生活岸线，与乡村公共绿地系统结合布置，以满足村民休闲游憩的需要，增添和丰富乡村景观，改善乡村生态环境；港口作业区的布置不应妨碍乡村卫生并不应影响乡村的安全；乡村客运码头应接近于村中心区；港口布置应不截断乡村交通干线，并应积极地创造水陆联运的条件。

在港口乡村规划中，还要妥善处理港口布局与乡村布局之间的关系。一是要合理进行岸线分配，这是一个关系到港口乡村总体布局的大问题。沿河、海的乡村在分配岸线时应遵循

"深水深用，浅水浅用，避免干扰，各得其所"的原则，综合考虑乡村生活居住区、风景旅游区、休养疗养区的需要，做出统一规划。二是要加强水陆联运和水水联运。当货物需通过乡村道路转运时，港区道路的出入口位置应符合乡村道路系统的规划要求，一般应坚持把出入口开在乡村交通性干道上，而避免开设在乡村生活性道路上，以防造成交通混乱，如图1-2所示。

六、乡村公共建筑用地规划

美丽乡村公共建筑用地与居民的日常生活息息相关，并且占地较多，所以美丽乡村的公共建筑用地的布置，应根据公共建筑不同的性质来确定。在布置上，公共建筑用地应布置在位置适中，交通方便，自然地形富于变化的地段，并且要保证与村民生活方便的服务半径，有利于乡村景观的组织和安全保障等。

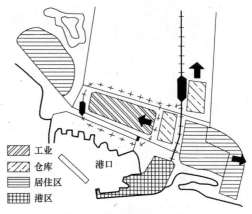

图1-2　港口农村用地布局

1. 乡村中的日常商业用地

与村民日常生活有关的日用品商店、粮油店、菜场等商业建筑，应按最优化的服务半径均匀分布，一般应设在村的中心区。

乡村集贸市场，可以按集贸市场上的商品种类、交易对象确定用地。集贸市场商品种类可分为如下几类：

（1）农副产品。主要有蔬菜、禽蛋、肉类、水产品等。

（2）土特产品。当地山货、土特产、生活用品、家具等。

（3）牲畜、家禽、农具、作物种子等。

（4）粮食、油料、文化用品等。

（5）工业产品、纺织品、建筑材料等。

对于在集贸市场上的农副产品和土产品，与乡村居民的生活有着密切关系，所以应在村子的中心位置布局，以方便村民的生活需要。

对于新兴的物流市场、花卉交易、再生资源回收市场、农业合作社交易市场等，也应在规划用地中给予充分地考虑。布局时，则应设置在交通方便的地方。一般单独地设在村子的边缘，同时应配套相应的服务设施。

从乡村的集贸市场和专业市场来看，其平面表现形式有两种：沿街带状或连片面状，如图1-3所示。

对于专业市场的用地规模应根据市场的交易状况以及乡村自身条件和交易商品的性质等因素进行综合确定。

2. 学校、幼儿园教育用地

在中心村设置有学校和幼儿园的建筑用地，应设在环境安静，交通便利，阳光充足，空气流通，排水通畅的地方。对于幼托所，可设置在住宅区内。

a) 沿街带状   b) 集中片状

图 1-3 市场实际图

3. 医疗卫生、福利院用地

为改善百姓就医环境，满足基本公共卫生服务需求，缩小城乡医疗差距，达到小病不出村，老有所养，乡村卫生所和老年福利院建设不可忽视。规划村级卫生所和老年福利院，要选择阳光充足、通风良好、环境安静，方便就诊、养老的地方。并且所前院内应有足够的停放车位置。

4. 村级行政管理用地

对于中心村来讲，村级行政管理建筑用地可包括村委办公、文化娱乐、旅游接待等。应结合相应的功能选择合适的地方，并要有足够的发展空间。

七、居住用地的规划

为乡村居民创造良好的居住环境，是美丽乡村规划的目标之一。为此在乡村总体规划阶段，必须选择合适的用地，处理好与其他功能用地的关系，确定组织结构，配置相应的服务设施，同时注意环保，做好绿化规划，使乡村具有良好的生态环境。

乡村人居规划的理念应体现出人、自然、技术内涵的结合，强调乡村人居的主体性、社会性、生态性及现代性。

1. 乡村人居的规划设计

乡村居住建设工作要按"统一规划，统一设计，统一建设，统一配套，统一管理"的原则进行，改变传统的一家一户各自分散建造，为统一的社会化的综合开发的新型建设方式，并在改造原有居民单院独户的住宅基础上，建造多层住宅，提高住宅容积率和减少土地空置率，合理规划乡村的中心村和基层村，搞好退宅还耕扩大农业生产规模，防止土地分割零碎。乡村居住区的规划设计过程应因地制宜，结合地方特色和自然地理位置，注意保护文化遗产，尊重风土人情，重视生态环境，立足当前利益并兼顾长远利益，量力而行。

（1）中心村的建设。中心村的位置应靠近交通方便地带，要能方便连接城镇与基础村，起到纽带作用。中心村的住宅应从提高容积率和节约土地的角度考虑，提倡多层住宅，如多层乡村公寓。政府要统一领导农民设计建设，不再批土地给村民私人建造单家独院住宅，政府应把这项工作纳入自己的目标任务，加大力度规划和引导中心村的建设，逐步实现中心村住宅商品化，中心村实图参见 1-4。

（2）基层村的建设。基层村应与中心村有便捷的交通，其设置应以农林牧副渔等产业的直接生产来确定其结构布局。鉴于农业目前的生产关系，可将各零星的自然村集中调整成

<table>
<tr><td align="center">a) 甘肃贾湾</td><td align="center">b) 云南耿马</td></tr>
</table>

图 1-4　中心村实图

为一个新的"自然"行政村，尽量让一些有血缘关系或亲友关系或有共同语言的农民聚在一起，便于形成乡村规模经济。基层村的住宅要以生产生活为目的，最好考虑联排形式，可借鉴郊区的联排别墅建成多层农房，并进行功能分区，底层用作仓储，为生产活动做准备；其他层为生活居住区，这样将有利于生产生活并节约土地。

（3）零星村的迁移建设。在旧村庄的改建过程中，必须下大功夫让不符合规划的村庄和散居的农户分批迁移，逐步退宅还耕，加强新村的规划设计。在迁移过程中要考虑农民的经济能力，各地政府不要操之过急。对于确有困难的农民可以允许推迟或予以政策支持，同时要给迁移的村民予以一定的补偿。

2. 乡村居住用地的布置方式和组织

美丽乡村居住用地的布置一般有两种方式：

（1）集中布置。乡村的规模一般不大，在有足够的用地且用地范围内无人为或自然障碍时，常采用这种方式。集中布置方式可节约市政建设的投资，方便乡村各部分在空间上的联系。图 1-5 是河南一个中心村的集中方式规划图。

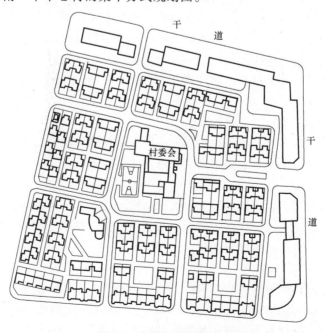

图 1-5　居住区的集中布置

（2）分散布置。若用地受到自然条件限制，或因工业、交通等设施分布的需要，或因农田保护的需要，则可采用居住用地分散布置的形式。这种形式多见于复杂地形、地区的乡村。图1-6是分散布置的方式。

乡村由于人口规模较小，居住用地的组织结构层次不可能与城市那样分明。因此，乡村居住用地的组织原则是：服从乡村总体的功能结构和综合效益的要求，内部构成同时体现居住的效能和秩序；居住用地组织应结合道路系统的组织，考虑公共设施的配置与分布的经济合理性以及居民生活的方便性；符合乡村居民居住行为的特点和活动规律，兼

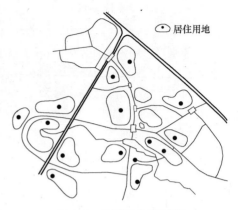

图1-6　分散居住规划图

顾乡村居住的生活方式；适应乡村行政管理系统的特点，满足不同类型居民的使用要求。

第二节　美丽乡村基础设施规划

乡村基础设施是建设美丽乡村的最重要的物质基础，是保证乡村生存、持续发展的支撑体系，是国民经济和社会发展的基本要素。乡村基础设施工程规划，是保证乡村基础设施合理配置与科学布局、经济有效地指导美丽乡村建设的必要手段。

一、给水工程规划

（一）乡村水源选择和用地要求

为了保障人民生命财产安全和消防用水，并满足人们对水量和水质水压的要求，就必须对之进行科学规划。给水水源可分为地下水和地表水两大类。地下水有深层、浅层两种。一般来说，地下水由于经过地层过滤和受地面气候因素的影响较小，因此具有水清、无色、水温变化幅度小、不易受污染等优点。

水源选择的首要条件是水量和水质。当有多个水源可供选择时，应通过技术经济比较综合考虑，并符合如下原则：

1. 水源的水量必须充沛

天然河流的取水量应不大于河流枯水期的可取水量；地下水源的取水量应大于可开采储量。同时还应考虑到工业用水和农业用水之间可能发生的矛盾。

2. 水源应为较好水质

水质良好的水源有利于提高供水质量，可以简化水处理工艺，减少基建投资和降低供水成本。符合卫生要求的地下水，应优先作为生活饮用水源，按照开采和卫生条件，选择地下水源时，通常按泉水、承压水、潜水的顺序。

3. 布局紧凑

地形较好、村庄密集的地区，应尽可能选择一个或几个水源，实施区域集中供水，这样既便于统一管理，又能为选择理想的水源创造条件。如乡村的地形复杂、布局分散则应实事求是地采取分区供水或分区与集中供水相结合的形式。

4. 综合考虑、统筹安排

要考虑施工、运转、管理、维修的安全经济问题；并且还应考虑当地的水文地质、工程地质、地形、环境污染等问题。

坚持开源节流的方针，统筹于水资源利用的总体规划，协调与其他部门的关系。要全面考虑、统筹安排，做到合理化综合利用各种水源。

（二）水厂的平面布置与用地

1. 水厂的平面布置

水厂的平面布置应符合"流程合理，管理方便，因地制宜，布局紧凑"原则。采用地下水的水厂，因生产构筑物少，平面布置较为简单。采用地表水的水厂通常由生产区、辅助生产区、管理区、其他设施所组成。水厂中绿化面积不宜小于水厂总面积的20%。进行水厂平面布置时，最先考虑生产区的各项构筑物的流程安排，所以工艺流程的布置是水厂平面布置的前提。

水厂工艺流程布置的类型主要有下列三种：

（1）直线型。它的特点是：从进水到出水整个流程呈直线状。这样，生产联络管线短，管理方便，有利于扩建，特别适用于大、中型水厂。

（2）折角型。当进出水管的走向受到地形条件限制时，可采用此种布置类型。其转折点一般选在清水池或吸水井处，使澄清池与过滤池靠近，便于管理，但应注意扩建时的衔接问题。

（3）回转型。这类型式适用于进出水管在同一方向的水厂，此种布置类型常在山区小水厂中应用，但近、远期结合较困难。

2. 水厂的用地面积

乡村水厂一般采用压力供水的方式，所以占地面积较小。但在规划水厂用地面积时，应根据水厂规模、生产工艺来确定，用地指标，应符合表1-4的规定。

表1-4 水厂用地控制指标

投资规模/万元	地表水水厂 /[m²/(m³·d)]	地下水水厂 /[m²/(m³·d)]
5~10	0.7~0.5	0.4~0.3
10~30	0.5~0.3	0.3~0.2
30~50	0.3~0.1	0.2~0.08

（三）乡村水源保护

1. 水源保护措施

尽管在乡村规划时选择水源经过了水文地质勘察和经济技术论证，在一定时段内，也能满足乡村用水需要，但随着经济的发展，用水量的增长和水污染的加剧，会出现水源水量减少和水质恶化的情况。所以，在开发利用水源时，必须采取保护措施，做到利用与保护相结合。对水源进行保护，应采取以下措施：

（1）正确分析评价乡村的水资源量，合理分配各村民和村办企业所需水量，在首先保证村民生活用水和工业生产用水的同时，应兼顾农业用水。

（2）合理布局乡村功能区，减轻污水、废水对水源的污染。

（3）科学开采地下水源，合理布置井群，开采量严格控制在允许开采量以内。

（4）合理规划水源布局，结合环境卫生规划，提出防护要求和防护措施；并在村区域范围内做好水土保持工作。

2. 地表水源的卫生防护

水源的水质关系到乡村居民的身体健康和乡村的经济发展，特别是饮用水水源，更应妥为保护。水源的卫生保护应符合如下要求：

（1）取水点周围半径100m的水域内，严禁捕捞、停靠船只、游泳和从事可能污染水源的任何活动，并应设明显的范围标志。

（2）取水点上游100m至下游100m的水域，不得排入工业废水和生活污水，其沿岸防护范围内不得堆放废渣，不得设立有害化学物品仓库、堆站或装卸垃圾、粪便和有毒物品的码头，沿岸农田不得使用工业废水或生活污水灌溉及施用持久性剧毒的农药，不得从事放牧等有可能污染该段水域水质的活动。

供生活饮用的水库和湖泊，应根据不同情况的需要，将取水点周围部分水域或整个水域及其沿岸划为卫生防护地带，并按上述要求执行。

（3）在水厂生产区或单独设立的泵站、沉淀池和清水池外围小于10m范围内，不得设立生活居住区和修建畜禽饲养场、渗水厕所、渗水坑；不得堆放垃圾、粪便、废渣或铺设污水渠道；应保持良好的卫生状况，并充分绿化。

（4）以河流为给水水源的集中式给水，应把取水点上游1000m以外的一定范围河段划为水源保护区，严格控制上游污染物排放量。以保证取水点的水质符合饮用水的水质要求。

3. 地下水源的卫生防护

地下水源各级保护区的卫生防护规定按下列要求：

（1）取水构筑物的防护范围，应根据水文地质条件、取水构筑物的形式和附近地区的卫生状况确定。其防护措施应按地面水水厂生产区要求执行。

地下取水构筑物，按其构造可分为管井、大口井、辐射井、渗渠等。

（2）在单井或井群影响半径范围内，不得使用工业废水或生活污水灌溉和施用有持久毒性或剧毒的农药，不得修建渗水厕所、渗水坑、堆放废渣或铺设污水渠道，并不得从事破坏深层土层的活动。

如取水层在水井影响半径内不露出地面或取水层与地面水没有互相补充关系时，可根据具体情况设置较小的防护范围。

（3）在水厂生产区的范围内，应按地表水厂生产区的要求执行。

（4）分散式给水水源的卫生防护地带，水井周围30m的范围内，不得设置渗水厕所、渗水坑、粪坑、垃圾堆和废渣堆等污染源，并建立卫生检查制度。

（四）给水工程管网规划布置

当完成了乡村水源选择、用水量的估算和水厂选址任务后，美丽乡村给水工程规划的主要任务就是进行输配水工程的管网布置，保证将足量的、净化后的水输送和分配到各用水点，并满足水压和水质的要求。

1. 给水管网布置的基本要求

（1）应符合乡村总体规划的要求，并考虑供水的分期发展，留有充分的余地。

（2）管网应布置在整个给水区域内，在技术上要保证用户有足够的水量和水压。

（3）不仅要保证日常供水的正常运行，而且当局部管网发生故障时，也要保证不中断供水。

（4）管线布置时应规划为短捷线路，保证管网建设经济，供水便捷，施工方便。

（5）为保证供水的安全，铺设由水源到水厂或由水厂到配水管的输水管道不宜少于两条。

2. 给水管网的布置原则

在给水管网中，由于各管线所起的作用不同，其管径也不相等。乡村给水管网按管线作用的不同可分为干管、配水管和接户管等。

干管的作用是将净化后的水输送至乡村各用水区。干管的直径一般在 100mm 以上。支管是把干管输来的水量分送到各接户管和消防栓管道，为了满足消防栓要求，支管最小管径通常采用 75～100mm。乡村总体规划阶段的给水管网布置和计算一般以干管为限，所以干管的布置通常按下列原则进行：

供水干管主要方向应按供水主要流向延伸，而供水流向取决于最大用水户或水塔等调节构筑物的位置；

在布置干管时，尽可能使管线长度短捷，减少管网的造价和经常性的维护费用；

管线布置要充分利用地形，尤其是输水管要优先考虑重力自流，干管要布置在地势较高的一侧，以减少经常性动力费用，并保证用户的足够水压。地形高低相差较大的乡村，为避免低地水压过高、高地水压不足的现象，可结合地形采用分区供水管网，或按低地要求的压力供水，高地则另行加压处理；

管线应按规划的乡村道路布置，避免在重要道路下敷设，尽量少穿越铁路和河流。管线在道路下的平面位置和高度应符合管网综合设计要求；

为保证绝大多数用户对水量和水压的要求，给水管网必须具有一定的自由水头。自由水头是指配水管中的压力高出地面的水头。这个水头必须能够使水送到建筑物的最高用水点，而且还应保证取水龙头的放水压力；

管网水压控制中，应选择最不利点作为水压控制点。控制点一般位于地面较高、离水厂或水塔较远或建筑物层数较多的地区。只要控制点的水头符合要求，整个管网的水压应都能得到保证。

3. 给水管网的布置

给水管网布置的基本形式有树枝状和环状两大类。

（1）树枝状管网形式。干管与支管的布置犹如树干与树枝的关系，如图 1-7 所示。这种管网的布置，管径随所供水用户的减少而逐渐变小。其主要优点是管道总长度较短、投资少、构造简单。树枝状管网适用于地形狭长、用水量不大、用户分散以及供水安全要求不高的小村庄，或在建设初期先形成树枝状管网，以后逐步发展成环状，从而减少一次性投资。

（2）环状管网形式。这种布置形式，是指供水干管间用联络管互相连通、形成许多闭合的干管环，如图 1-8 所示。环状管网中每条干管都可以有两个方向的来水，从而保证供水安全可靠；同时，也降低了管网中的水头损失，有利于减小管径、节约动力。但环状管网管线长，投资较大。

在美丽乡村的规划建设中，为了充分发挥给水管网的输配水能力，达到既安全可靠又经济适用的目的，可采用树枝状与环状相结合的管网形式，对主要供水区域采用环状，对距离较远或要求不高的末端区域采用树枝状，由此实现供水安全与经济的有机统一。

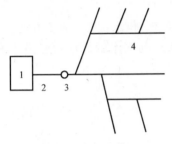

图 1-7　树枝状管网

1—泵站　2—输水管　3—水塔　4—管网

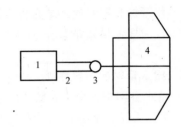

图 1-8　环状管网

1—泵站　2—输水管　3—水塔　4—管网

二、排水管网规划

（一）乡村排水系统的系统

对生活污水、工业废水、降水采取的排除方式，称为排水体制。一般情况下可分为分流制和合流制两种系统。

1. 分流制排水系统

当生活污水、工业废水、降水用两个或两个以上的排水管渠系统来汇集和输送时，称为分流制排水系统。其中，汇集生活污水和工业废水的系统称为污水排除系统；汇集和排泄降水的系统称为雨水排除系统。只排除工业废水的称工业废水排除系统。分流制排水系统又分为下列两种。

（1）完全分流制。分别设置污水和雨水两个管渠系统，前者用于汇集生活污水和部分工业生产污水，并输送到污水处理厂，经处理后再排放；后者汇集雨水和部分工业生产废水，就近直接排入水体。

（2）不完全分流制。乡村中只有污水管道系统而没有雨水管渠系统，雨水沿着地面，于道路边沟和明渠泄入天然水体。这种体制只有在地形条件有利时采用。

对于地势平坦、多雨易造成积水地区，不宜采用不完全分流制。

2. 合流制排水系统

将生活污水、工业废水和降水用一个管渠汇集输送的称为合流制排水系统。根据污水、废水和降水混合汇集后的处置方式不同，可分为三种不同情况。

（1）直泄式合流制。管渠系统布置就近坡向水体，分若干排出口，混合的污水不经处理直接泄入水体。我国许多村庄的排水方式大多是这种排放系统。此种形式极易造成水体和环境污染。

（2）全处理合流制。生活污水、工业废水和降水混合汇集后，全部输送到污水处理厂处理后排出。这对防止水体污染，保障环境卫生最为理想，但需要主干管的尺寸很大，污水处理厂的容量也得增加很大，基建费用提高，在投资上很不经济。

（3）截流式合流制。这种系统是在街道管渠中合流的生活污水、工业废水和降水一起排向沿河的截流干管，晴天时全部输送到污水处理厂处理；雨天时当雨量增大，雨水和生活污水、工业废水的混合水量超过一定数量时，其超出部分通过溢流井排入水体。这种系统目前采用较广。

（二）污水管道的平面形式

在进行美丽乡村污水管道的规划设计时，先要在村庄总平面图上进行管道系统平面布置，有的也称为排水管定线。它的主要内容有：确定排水区界、划分排水流域；选择污水处理厂和出水口的位置；拟定污水干管及主干管的路线和设置泵站的位置等。

污水管道平面布置，一般先确定主干管、再定干管、最后定支管的顺序进行。在总体规划中，只决定主干管、干管的走向与平面位置。在详细规划中，还要决定污水支管的走向及位置。

1. 主干管的布置

排水管网的布置形式与地形、竖向规划、污水处理厂位置、土壤条件、河流情况以及其他管线的布置因素有关。按地形情况，排水管网可分为平行式和正交式。

（1）平行式布置的特点是污水干管与地形等高线平行，而主干管与地形等高线正交。在地形坡度较大的乡村采用平行式布置排水管网时，可减少主管道的埋深，改善管道的水力条件，避免采用过多跌水井。

（2）正交式通常布置在地势向水体略有倾斜的地区，干管与等高线正交，而主干管（截留管）铺设于排水区域的最低处，与地形等高线平行。这种布置形式可以减少干管的埋深，适用在地形比较平坦的村庄，既便于干管的自接流入，又可减少截留管的埋设坡度。

除了平行式与正交式布置形式外，在地势高差较大的乡村，当污水不能靠重力汇集到同一条主干管时，可采用分区式布置，即在高低地区分别铺设独立的排水管网；在用地分散、地势平坦的乡村，为避免排水管道埋设过深，可采用分散式布置，即各分区有独立的管网和污水处理厂，自成系统。

2. 支管的布置

污水支管的布置形式主要决定于乡村地形和建筑规划，一般布置成低边式、穿坊式和围坊式。

低边式支管布置在街坊地形较低的一边，管线布置较短，适用于街坊狭长或地形倾斜时。这种布置在乡村规划中应用较多。

穿坊式污水支管的布置是污水支管穿越街坊，而街坊四周不设污水管，其管线较短、工程造价低，就是管道维护管理有困难，适用于街坊内部建筑规划已确定或街坊内部管道自成体系时。

围坊式支管沿街坊四周布置，这种布置形式多用于地势平坦且面积较大的大型街坊。

（三）污水处理厂位置规划

污水处理厂的作用是对生产或生活污水进行处理，以达到规定的排放标准，使之无害于乡村环境。污水处理厂应布置在乡村排水系统下游方向的尽端。乡村污水处理厂的位置应在乡村总体规划和乡村排水系统布置时决定。

选择厂址时应遵循以下原则：

（1）为保证环境卫生要求，污水处理厂应与规划居住区、公共建筑群保持一定的卫生防护距离，一般不小于300m。并必须位于集中给水水源的下游及夏季主导风向的下方。

（2）污水处理厂应设在地势较低处，便于乡村污水自流入处理厂内。选址时应尽量靠近河道和使用再生水的主要用户，以便于污水处理后的排出与回用。

（3）厂址尽可能少占或不占农田，但宜在地质条件较好的地段，便于施工、降低造价。

（4）污水处理厂用地应有良好的地质条件，满足建造构筑物的要求；靠近水体的处理厂应不受洪水的威胁，厂址标高应在20年一遇洪水水位以上。

（5）全面考虑乡村近期远期的发展前程，并对后期扩建留有一定的余地。

（6）结合各乡村的经济条件，如果当前不能建设污水处理厂，则各农户也可以单户或联户采用地埋式污水处理设备处理污水。地埋式污水处理设备如图1-9所示。

图1-9　地埋式污水处理设备

三、乡村道路规划

乡村道路是指村庄供车辆、行人通行的具备一定条件的道路、桥梁及其附属设施。对于乡村道路交通规划，应根据乡村用地的功能、交通的流量和流向，结合乡村的自然条件和现状特点，确定乡村内部的道路系统。乡村道路及交通设施规划建设应遵循安全、适用、环保、耐久和经济的原则。

（一）道路分类

根据乡村所辖地域范围内的道路按主要功能和使用特点，应划分为村内道路和农田道路。

1. 村内道路

村内道路，如图1-10所示，是连接主要中心镇及乡村中各组成部分的联系网络，是道路系统的骨架和交通动脉。村内道路按国家的相关标准划分为主干道、干道、支路三个道路等级，其技术指标应符合表1-5的规定。

图1-10　村内道路实图

表1-5　村庄道路规划技术指标

规划技术指标	村镇道路级别		
	主干道	干道	支路
计算行车速度/(km/h)	40	30	20
道路红线宽度/m	24～40	16～24	10～14
车行道宽度/m	14～24	10～24	6～7
每侧人行道宽度/m	4～6	3～5	0～3
道路间距/m	≥500	250～500	120～300

2. 农田道路

农田道路是连接村庄与农田，农田与农田之间的道路网络系统，主要应满足农民、农业生产机械进入农田从事农事活动，以及农产品的运输活动。

对农田道路进行规划时，主要分机耕道和生产路。在机耕道中，又分为干道和支道这两个级别。农田道路的红线宽度：机耕道的干道为 6～8m，支道为 4～6m；生产路为 2～4m。车行道宽度在 3～5m 之间。

（二）道路系统规划

乡村道路系统是以乡村现状、发展规划、交通流量为基础，并结合地形、地貌、环境保护、地面水的排除、各种工程管线等，因地制宜地规划布置。规划道路系统时，应使所有道路分工明确，主次清晰，以组成一个高效、合理的交通体系，并应符合下列要求：

1. 满足安全

为了防止行车事故的发生，汽车专用公路和一般公路中的二、三级公路不宜从村的中心内部穿过；连接车站、码头、工厂、仓库等货运为主的道路，不应穿越村庄公共中心地段。农村内的建筑物距公路两侧不应小于 30m；位于文化娱乐、商业服务等大型公共建筑前的路段，应规划人流集散场地、绿地和停车场。停车场面积按不同的交通工具进行划分确定。汽车或农用货车每个停车位宜为 25～30m²；电动车、摩托车每个停车位为 2.5～2.7m²；自行车每个停车位为 1.5～1.8m²。

2. 灵活运用地理条件，合理规划道路网走向

道路网规划指的是在交通规划基础上，对道路网的干、支道路的路线位置、技术等级、方案比较、投资效益和实现期限的测算等的系统规划工作。对于河网地区的道路宜平行或垂直于河道布局，跨越河道上的桥梁，则应满足通航净空的要求；山区乡村的主要道路宜平行等高线设置，并能满足山洪的泄流；在地形起伏较大的乡村，应视地面自然坡度大小，对道路的横断面组合作出经济合理的安排，并且主干道走向宜与等高线接近于平行布置；地形高差特大的地区，宜设置人、车分开的道路系统；为避免行人在之字形支路上盘旋行走，应在垂直等高线上修建人行梯道。

3. 科学规划道路网形式

在规划道路网时，道路网节点上相交的道路条数，不得超过 5 条；道路垂直相交的最小夹角不应小于 45°。道路网形式一般为方格式（如图 1-11 所示）、自由式（如图 1-12 所示）、放射式（如图 1-13 所示）、混合式（如图 1-14 所示）。

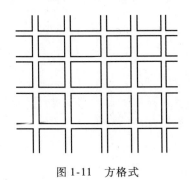

图 1-11　方格式　　　　　　　　　　图 1-12　自由式

（三）交通设施

乡村交通设施，指的是乡村道路设施和附属设施两大部分。乡村道路设施的基本内容，主要包括路肩、路边石、边沟、绿化隔离带等；道路的附属设施包括有信号灯、交通标志牌、乡村公交车站等，如图 1-15 所示。这些设施的建设，就是为了保证乡村交通安全畅通和行人的生命安全。

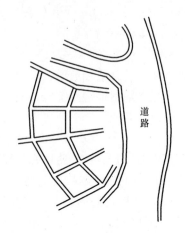

图 1-13　放射式

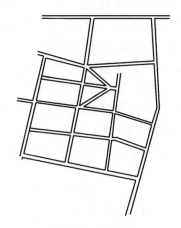

图 1-14　混合式

　　在规划、设计交通设施时，应注意这些设施功能的合理性、可靠性、实用性及美观性，有的还要考虑地方特色同当地的自然风景相结合。

　　设施的位置必须充分考虑各种车辆的交通特点和行车路线，避免对交通路线造成障碍。

　　在有旅游资源的乡村，步行景观道路的作用更为突出。设计步行景观道路，应处处体现人与自然的关系、路景与环境的关系，从材质到色彩都应很好地与当地环境融为一

图 1-15　乡村公交站

体。景观路面用材多选用不规则的卵石或花岗岩、吸水性的铺地砖铺就。这些材料不但能与自然风貌相结合，也有利于雨水的回渗，更方便行人观景的需要，而且还要考虑残疾人的无障碍通道。

四、电力工程规划

　　在乡村经济发展中，电力是基础之一，是不可缺少的资源，是乡村工农业生产、生活的主要动力和能源。这样就需要进行乡村输电与配电建设，就需要有规划和设计。乡村电力工程规划是在乡村总体规划阶段进行编制的，它是乡村总体规划的一部分。

（一）电力工程规划内容与敷设

1. 电力工程规划的内容

　　乡村电力工程规划，必须根据每个乡村的特点和对乡村总体规划深度的要求来编制。电力工程规划一般由说明书和图纸组成，它的内容有：分期负荷预测和电力平衡，包括对用电负荷的调查分析，分期预测乡村电力负荷及电量，确定乡村电源容量及供电量；乡村电源的选择；发电厂、变电所、配电所的位置、容量及数量的确定；电压等级的确定；电力负荷分布图的绘制；供电电源、变电所、配电所及高压线路的乡村电网平面图。

2. 电力网的敷设

电力网的敷设，按结构分有架空线路和地下电缆两类。不论采用哪类线路，敷设时应注意：线路走向力求短捷，并应兼顾运输便利；保证居民及建筑物安全和确保线路安全，应避开不良地形、地质和易受损坏的地区；通过林区或需要重点维护的地区和单位时，要按有关规定与有关部门协商处理；在布置线路时，应不分割乡村建设用地和尽量少占耕地不占良田，注意与其他管线之间的关系。

确定高压线路走向的原则是：线路的走向应短捷，不得穿越乡村中心地区，线路路径应保证安全；线路走廊不应设在易被洪水淹没的地方和尽量远离空气污浊的地方，以免影响线路的绝缘，发生短路事故；尽量减少线路转弯次数；与电台、通信线保持一定的安全距离，60kV 以上的输电线、高于 35kV 的变电所与收讯台天线尖端之间的距离为 2km；35kV 以下送电线与收讯台天线尖端之间的距离为 1km。

钢筋混凝土电杆规格及埋设深度一般在 1.2m 到 2.0m 之间。当电杆高度为 7m 时，埋深 1.2m；8m 长电杆时，埋深为 1.5m；9m 长度时，埋深 1.6m；10m 长度时，埋深 1.7m，长度为 11m、12m、13m 时，其埋设深度分别为 1.8m、1.9m、2.0m。

电杆根部与各种管道及沟边应保持 1.5m 的距离，与消火栓、贮水池的距离等应大于 2m。

直埋电缆（10kV）的深度一般不小于 0.7m，农田中不小于 1m。直埋电缆线路的直线部分，若无永久性建筑时，应埋设标桩，并且在接头和转角处也应埋设标桩。直接埋入地下的电缆，埋入前需将沟底铲平夯实，电缆周围应填入 100mm 厚的细土或黄土，土层上部要用定型的混凝土盖板盖好。

（二）变电所的选址

变电所的选址，决定着投资数量、效果、节约能源的作用和以后的发展空间，并且应考虑变压器运行中的电能损失，还要考虑工作人员的运行操作、养护维修方便等。所以变电所选址应符合以下要求：

（1）便于各级电压线路的引入或引出。

（2）变电所用地尽量不占耕地或少占耕地，并要选择地质、地理条件适宜，不易发生塌陷、泥石流等地。

（3）交通运输方便，便于装运变压器等笨重设备。

（4）尽量避开易受污染、灰土或灰渣、爆破作业等危害的场所。

（5）要满足自然通风的要求。

五、电信工程的规划

乡村电信工程包括电信系统、广播和有线电视及宽带系统等。电信工程规划作为美丽乡村总体规划的组成部分，由当地电信、广播、有线电视和规划部门共同负责编制。

（一）通信线路布置

电信系统的通信线路可分为无线和有线两类，无线通信主要采用电磁波的形式传播，有线通信由电缆线路和光缆线路传输。通信电缆线路的布置原则为：

（1）电缆线路应符合乡村远期发展总体规划，尽量使电缆线路与城市建设有关部门的规定相一致，使电缆线路长期安全稳定地使用。

（2）电缆线路应尽量短直，以节省线路工程造价，并应选择在比较永久性的道路上敷设。

（3）主干电缆线路的走向，应尽量和配线电缆的走向一致、互相衔接，应在用户密度大的地区通过，以便引上和分线供线。在多电信部门制的电缆网路的设计时，用户主干电缆应与局部中继电缆线路一并考虑，使线路网有机地结合，做到技术先进，经济合理。

（4）重要的主干电缆和中继电缆宜采用迂回路线，构成环形网络以保证通信安全。环形网络的构成，可以采取不同的线路。但在设计时，应根据具体条件和可能，在工程中一次形成；也允许另一线路网的整体性和系统性在以后的扩建工程中逐渐形成。

（5）对于扩建和改建工程，电缆线路的选定应首先考虑合理地利用原有线路设备，尽量减少不必要的拆移而使线路设备受损。如果原电缆线路不足时，宜增设新的电缆线路。

电缆线路的选择应注意线路布置的美观性。如在同一电缆线路上，应尽量避免敷设多条小对数电缆。

（6）注意线路的安全和隐蔽，应避开不良的地质环境地段，防止复杂的地下情况或有化学腐蚀性的土壤对线路的影响，防止地面塌陷、土体滑坡、水浸对线路的损坏。

（7）为便于线路的敷设和维护，应避开与有线广播和电力线的相互干扰，协调好与其他地上、地下管线的关系，以及保证与建筑物间最小间距的要求。

（8）应适当考虑未来可能的调整、扩建和割接的方便，留有必要的发展变化余地。

但在下列地段，通信电缆不宜穿越和敷设：今后预留发展用地或规划未定的地区；电缆长距离与其他地下管线平行敷设，且间距过近，或地下管线和设备复杂，经常有挖掘修理易使电缆受损的地区；有可能使电缆遭受到各种腐蚀或破坏的不良土质、不良地质、不良空气和不良水文条件的地区，或靠近易燃、易爆场所的地带；还有如果采用架空电缆，会严重影响乡村中主要公共建筑的立面美观或妨碍绿化的地段；可能建设或已建成的快车道、主要道路或高级道路的下面。

（二）广播电视系统规划

广播电视系统是语音广播和电视图像传播的总称，是现代乡村广泛使用的信息传播工具，对传播信息、丰富广大居民的精神文化生活起着十分重要的作用。广播电视系统分有线和无线两类。尽管无线广播已日益取代原来在乡村中占主导地位的有线广播，但为了提高收视质量，有线电视和数字电视正在现代城镇和乡村逐步普及，已成为乡村居民获得高质量电视信号的主要途径。

有线电视与有线电话同属弱电系统，其线路布置的原则和要求与电信线路基本相同，所以在规划时，可参考电信线路的设置与布局。

此外，随着计算机互联网的迅猛发展，网络给当代社会和经济生活日益带来着巨大的变化。虽然目前计算机网络在乡村尚不普及，但随着网络技术和宽带网络设施的不断完善，计算机网络在乡村各行各业和日常生活中的应用将日新月异。这就要求在编制乡村电信规划时，应对网络的发展给予足够重视并留有充分的空间余地。

六、乡村燃气规划

实现民用燃料气体化是乡村现代化的重要标志，西气东输工程的全线贯通，为实现这一目标奠定了物质基础。

乡村燃气供应系统是供应乡村居民生活、公共福利事业和部分生产使用燃气的工程设施，是乡村公用事业的一部分，是美丽乡村建设的一项重要基础设施。

（一）燃气厂的厂址选择

选择厂址，一方面要从乡村的总体规划和气源的合理布局出发，另一方面也要从有利生产生活、保护环境和方便运输着眼。

气源厂址的确定，必须征得当地规划部门、土地管理部门、环境保护部门、建设主管部门的同意和批准，并尽量利用非耕地或低产田。

在满足环境保护和安全防火要求的条件下，气源厂应尽量靠近燃气的负荷中心，靠近铁路、公路或水路运输方便的地方。

厂址必须符合建筑防火规范的有关规定，应位于乡村的下风方向，标高应高出历年最高洪水位 0.5m 以上，土壤的耐压一般不低于 $15t/m^2$，并应避开油库、桥梁、铁路枢纽站等重要战略目标，尽量选在运输、动力、机修等方面有协作可能的地区。

为了减少污染，保护乡村环境，应留出必要的卫生防护地带。

（二）燃气管网的布置

燃气管网的作用是安全可靠地供给各类用户具有正常压力、足够数量的燃气。布置燃气管网时，首先应满足使用上的要求，同时又要尽量缩短线路长度，尽可能地节省投资。

乡村中的燃气管道多为地下敷设。所谓燃气管网的布置，是指在乡村燃气管网系统原则上选定之后，决定各个管段的位置。

燃气管网的布置应根据全面规划，远、近期结合，以近期为主的原则，做出分期建设的科学安排。对于扩建或改建燃气管网的乡村则应从实际出发，充分发挥原有管道的作用。燃气管网的布置应按压力从高到低的顺序进行，同时还应考虑下列问题：

燃气干管的位置应靠近大型用户。为保证燃气供应的可靠性，主要干线应逐步连成环状。

管道的埋设方法采用直埋敷设。但在敷设时，应尽量避开乡村的主要交通干道和繁华的街道，以免给施工和运行管理带来困难。

低压燃气干管最好在小区内部的道路下敷设，这样既可保证管道两侧均能供气，又可减少主要干道的管线位置占地。

燃气管道应尽量少穿公路、铁路、沟道和其他大型构筑物。单根的输气管线如采取安全措施，并经主管部门同意，允许穿越铁路或公路。其管线中心线与铁路或公路中心线交角一般不得大于 60°，并应尽量减少穿越处管段的环形焊口。当穿越铁路地段的车站时，其穿越位置一般应位于车站进站信号机以外。当穿越铁路的钢管为有缝钢管时，管子必须逐根进行试压，经检查合格后方能使用。

燃气管道穿越河流或大型渠道时，可随桥架设，也可采用倒虹吸管由河底或渠道通过。如不随桥设置或用倒虹吸管时，可设置管桥架设。具体采用何种方式应与乡村规划、消防等部门根据安全、市容、经济等条件统筹考虑决定。但是，对输气管公称压力 $P \geq 1.6MPa$ 的管线，不得架设在各级公路和铁路桥梁上。对于 $P < 1.6MPa$ 的管线，如果采取了加强和防震等安全措施，并经主管部门同意后，可允许敷设在县级以下公路的非木质桥梁上。但是，桥上管段的全部环形焊口应经无损探伤检查合格。

燃气管道不准敷设在建筑物的下面，不准与其他管线平行地上下重叠，并禁止在高压电线走廊、动力和照明电缆沟道、各类机械化设备和成品、半成品堆放场地、易燃易爆和具有腐蚀性液体的堆放场地敷设燃气管道。输气干线不得与电力、电信电缆及其他管线敷设在铁路或省级以上公路的同一涵洞内，也不得与电力、电信电缆和其他管线敷设在同一管沟内。

管线建成后，在其中心线两侧各5m划为输气管线防护地带。在防护地带内，严禁种植树木、竹子、芦蒿、芭茅以及其他深根作物，严禁修建任何建筑物、构筑物、打谷场、晒坝、饲养场等，严禁采石、取土和建筑安装工作。对于水下穿越的输气管线，其防护地带应加宽至管中心线两侧各150m。在该区域内严禁设置码头、抛锚、炸鱼、挖泥、掏砂、拣石以及疏浚、加深等工作。

输气管与埋地电力、电信电缆交叉时，其相互间的交叉垂直净距不应小于0.5m；与其他管线交叉垂直净距不应小于0.2m。

七、传统建筑物保护规划

地域特色鲜明、乡土气息浓郁、建筑技术精湛的乡村古建筑，是我国悠久历史和灿烂文化的物质见证，是千年农业文明的缩影。开展美丽乡村创建活动，应做好这些乡村古建筑遗产的保护工作。创建中对乡村古建筑物进行保护规划，要遵循如下原则：

（1）人与自然和谐的原则。在美丽乡村建设中要避免破坏古建筑的生态环境。同时，要使古建筑的整体格局和当地有形或无形的传统文化相协调，给人古朴自然和谐的感觉。

（2）尊重历史的完整性和真实性原则。无论是古建筑、道路、桥梁、水系、街道的维修要修旧如旧，充分显现古建筑原来的面貌，还要处理好古建筑与现代民宅的矛盾。

（3）保护与利用相统一的原则。保护是为了永续利用。古建筑的保护主要面向可持续发展的旅游业，要能接待国内外游人观光，所以起点要高，文化品位也要高。

（4）统筹规划与因地制宜相结合的原则。古建筑的保护和利用要与村镇规划相结合，统筹考虑，在不破坏古建筑原貌的情况下，因地制宜，采取不同措施，使保护工作与美丽乡村的发展相互协调，相得益彰。

（5）合理整合资源的原则。对那些濒危的古建筑、桥梁、水系、街道和濒临消亡的乡风民俗、传统工艺、传统文化、民间艺术等要采取有力措施，抓紧时间，给予"抢救式"保护；对那些相对集中或较为分散的资源要分别采取不同方法和措施加以保护。

图1-16所示的是四川水磨古镇中的万年台戏楼。它始建于公元1588年，毁于20世纪

图1-16　古建筑实图

90年代末，"5·12"汶川特大地震后，经考古调查后依原样进行了修复保护。

第三节 乡村生态环境规划

乡村是自然生态环境和社会经济环境交叉融合的系统工程，两者相互联系，相互影响。美丽乡村生态环境规划的目的就是通过系统规划，运用生态学原理、方法和系统科学的手段去辨识、模拟和设计乡村生态系统内的各种生态关系，探讨改善系统生态功能促进人与环境关系持续发展的可行的调控对策。

一、乡村标识的设置

在今天现代化的社会生活中，建筑内外空间中，形形色色、不同功用的标识、标志到处可见，为出行的人群起着分流、指导、咨询等作用。出色的乡村标识不但是一种导向载体，而且是乡村形象的宣传者。它不但能彰显乡村的魅力，而且能引起人们的共鸣。所以在美丽乡村的建设中，乡村的标识或标志牌是乡村必备的公共设施，是衡量乡村建设规范化的重要指标，是美丽乡村的一道靓丽风景。

设置乡村标识，主要有村名标识、街道标识、家庭门牌号标识、各种交通标识等。在这里只对乡村名称的标识作为重点给予介绍。

乡村名称标识，就如过去的牌楼、牌坊的设置，多设置在乡村的入口处，有的是跨建在进村的道路上，有的则是建在入口处的路边上，这种标识性建筑物也称作门牌石。它的种类主要有钢筋混凝土结构、木结构、砖结构、钢结构及石质结构等。

1. 钢筋混凝土结构

如果规划设计的村名标识是跨越在入村的道路上时，并且道路跨度较大，就要采用钢筋混凝土结构。这种结构坚固耐用，造型复杂，配以各种建筑装饰构件，就能成为一道亮丽的风景线，如图1-17所示。

这是安阳水冶镇的5柱7间钢筋混凝土牌楼式村名标识，它雄伟挺拔，气势磅礴，光彩耀人。最上边的"中原第一镇"五个大字就已经向你显示了该镇的名气。

2. 木结构

木结构的村名标识也种类繁多，造型各异。这种结构多在木材资源丰富的地区采用。有的也是跨建在入村的道路之上，成为牌坊式。图1-18所示的是四川映秀东村的牌坊式村名标识。

图1-17 钢筋混凝土结构标识

除了柱式牌坊标识结构外，还有一种牌楼式村名标识。这种结构也是跨建在入村的道路上，如图1-19所示。

图1-19所示是云南德昂族寨的木结构标识建筑，共分三层。它既体现了德昂族干栏式的房屋造型，又呈献了德昂族精湛的建筑艺术。

图 1-18　木结构村名标识

图 1-19　牌楼式标识

3. 独石雕名标识

如图 1-20 所示,在入村口的一旁,规划设计一块巨石,上面雕刻村名,就成为一个村牌石。这种标识看似简单,但作用非凡。乡村的这个村牌石,一般均为花岗岩质地的天然石材,经过简单的加工、刻字后,显示了其浑厚、大气、锐利、霸气等特点,体现了花岗岩这一天然质朴的外形,富有动感书法的雕功,寓意着人力和自然的统一。

同时,不同色调的花岗岩,还寓意着坚强、坚韧及永不言败的精神。图 1-21 是立在四川映秀村口 5.12 地震的纪念牌石。这块巨石是地震时山体崩裂滚下来的,它是地震灾难的见证,是坚不可摧的象征,如今则成为映秀震源广场中的震中石纪念性标识。左右侧图均为同一石,右侧的照片拍摄时一半浸在水中,所以未显示映秀两字。

图 1-20　村牌石

图 1-21　纪念牌石

除了独块门牌石,还有块石和石牌楼共建的双重标识性建筑物,如图 1-22 所示。这是浙江台州岭南村的村口门牌石和石质牌楼,彰显了岭南村的独特魅力。

二、乡村绿化规划

环境绿化在乡村生态系统中具有重要作用。绿色植物不仅有使用功能、观赏价值,更具有生态功能。绿色植物对改善生态环境、调节气候、增加湿度、降低噪声、吸收有害气体、丰富居民精神文化生活、协调人与自然的关系等方面发挥着生物降解功能和重要作用。因此,绿化环境建设不仅直接关系到乡村生态环境质量的好坏和居民生活质量的提高,而且也是一个乡村经济发展的必要条件，是实现乡村可持续发展的基本保障。

（一）乡村绿地的分类

乡村绿地的分类，主要有如下四种：

1. 防护绿地

这种绿地具有双重作用，一是可以美化环境，二是可用于安全、卫生、阻风减尘，如水源保护区、公路铁路的防护林带、工矿企业的防护绿地、禽畜养殖场的卫生隔离带等。

2. 公园绿地

这是指为居民服务的村镇级公园、村中小游园，以及路旁、水塘、河堤上宽度大于 5m，设有游憩设施的绿地带，如图 1-23 所示。

图 1-22 双重门牌石

图 1-23 小游园绿地

3. 附属绿地

所谓附属绿地，就是指除绿地外其他建筑用地中的绿地，如居住区中的绿地，工业厂区、学校、医院、养老院中的绿地等。对附属绿地进行规划时，应结合乡村绿化规划的整体要求以及用地中的建筑、道路和其他设施布置的要求，采取多种绿地形式，来改善小气候和优化环境。

4. 其他绿地

其他绿地是指水域和其他用地中的绿化地带。

（二）绿化系统规划布局

绿地与乡村的建筑、道路、地形要有机联系在一起，以此形成绿荫覆盖、生机盎然，构成乡村景观的轮廓线。绿地空间的布局形式，是体现乡村总体艺术布局的一项基本内容。布局形式不但要符合地理条件的需要，还要继承和发扬当地传统的艺术布局风格，形成既具有地方特色，又富有现代布局风格的空间艺术景观。它是提高乡村的建设品位，创建美丽乡村品牌的重要表现。常用的绿地空间布局形式有以下四种：

1. 点状布局

指相对独立的小面积绿地，一般绿地面积在 0.5 ~ 1.0ha 不等，有的甚至只有 $100m^2$ 左右，其中街头绿地面积不小于 $400m^2$，是见缝插绿、降低乡村建筑密度、提高老街道绿化水平、美化乡村面貌的一种较好形式，如图 1-24 的实景图所示。

2. 块状布局

乡村绿地的块状布局，指一定规模的街心花园或大面积公共绿地，如图 1-25 的实景图所示。

图 1-24　点状绿化实景

图 1-25　块状绿化实景

3. 带状布局

这种布局多利用河湖水系、道路等线性因素，形成纵横向绿带网、放射性环状绿带网。带状绿地的宽度不小于 8m。它对缓解交通环境压力、改善生态环境、创造乡村景观形象和艺术面貌特色有显著的作用。图 1-26 所示为道路、河道的带状绿化实景图。

a) 沿道路的带状绿化实景　　　　　　　　b) 沿河道的带状绿化实景

图 1-26　带状绿化实景图

4. 混合式布局

它是前三种形式的综合运用，可以做到乡村绿地布局的点、线、面结合，组成较完整的绿地体系。其最大优点是能使生活居住区获得最大的绿地接触面，方便居民游憩，有利于就近区域小气候与乡村环境卫生条件的改善，有利于丰富乡村景观艺术面貌，图 1-27 所示的实景图即为这种绿化布局。

（三）乡村绿化规划

在环境绿化规划中，各地应以大环境绿化为中心，公共绿地建设为重点，道路绿化

图 1-27　混合布局实景图

为骨架，专用绿地绿化为基础，将点、线、面、圈的绿化建设有机地联系起来，构成完整的绿地系统。实现山清水秀，村在林中，房在树中，人在绿中，绿抱村庄，绿荫村民的效果。在规划时，应根据绿地的分类、使用功能和场所进行。

1. 公园绿地规划

美丽乡村建设中，乡镇中的公园是为村民提供休憩、游览、欣赏、娱乐为主的公共场所。在对乡村公园进行规划时，应以本地植物群落为主，也可适当引进外地观赏植物，来丰富绿化档次、提高景观水平。

2. 防护绿地规划

对防护绿地进行规划，主要包括卫生防护林和防护林带。

当前，有的乡村经营煤炭生意，还有的在乡村附近建混凝土搅拌站、水泥厂、生石灰窑以及产生有害气体的村办企业等。为了保护居住生活区免受煤灰、水泥灰、白灰粉和有害气体的污染侵害，就要规划设置卫生防护林带，林带宽度应大于30m；在污染源或噪声大的一面，应规划布置半透风林带，在另一面规划布置不透风式林带。这样可使有害气体被林带过滤吸收，并有利于阻滞有害物质而使其不向外扩散。在村边的禽、畜饲养区周围，应规划设置绿化隔离带，特别应在主风向上侧设置1～3条不透风的隔离林带。

防护村镇的林带，规划设置时应与主风向垂直，或有30°的偏角，每条林带的宽度不小于10m。

3. 附属绿地

（1）街道绿化。如图1-28所示，规划街道绿化时，必须与街道建筑、周边环境相协调，不同的路段应有不同的街道绿化。由于行道树长期生长在路旁，必须选择生长快、寿命长、耐旱、树干挺拔、树冠大的品种；而在较窄的街道则应选用较小的树种。南方的乡村应选四季常青、花果同兼的绿化树木。

在街头，可因地制宜地规划街头绿化和街心小花园，并应结合面积的大小和地形条件进行灵活布局。图1-29是街头绿化平面布置图。

图1-28　街道绿化实景图

（2）居住区绿化。居住区绿化，是美丽乡村建设中的重头戏，是衡量居住区环境是否舒适、美观的重要指标。可结合居住区的空间、地理条件、建筑物的立面，设置中心公共绿地，面积可大可小，布置灵活自由。面积较大时，应设置些小花坛、水面、雕塑等。

在规划时，不能因为绿化而影响住宅的通风与采光，应结合房屋的朝向配备不同的绿化品种。如朝南房间，应离落叶乔木有5m间距；向北的房间应距离外墙最少3m。配置的乔灌木比例一般为2:1，常绿与绿叶比例为3:7。

（3）公共建筑绿化。公共建筑绿化是公共建筑的专项绿化，它对建筑艺术和功能上的要求较高，其布局形式应结合规划总平面图同时考虑，并根据具体条件和功能要求采用集中或分散的布置形式，选择不同的、能与建筑形式或建筑功能相搭配的植物种类。

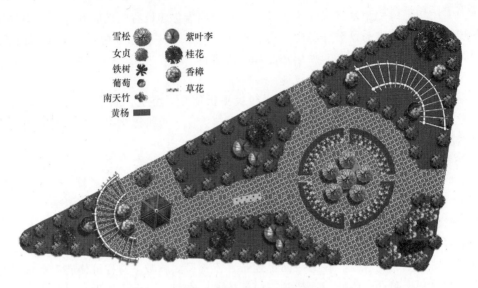

图 1-29　街头绿化平面布置

（4）工厂绿化。规划工厂绿化，应根据工厂不同的生产性质，对绿化实行"看人下菜碟"。凡是有噪声的车间周围应选树冠矮、树枝低、树叶茂密的灌木与乔木，形成疏松的树群林带；有害车间附近的树木种植不宜过密，切忌乔灌混交种植。对阻尘要求较高的车间则应在主风向上侧设置防风林带，车间附近种植枝叶稠密、生长健壮的树种。

除了上面的规划内容外，还可以结合当地的特产农业，规划建设乡村经济观赏绿化带，既可有农产品收入，又能起到绿化乡村的作用。图 1-30 所示的是韶关市游溪村的千亩桃园和延庆新宝庄的 600m 瓜廊。

图 1-30　经济观赏绿化带

三、乡村游园和景观设计

在现代化的乡村里，由于国家惠民政策的落实，以及农业机械化的普及，村民的体力劳动得到了极大解放，精神文化需求也就随之而来。所以在村镇规划设计乡村小广场、小游园就成为了时代发展的需要。村镇广场作为村镇公共空间的重要组成部分，是村镇居民公共生活的重要场所。但是由于各村镇的历史发展和民族风格的差异，小广场就不会与城市广场那样功能分明，它是集市政、休憩、纪念、疏散等多种功能于一体的村镇广场。

村镇小广场进行规划设计时，应结合当地村镇的地理条件和村镇的性质来确定广场的空间环境，其设计的基本要求和原则如下。

（一）村镇小广场规划设计

1. 规划设计基本要求

（1）对小广场进行规划设计时，必须和该地区的整体环境协调统一。

（2）广场上的亭、廊、宣传栏、雕塑、喷泉、叠石、照明、花坛等设施要考虑其实用性、趣味性、艺术性和民族性。

2. 规划设计的原则

（1）要结合广场的地形条件，来确定小广场的空间形态、空间的围合、尺度和比例。

（2）因地制宜，不失民族特色。要采用本地区的工艺、色彩、造型，充分体现当地的文化特征。

（3）尺度适宜，体量得当。设计时从体量到节点的细部设计，都要符合居民的行为习惯。

（4）注重历史文脉，增加现代化气息。要挖掘历史和传统文化的内涵，传承当地的文化遗产，结合现代材料，使之具有时代感。

3. 乡村广场的布局形式

在乡村中，由于村庄的规模都不是很大，所以就要在"小"字上下功夫，具有小巧玲珑、功能俱全的特点。乡村小广场的布局形式主要有广场中心式和沿街线状式。

广场中心式，就是以小广场为中心，沿广场四周可以布置乡村文化活动室、购物商店、健身设施等，又可作为农闲时娱乐场所，其布局形式如图1-31所示。图1-32为安阳伦掌镇的娱乐广场实景图。

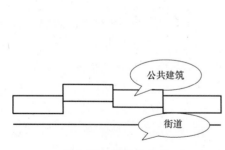

图1-31　广场中心式

图1-32　娱乐广场实景图

沿街线状布局形式是指将公共建筑沿街道的一侧或两侧集中布置，它是我国乡村中心广场的传统布置形式。这种布置具有浓厚的生活气息，其布置形式如图1-33所示，图1-34是这种广场布置的实景图。

（二）小游园的规划设计

乡村小游园具有装饰街景、增加绿地面积、改善生态环境之功效，是供村民休息、交流、锻炼、纳凉和进行一些小型文化娱乐活动的场所。图1-35是浙江东阳村的小游园实

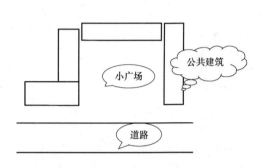

图 1-33　沿街线状布置

图 1-34　沿街线状广场布置的实景图

景图。

　　小游园按其平面布置主要有三种方式：

1. 规则式

　　这种布置有明显的主轴线，小游园的园路、水体、广场依据一定的几何图案进行布局。绿化、小品、道路呈对称式或均衡式布局，给人以整齐、明快的感觉。

2. 自然式

　　这种游园布局灵活，富有自然气息，它依景随形，配景得体，采用自然式的植物种植，呈现出自然精华和植物景观。

图 1-35　乡村小游园实景图

3. 混合式

　　这种布局既有自然式的灵感，又有规则式的整齐，既能与四周环境相协调，又能营造出自然景观的空间。

　　但在规划设计乡镇小游园时，必须因地制宜，力求变化；特点鲜明突出，布局简洁明快；要小中见大，空间层次丰富；对建筑小品，要以小巧取胜。植物种植要以乔木为主，灌木为辅，园内应体现出"春有芳花香，夏有浓荫凉，秋有果品赏，冬有劲松绿"，使园内四季景观变化无穷。

　　（三）建筑小品的规划设计

　　乡村街道上建筑小品主要有：路灯、街道指示牌、花坛、雕塑和座椅等。在规划设计时，它不仅在功能上能满足村民的行为需要，还能在一定程度上调节街道的空间感受，给人留下深刻的印象。

　　乡村街道上的路灯，不必非用冷冰冰的水泥电杆，可以选用经过加工造型的铁杆，采用太阳能节能灯、风力发电路灯等，如图 1-36 所示。

　　街道指示牌是外乡人进入该村的导路牌，是乡村规范化的名片符号，它们往往比建筑更加重要。所以，这些路牌色彩应显明，造型应活泼，位置应合理，标志应清晰。街道指示牌的高度和样式一定要统一，不能五花八门，既要有景观的效果，又要有指示的功能。

　　街道上的花坛是指在绿地中利用花卉布置出精细美观的绿化景观。它既可作为主景，又可作为配景。在对其规划时，则应进行合理的规划布局，从而达到既美化街道环境，又丰富街道空间的作用。一般情况下，花坛应设在道路的交叉口处，公共建筑的正前方。花坛的造型主要有独立式、组合式、立体式或古典式，但是均应对花坛表面进行装饰。

街道雕塑小品，一般有两大风格，即写实和抽象。写实风格的雕塑是通过塑造真实人物的造型来达到纪念的目的。而抽象雕塑则是采用夸张、虚拟的手法来表达设计意图。

图 1-36　利用风能的路灯

在乡村街道和游园广场中，还要设置具有艺术风格和一定数量的座椅，既有乡村建筑小品的情趣，又可为临时休息的村民提供方便，如图 1-37 所示。

图 1-37　常见座椅

四、乡村环境控制

生活居住是乡村的基本功能之一，居住区是美丽乡村的重要组成部分，居住区的空间环境和总体形象不仅对居民的日常生活、心理和生理健康产生直接的影响，还很大程度上反映了这个乡村的基本面貌。

对居住区环境的规划，不仅要满足住户的基本生活需求，还要着力创造优美的空间环境，为村民提供日常交往、休息、散步、健身等户外活动的生存需求、生理需求、安全需求、美的需求。对美丽乡村居住区环境进行优化，就是要充分重视居住区户外环境的优化，对宅旁绿地、小游园等开敞空间，儿童、青少年和老年人的活动场地，道路组织、路面和场地铺装、建筑等进行精心组织，为村民创造高质量的生活居住空间环境和生态环境。

1. 大气环境控制

大气是人类生存不可缺少的基本物质。乡村大气污染的污染源主要有工业污染、生活污染、交通运输污染三大类。控制大气污染，提高空气质量的主要措施是改变燃料结构，装置降尘和消烟环保设施以减少污染，采用太阳能、沼气、天然气等洁净能源，增加绿地面积，强化监管措施，严格执行国家有关环境保护的相关规定。

2. 水环境控制

水是人类赖以生存的基本物质保证。水环境控制规划包括水资源综合利用和保护规划与水污染综合治理规划两方面内容。

依据乡村耗水量预测，分析水资源供需平衡情况，制定水资源综合开发利用与保护计划；对地下水水源要全面摸清储量的基础上，实现计划开采。对不同水源保护区，应加强管理，防止污染；对滨海乡村，应根据岸线自然生态特点，制定岸线与水域保护规划，严格控制陆源污染物的排放；制定水资源的合理分配方案和节约用水、回水利用和对策与措施；完善乡村给水与排水系统；对缺水地区探索雨水利用的新途径与新方法。

乡村水污染综合整治规划主要有：根据乡村发展计划，预测污水排放量；正确确定排水系统与污水处理方案，推广水循环利用技术，减少污水处理量；减少水土流失与污染源的产生；加强工业废水与生活污水等污染源的排放管制。

3. 固体废弃物的控制与处理

固体废弃物包括居住区的生活垃圾、建筑垃圾、工厂的废弃物、农作物节秆及商业垃圾等，是乡村主要的污染源。固体废弃物的控制首先要从源头上尽可能减少固体废弃物的产生。这就要积极发展绿色产业，提倡绿色消费，提高村民的环境保护意识，严格控制"白色污染"，发展可降解的商品；提高全民的文明程度，养成良好的卫生习惯，自觉维护环境的清洁；提高固体废弃物回收与综合利用，变废为宝，实现固体废弃物的资源化、商品化。

在乡村中，应结合街道的规划布局，设置垃圾箱，一方面可为村民提供方便的清理垃圾的工具，另一方面通过巧妙设计也能使其成为街道一景。

4. 修建公共厕所

在美丽乡村建设中，一方面应把沿街道上的私家厕所进行搬迁入户，另外还要结合人居分布情况和环境要求修建公共厕所。在用水方便的地区可以采用水冲式，用水紧张的地区可为旱厕。在规划时，有旅游资源的乡村公厕间距，应在 300m 左右；一般街道的公厕间距为 1000m 以下；居住区公厕间距在 300～500m 之间。图 1-38 所示的是乡村中公共卫生间的一种。

五、乡村防洪规划

靠近江、河、湖泊的乡村和城镇，生产和生活常受水位上涨、洪水暴发的威胁和影响，因此在规划设计美丽乡村和居民点选址时，应把乡村防洪作为一项规划内容。

乡村防洪工程规划主要有如下内容：

1. 修筑防洪堤岸

根据拟定的防洪标准，应在常年洪水位以下的乡村用地范围的外围修筑防洪堤。防洪堤的标准断面，视乡村的具体情况而定。土堤占地较多，混凝土堤占地少，但工程费用较高。堤岸在迎河一面应加石块铺砌防浪护堤，背面可植草保护。在堤顶上加修防特大洪水的小堤。在通向江河的支流或沿支流修筑防洪堤或设防洪闸门，在汛期时用水泵排除堤内侧积水，排涝泵进水口应在堤内侧最低处。

图 1-38 乡村公厕

由于洪水与内涝往往是同时出现，所以在筑堤的同时，还要解决排涝问题。支流也要建防洪设施。排水系统的出口如低于洪水水位时，应设防倒灌闸门，同时也要设排水泵站；也可以利用一些低洼地、池塘蓄水，降低内涝水位以减少用水泵的排水量。

2. 整治湖塘洼地

乡村中的湖塘洼地对洪水的调节作用非常重要，所以应结合乡村总体规划，对一些湖塘洼地加以保留和利用。有些零星的湖塘洼地，可以结合排水规划加以连通，如能与河道连通，则蓄水的作用将更为加强。

3. 加固河岸

有的乡村用地高出常年洪水水位，一般不修筑防洪大堤，但应对河岸整治加固，防止被冲刷崩塌，以致影响沿河的乡村用地及建筑。河岸可以做成垂直、一级斜坡、二级斜坡，根据工程量大小作比较方案。

4. 修建截流沟和蓄洪水库

如果乡村用地靠近山坡，那么为了避免山洪泄入村中，增加乡村排水的负担，或淹没乡村中的局部地区，可以在乡村用地较高的一侧，顺应地势修建截洪沟，将上游的洪水引入其他河流，或在乡村用地下游方向排入乡村邻近的江河中。

5. 综合解决乡村防洪

应当与所在地区的河流的流域规划结合起来，与乡村用地的农田水利规划结合起来，统一解决。农田排水沟渠可以分散排放降水，从而减少洪水对乡村的威胁。大面积造林既有利于自然环境的保护，也能起到水土保持作用。防洪规划也应与航道规划相结合。

六、乡村消防规划

对美丽乡村进行总体规划时，必须同时制订乡村消防规划，以杜绝火灾隐患，减少火灾损失，确保人民生命财产的安全。

（一）消防给水规划

1. 消防用水量

消防用水量是保障扑救火灾时消防用水的保证条件，必须足量供给。

规划乡村居住区室外消防用水量时，应根据人口数量确定同一时间的火灾次数和一次灭火所需要的水量。此外，乡村室外消防用水量还必须包括乡村中的村民居住区、工厂、仓库和民用建筑的室外消防用水量；在冬季最低气温达到零下10℃的乡村，如采用消防水池作为消防水源，则必须采取防冻措施，保证消防用水的可靠性；城镇中的工厂、仓库、堆场等设有独立的消防给水系统时，其同一时间内火灾次数和一次火灾消防用水量可分别计算。

在确定建筑物室外消防用水量时，应按其消防需水量最大的一座建筑物或一个消防分区计算。

2. 消火栓的布置

乡村的住宅小区及工业区，其市政或室外消火栓的规划设置应符合下列要求：

消防栓应沿乡村道路两侧设置，并宜靠近十字路口。消火栓距道边不应超过2m，距建筑物外墙不应小于5m。油罐储罐区、液化石油气储罐区的消火栓，应设置在防火堤外；室外消火栓的间距不应超过120m；市政消火栓或室外消火栓，应有一个直径为150mm或100mm和两个直径65mm的栓口。每个市政消火栓或室外消火栓的用水量应按10～15L/s计算。室外地下式消火栓应有一个直径为100mm的栓口，并应有明显的标志。

3. 管道的管径与流速

选择给水管道时，管径与流速成反比。如果流速较大，则所需管材就小些，如果采用较小流速，就需要用较大的管径。所以，在规划设计时，要通过比较，选择基建投资和设备运转费用最为经济合理的流速。一般情况下，0.1~0.4m的管径，经济流速为0.6~1.0m/s；大于0.4m的管径，经济流速为1.0~1.4m/s。

关于消防用水管道的流速，既要考虑经济问题，又要考虑安全供水问题。因为消防管道不是经常运转的。因为采用小流速大管径是不经济的，所以宜采用较大流速和较小管径。根据实践经验，铸铁管道消防流速不宜大于2.5m/s；钢管的流速不宜大于3.0m/s。

凡是新规划建设的居住区、工业区，给水管道的最小直径不应小于0.1m，最不利的市政消火栓的压力不应小于0.1~0.15MPa，其流量不应小于15L/s。

4. 消防通道规划

乡村街区内的道路，应考虑消防车执行任务时的通路，当建筑的沿街部分长度超过150m或总长度超过200m时，均应设置穿越建筑物的消通道，并且还应设置消防车道的回车场地，回车场地的面积不小于12m²。

设置消防车道的宽度，不应小于3.5m；道路上边如果有架空管线、天桥，则其净高不应小于4m。

（二）居住区消防规划

居住区的消防规划是乡村中消防规划的重中之重，必须认真规划。

1. 居住区总体布局中的防火规划

乡村居住区总体布局应根据乡村规划的要求进行合理布置，各种不同功能的建筑物群之间要有明确的功能分区。根据居住小区建筑物的性质和特点，各类建筑物之间应设必要的防火间距。

设在居住区内的煤气调压站、液化石油气瓶库等建筑也应与居住的房屋间留有一定的安全间距。

2. 居住区消防给水规划

在居住区消防给水规划中，有高压消防给水管道的布置、临时高压消防给水管道布置、低压给水管道布置等。这些给水管道均能保证发生火灾时消防用水。但在乡村中，基本上采用生活、生产和消防合用一个给水系统，这种情况下，应按生产、生活用水量达到最大时，同时要保证满足距离水泵的最高、最远点消火栓或其消防设备的水压和水量要求。

小区内的室外消防给水管网应布置成环状，因为环状管网的水流四通八达，供水安全可靠。

在水源充足的小区，应充分利用河、湖、堰等作为消防水源。这些供消防车取水的天然水源和消防水池，应规划建设好消防车道或平坦空地，以利消防车装水和调头。

在水源不足的小区，必须增设水井，以弥补消防用水的不足。

（三）居住区消防道路规划

居住小区道路系统规划设计，要根据其功能分区、建筑布局、车流和人流的数量等因素确定，力求达到短捷畅通；道路走向、坡度、宽度、交叉等要依据自然地形和现状条件，按国家建筑设计防火规范的规定科学地设计。当建筑物的总长度超过220m时，应设置穿过建筑物的消防车道。消防车道下的管沟和暗沟应能承受大型消防车辆过往的压力。对居住区不能通行消防车的道路，要结合乡村改造，采取裁弯取直、扩宽延伸或开辟新路的办法，逐步改观道路网，使之符合消防道路的要求。

七、乡村治安防控规划

乡村治安防控是关系到千家万户及广大人民的生活、生产、生存的大事，是美丽乡村建设的特殊内容。所以，对乡村进行规划设计时，必须把治安防控规划做好做细，保一方平安，促一方稳定。

对乡村治安防控进行规划，就是要改变过去那种"治安基本靠狗"的乡村治安防控模式，运用当今的防控手段，在乡村中布下"电子天网"，提高治安防控能力。

规划安装电子治安监控设备时，一是不得侵犯公民的隐私权和公共利益，二是规划安装的位置应符合交通、防洪、乡村环境等要求，不得乱安私建。

在下列区域，可安装电子眼：

（1）乡村居住社区。

（2）贸易市场、农村信用社、学校、幼儿园、厂矿、村民养殖场。

（3）村中主要道路、案发较多地段、交通路口。

（4）自来水厂、重要河段。

（5）国家规定需要安装电子眼的地方。

第四节　乡村民居住宅的布局

人居住宅是人类在大自然中赖以生存的基础条件，是村民生产生活的聚集地。它是由乡村社会环境、自然环境和人工环境共同组成的，是乡村生态、环境、社会等各方面的综合反映，是乡村人居环境中的主要内容。

一、乡村人居住宅的类型

乡村住宅和房屋的类型，在不同地区、不同气候条件、不同民族有着不同的布局和造型。综合全国各地民居的形式，可归纳为下列三大类。

（一）木构架式住宅

这是中国乡村住宅的最主要形式，其数量多，分布广，是最为典型的民居住宅。这种住宅以木结构为主，在南北向的主轴线上建主房，主房前面左右对峙建东西厢房，这就是通常所说的"四合院""三合院"。这种形式的住宅遍布全国乡村，但因各地区的自然条件和生活方式的不同而结构不同，形成了独具特色的建筑风格。

在中国南部江南地区的住宅，也采用与北方"四合院"大体一致的布局，只是院子较小，称为天井，仅作排水和采光之用。屋顶铺小青瓦，室内以石板铺地，以适合江南温湿的气候。

（二）干栏式住宅

干栏式住宅主要分布在中国西南部的云南、贵州、广东、广西等地区，为傣族、壮族等民族的住宅形式。它是单栋独立的楼式结构，底层架空，用来饲养牲畜或存放物品，上层住人。这种建筑不但防潮，还能防止虫、蛇、野兽等侵扰，如图 1-39 所示。

（三）窑洞式住宅

窑洞式住宅主要分布在我国中西部的河南、山西、陕西、甘肃、青海等黄土层较厚的地区。窑洞式住宅主要利用黄土直立不倒的特性，水平地挖掘出拱形窑洞。这种窑洞节省建筑材料，施工技术简单，冬暖夏凉，经济适用，如图 1-40 所示。

图 1-39　干栏式住宅

图 1-40　窑洞式住宅

二、乡村住宅的平面布局

1. 北方地区住宅的平面布局

从北方地区住宅的平面形式来看，院落基本为纵长方形；住房为横长方形，如图 1-41 所示。

在平面布局上，为了接受更多的阳光和避开冬季北面袭来的寒风，应将房屋做成坐北朝南向，门和窗均设于朝南的一面。在住室的布局上，多将卧室布置在房屋的朝阳面，将贮藏室、厨房布置在背阳的一面。

2. 南方地区住宅的平面布局

南方地区住宅的平面布置比较自由通透。

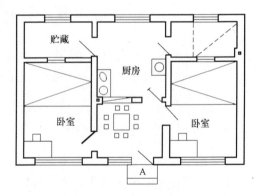

图 1-41　北方民居平面布置

院子采用东西横长的天井院，平面比较紧凑。房屋的后墙上部开小窗，围墙及院墙开设漏窗。一般住房的楼层较高，进深较大。这样有利于通风、散热、去潮。

江南水乡的民居住宅，大多依水而建，房屋平面布置多依据地形及功能要求进行，一般多取不对称的自由形式。由于河网密布，最好的建筑居住模式是临河而建，一边出口毗邻街道，一边出口毗邻河道。图 1-42 是浙江地区一民居的平面布置图。

三、住户类型及功能布局

对乡村住宅进行选型时，住户类型、住户结构、住户规模是决定住宅套型的三要素。除每个住户均必备的基本生活空间外，各种不同的住户类型还要求有不同特定的附加功能空

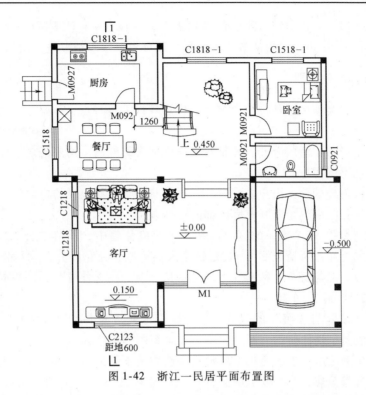

图 1-42　浙江一民居平面布置图

间；而住户结构的繁简和住户规模的大小则是决定住宅功能空间数量和尺寸的主要依据。

根据常住户的规模，有一代户、两代户、三代户及四代户。一般两代户与三代户较多，人口多在 3 ~ 6 口。这样基本功能空间就要有门斗、起居室、餐厅卧室、厨房、浴室、贮藏室，并且还应有附加的杂屋、厕所、晒台等功能，而套型应为一户一套或一户两套。当为

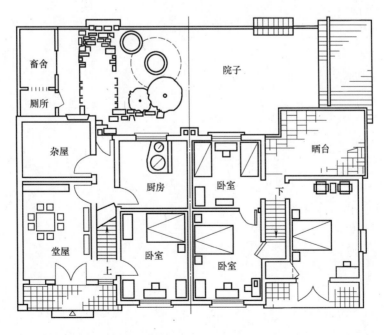

图 1-43　一户两套型民居布局

3~4口人时，应设2~3个卧室；当为4~6口人时，应设3~6个卧室。一户两套型民居的布局如图1-43所示，如果住户为从事工商业者，还可根据实际情况进行增加。

四、住宅布局的原则

根据乡村住宅户类型多、住户结构复杂、住户规模大等特点，就要分别采用不同的功能布局方案。

一是要确保生产与生活区分开，凡是对人居生活有影响的，均要拒之于住宅乃至住区以外，确保家居环境不受污染。

二是要做到内与外区分。由户内到户外，必须有一个更衣换鞋的户内外过渡空间；并且客厅、客房及客流路线应尽量避开家庭内部的生活领域。

三是要做到"公"与"私"的区分。在一个家庭住宅中，所谓"公"，就是全家人共同活动的空间，如客厅；所谓"私"，就是每个人的卧室。公私区分，就是公共活动的起居室、餐厅、过道等，应与每个人私密性强的卧室相分离。在这种情况下，基本上也就做到了"静"与"动"的区分。

四是要做到"洁"与"污"的区分。这种区分也就是基本功能与附加功能的区分。如做饭烹调、燃料农具、洗涤便溺、杂物贮藏、禽舍畜圈等均应远离清洁区。

五是应做到生理分居。也就是根据年龄段和性别的不同进行分室。在一般情况下，5岁以上的儿童应与父母分寝；7岁以上的异性儿童应分寝；10岁以上的异性少儿应分室；16岁以上的青少年应有自己的专用卧室。

第二章

钢筋混凝土工程施工技术

钢筋混凝土施工技术近年来已在房屋建筑和市政工程中得到了广泛的应用。特别是在房屋建筑工程、园林景观等建筑工程中，更发挥了钢筋混凝土抗压、抗震的优良性能。为了以后各章节的施工技术需求，所以特将钢筋混凝土施工技术列为单独一章进行介绍。

第一节 模板的安装与拆除

模板是混凝土浇筑构件的胎具，是保证浇筑混凝土构件时按设计要求的位置和几何尺寸而成型的模型板。模板质量是混凝土结构构件几何尺寸、外观质量的保证条件。

一、模板的功能及技术要求

1. 模板的功能

模板由面板和支撑两部分组成，它具有如下功能：

（1）保证混凝土工程结构和构件各部分形状尺寸和相互位置的准确性。

（2）保证施工过程中混凝土结构和构件的稳定及安全。

（3）为保证其他交叉施工作业提供便利条件。

2. 模板的强度和刚度

不论使用的模板和支架是木模板、胶合模板、钢塑模板或其他类模板，其本身的强度、刚度均应符合设计要求。在保证工程结构构件各部分形状尺寸和相互位置的正确性前提下，模板还应能可靠地承受新浇筑混凝土的自重和侧压力，以及施工过程中产生的各种荷载，并不能产生挠曲变形或破坏。

3. 模板的稳定性及支承面积

模板安装中的支架或桁架应保持稳定，并用撑拉杆件固定，防止浇筑混凝土时模板倒塌。

支架必须有足够的、有效的支承面积。支承在疏松的土质上时，基底必须夯实。如果支架的长度不够时，应用同类材料进行续接，但必须保证接头牢固，并在同一中心线上。如用块料砌墩接长的，必须用砂浆砌筑。墩的上下部应放置大于墩截面积的木板或钢板及其他有足够强度的板块，保证支承面积。

4. 防水与防冻

竖向模板和支架的承压部位，当安装在基土上时，除加设垫板外，必须在其四周设排水沟。安装在湿陷性黄土上时，应有井点抽水等其他防水措施。安装在冻融的基土上时，必须有足够深度的支承部分，铲除冻融的基土，铺上一层干砂，拍实后再作支架支承。

5. 模板底模的起拱

整体式现浇钢筋混凝土梁、板，当跨度等于或大于 4m 时，模板应起拱。若设计无具体要求时，起拱高度为全跨长度的 0.1% ~ 0.3%。

二、现浇混凝土模板的安装与拆除

下面主要介绍柱、梁、板和楼梯等结构构件模板的安装与拆除。

（一）柱的模板安装

矩形柱的模板由两面对称侧板、柱箍、支撑所组成。常用的是实木模板、竹模板及复合模板等。

方形柱木模板的四面侧板均为长条板，矩形柱则是两面侧板用长条板，用木档纵向拼制，另两面用短板横向逐块上拼，两头均伸出纵向板边，每隔 1m 左右留浇筑洞口，柱底部采用方盘以便于固定。竖向侧板一般厚 40mm，横向侧板厚度一般不小于 25mm。

在柱顶与梁的交接处要留出缺口，其尺寸即为梁的高度及宽度，并在缺口两侧及口底钉上衬口档，衬口档离缺口边的距离即为梁侧板及底板的厚度，如图 2-1 所示。

安装柱模板时，应先在基础面或楼面上弹出柱轴线及边线，同一柱列应先弹出两端柱轴线及边线，然后拉通线弹出中间部分柱的轴线及边线，按照边线先把底部方盘固定好，然后再对准边线安装柱模板。同一排柱的模板，可采取先校正两端的柱模，然后在柱模顶中心拉通线，按通线校正中间的柱模板。

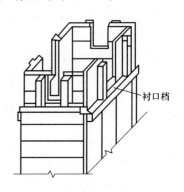

图 2-1　柱模顶部构造示意

（二）现浇钢筋混凝土梁模板

在当前，现浇钢筋混凝土楼板多为肋形楼板、预制小梁现浇楼板和井字形楼板。因为预制小梁为预制构件，板与梁不能形成整体，施工比较繁琐，所以采用井字形楼板和肋形楼板最为理想。

1. 模板的分层安装

现浇多层房屋，应采取分层段支模的方法，安装上层模板及其支架时，下层楼板应具有承受上层荷载的承载力或加设支架支承；上层支架的立柱应对准下层支架的立柱，并且上、下立柱应在同一中心线上，立柱下部应有垫板。

当层间高度大于 5m 时，宜选用桁架支模，如图 2-2 所示，或多层支架支模。当采用多层支架支模时，支架的横垫板应平整，支柱应垂直，上下层支柱应在同一竖向中心线上。

2. 木模板安装

梁模板主要由底板、侧板、夹木、托木、梁箍和支撑所组成。底板一般用厚 50mm 的长条板，侧板用 30mm 的长条板加木档拼制。在梁底板下每隔 1m 左右用顶撑支设，夹木设在梁模两侧下方，将梁侧板与底板夹紧并钉牢于顶撑上。图 2-3 是主、次梁模板安装示意图。

当梁的高度较大时，应在侧板外面另加斜撑，斜撑上端钉在托木上，下端钉在帽木上，独立梁的侧板上口用搭头木互相卡住，如图 2-4 所示。

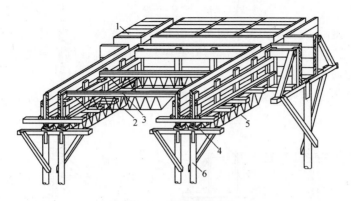

图 2-2　桁架支模示意

1—楼板模板　2—搁栅桁架　3—方木　4—木楔　5—梁底桁架　6—双肢支柱

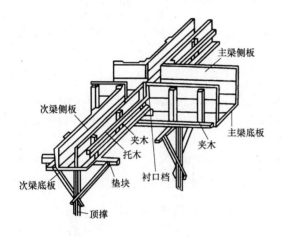

图 2-3　梁模板安装示意图

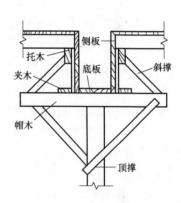

图 2-4　斜撑梁模安装

3. 梁模板的支撑安装

梁模板如在地面直接安装时应将土夯实，并在地面或楼面上放置通长支撑垫板。采用多层支架支模时，支撑应垂直，上下层支撑应在同一竖向中心线上。

从边跨一侧开始安装，先安第一排龙骨和支撑，临时固定后再安装第二排龙骨和支撑以此序逐排安装。支撑间距为 800~1200mm，大龙骨间距为 600~1200mm，小龙骨间距为 400~600mm。

调整支撑高度，将大龙骨上面找平。然后铺设楼板底模。模板铺设可从一侧开始，不合模数的剩余部分可用木模板补充。顶板模板与四周墙体或柱头交接处应加垫海绵条防止漏浆。

底板铺设后，用水平仪或水平管测量模板标高，进行校正，并用靠尺找平。校正标高后，将支撑间加设水平拉杆。拉杆离地面 300mm 处应设一道，向上纵横方向每间隔 1.5m 设一道。

（三）平板模板的安装

由于楼板模板的面积较大，一般用不小于 25mm 厚的木板拼成，铺设在搁栅上。搁栅两端头搁置在托木上，搁栅一般用断面 50mm×100mm 的方木，间距为 400~500mm，如图 2-5

所示。

平板模板安装时，先在次梁模板的两侧板外侧弹水平线，水平线的标高应为平板底标高减去平板厚度及搁栅高度，然后按水平线钉上托木，托木上口与水平线齐。

（四）圈梁模板

圈梁模板由侧板、横担、夹木、斜撑等部件组装而成，如图 2-6 所示。

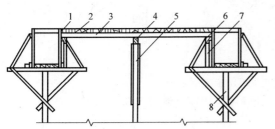

图 2-5　平板模板的安装

1—梁模侧板　2—板模底板　3—搁栅

4、6—牵杆　5—牵杆撑　7—托木　8—木顶撑

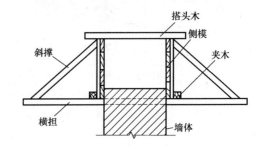

图 2-6　圈梁模板安装

安装圈梁模板时，有的是在砌砖时将圈梁下的第二皮砖隔 1m 左右抽出 60mm，作为支撑模板用，有的是在墙体上预留一丁砖口将横担穿入支撑模板。现在，多不用预留砖孔，而是将扁钢卡具直接从砖缝隙中打入，卡住模板。

在安装圈梁模板时，一方面要拉准线，并依准线安装模板。另一方面要保证两侧模的内侧净距符合墙体厚度的要求。模板安装合格后在侧板的内侧弹出圈梁上表面的标高控制线，或者将模板上口平面作为标高。

（五）悬挑构件模板安装

当房屋的挑檐、阳台和雨篷为现浇钢筋混凝土结构时，模板的支承安装应按图 2-7 所示方法。

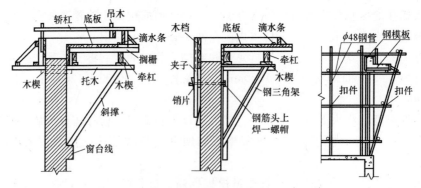

图 2-7　挑出结构模板安装

（六）模板的拆除

现浇结构的模板及其支架拆除时的混凝土抗压强度，应符合设计要求；当设计无具体要求时，侧模、底模的拆除顺序为：在混凝土强度能保证其表面及棱角不因拆除模板而受损时，方可拆除侧模；当混凝土强度符合表 2-1 规定后，允许拆除底模。

表 2-1　　底模板拆除时的混凝土强度要求

构件类型	构件跨度/m	达到设计的混凝土立方体抗压强度标准值的百分率(%)
板	≤2	≥50
	>2,≤8	≥75
	>8	≥100
梁、拱、壳	≤8	≥75
	>8	≥100
悬臂构件	—	≥100

注：本表中"按设计的混凝土强度标准值"系指与设计混凝土强度等级相应的混凝土立方体抗压强度标准值。

第二节　钢筋的弯曲加工

在各类建筑工程中，对于常用的钢筋，购买时或钢筋进入工地后，首先要对钢筋的外观质量和钢材的实际尺寸进行检查。当检查合格后，方能进行配料加工。

一、加工钢筋的工具与计算

（一）弯曲钢筋的工具

在乡村加工钢筋时，由于没有钢筋加工机械，基本上全是手工进行加工，所以在加工梁的弯起钢筋、箍筋、弯钩时，均要采用些比较简单的加工工具，如钢筋扳手、钢筋定位卡盘等。这些简单的工具可以按照下列示意图就地加工。图 2-8 为箍筋加工小扳手的形状；图 2-9 为钢筋定位卡盘和钢筋扳杆的形状。

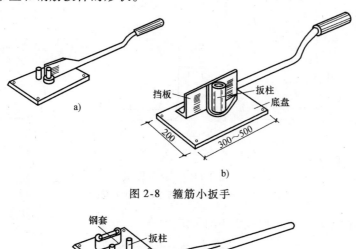

图 2-8　箍筋小扳手

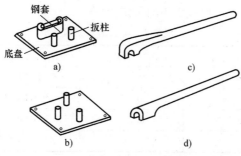

图 2-9　钢筋定位卡盘及扳杆

（二）钢筋下料长度的基本计算

1. 基本计算公式

各类钢筋加工的形状、尺寸必须符合设计要求，下料时的长度尺寸，可按下式计算：

直钢筋 = 构件长度 - 保护层厚度 + 弯钩增加长度及平直长度

弯起钢筋 = 直段长度 + 斜段长度 - 弯曲调整值 + 弯钩增加长度及平直长度

箍筋 = 箍筋周长 + 箍筋调整值

2. 弯曲调整值

钢筋在弯曲时，由于是弯曲钢筋的外皮受拉，所以外皮延伸，而内皮处受压，形成收缩的物理变形。在度量钢筋长度时，因为是沿直线量外包尺寸，如图 2-10 所示，所以，弯起钢筋的度量尺寸大于实际下料尺寸，两者之间的差值就称为弯曲调整值。弯曲调整值见表 2-2 的规定。

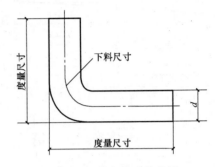

图 2-10 钢筋弯曲时的度量

表 2-2 钢筋弯曲调整值

钢筋弯曲角度	30°	45°	60°	90°	135°
钢筋弯曲调整值	0.35d	0.5d	0.85d	2d	2.5d

注：d 为钢筋的直径（mm）。

3. 弯钩增加长度

钢筋有三种弯钩形式：半圆弯钩、直弯钩和斜弯钩，如图 2-11 所示。半圆弯钩是房屋建筑中最常用的一种；直弯钩只是用在柱子钢筋的下部和附加钢筋中；斜面弯钩用在直径较小或箍筋中。

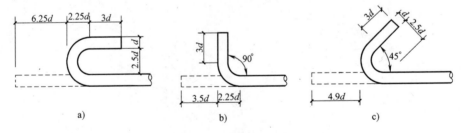

图 2-11 弯钩的形式

a) 半圆弯钩 b) 直弯钩 c) 斜弯钩

对各类弯钩的增加长度可按表 2-3 的规定。

表 2-3 弯钩增加长度 （mm）

钢筋牌号	弯钩形式			弯曲直径
	半圆弯钩	直弯钩	斜弯钩	
HPB300	3.25d	0.5d	1.9d	2.5d
HRB335	—	0.92d	2.9d	4.0d
HRB400	—	1.20d	3.5d	5.0d

注：表中 d 为钢筋的直径（mm）。

钢筋端部弯钩的平直部分长度：HPB300 钢筋不小于钢筋直径的 3 倍；HRB335、HRB400 级钢筋按设计要求确定。

弯起钢筋斜段长度应按表 2-4 的规定。

表 2-4　弯起钢筋斜段长度　　　　　　　　　　　（mm）

弯起角度	30°	45°	60°
斜边长度	$2h_0$	$1.414h_0$	$1.155h_0$
底边长度	$1.732h_0$	h_0	$0.577h_0$
增加长度	$0.268h_0$	$0.414h_0$	$0.578h_0$
弯曲调整值	$0.3d$	$0.55d$	$0.9d$

注：表中 h_0 为弯起钢筋的外缘高度（mm）。

箍筋的调整值应按表 2-5 中的数据。

表 2-5　箍筋调整值

构件受力直径 /mm	箍筋度量 位置	箍筋直径/mm			
		4～5	6	8	10～12
≤25	内包尺寸	80	100	120	150～180
	外包尺寸	40	50	60	70
>25	内包尺寸	90	110	130	160～190
	外包尺寸	50	60	70	80

注：当为抗震结构时，表中数值可加箍筋直径的 10 倍长度，并且末端应有 135° 的弯钩。

变截面构件的箍筋下料长度，可用数学法根据比例关系进行计算，每根箍筋的长短差 Δ 按下式计算得出：

$$\Delta = \frac{h_d - h_c}{n - 1}$$

其中：

$$n = \frac{S}{a} + 1$$

式中　n——箍筋个数；

　　　S——最高箍筋与最底箍筋之间的距离；

　　　a——箍筋间距；

　　h_d、h_c——箍筋最大和最小高度。

钢筋加工时的弯钩或弯折应按下列规定：

HPB300 钢筋末端要做 180° 弯钩，其圆弧弯曲直径 D 不应小于钢筋直径 d 的 2.5 倍，平直部分长度不应小于钢筋直径 d 的 3 倍；用于轻骨料混凝土时，其弯曲直径 D 不小于钢筋直径 d 的 3.5 倍；HRB335、HRB400 级钢筋末端需做 90° 或 135° 弯折时，HRB335 级钢筋的弯曲直径 D 不宜小于钢筋直径 d 的 4 倍；HRB400 级钢筋不宜小于钢筋直径的 5 倍；弯起钢筋中间部位弯折处的弯曲直径 D，不应小于钢筋直径 d 的 5 倍。

箍筋的末端应做弯钩。用 HPB300 钢筋制作的箍筋，其弯钩的弯曲直径应大于受力钢筋直径，且不小于箍筋直径的 2.5 倍；弯钩平直部分的长度，不宜小于箍筋直径的 5 倍，对有抗震要求的结构，不应小于箍筋的 10 倍。

二、钢筋手工弯曲操作

1. 弯曲前的准备

钢筋弯曲前，应对照图样或标准图集复核加工钢筋的规格、牌号、形状和各部尺寸。

2. 在钢筋上画线

也就是根据钢筋配料单上的各部尺寸，在钢筋上用石笔进行画线标注。画线时，应结合钢筋的弯曲类型、弯曲角度、伸长值，以及扳距等因素进行综合计算，然后将计算的结果依次进行量测标注。如一根直径 20mm、长 4500mm 钢筋，需要加工成弯起钢筋，这时可按下列步骤进行画线：

（1）量出钢筋的中点，在中点画第一道线（2250）。

（2）取中间段的 1/2 并减去 0.3d，得出结果画第二道线。$2250 - 0.3 \times 20 = 2244mm$。

（3）取斜段长 566mm 并减去 0.3d。得出结果画第三道线。$566 - 0.3 \times 20 = 560mm$。

（4）取直线段 900mm 减弯钩增加长度，得出结果画第四道线。$900 - 5 \times 20 = 800$。

以上各线段为钢筋的弯曲点线，弯曲钢筋时即按这些点进行弯曲，如图 2-12 所示。

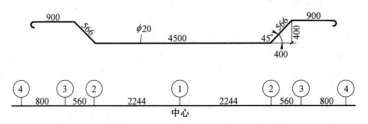

图 2-12　钢筋加工时的画线

3. 弯曲

在成批钢筋正式弯曲前，首先应进行试弯操作，应对每个类型的钢筋试弯一根，然后检查其各段尺寸，符合要求后，再成批加工。

在弯曲过程中，应特别注意扳手与扳柱之间的净距，一般情况下，扳距大小主要取决于钢筋直径和弯曲角度。当弯曲角度为 45° 时，扳距为所弯钢筋直径的 1.5 ~ 2 倍；90° 时为 2.5 ~ 3 倍；135° 时为 3 ~ 3.5 倍；180° 时为 3.5 ~ 4 倍。扳距与弯起点线的关系如图 2-13 所示。

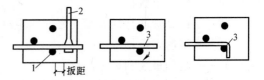

图 2-13　扳距与弯起点线的关系

在弯曲钢筋时，钢筋必须在工作台上放平，手拿扳子要托平，不能上下摇摆，以免弯曲的钢筋发生翘曲变形。

在卡钢筋时要掌握好扳距，弯曲点要准确，以保证成型后的弯曲形状及尺寸准确无误。

螺纹钢筋的纵肋往往有扭曲现象，在弯曲时一定要根据扭曲的情况去卡放扳子，注意扳距，同时掌握好弯曲位置。

钢筋弯曲成型时，要将钢筋的一个末端的弯钩进行最后弯曲，以便把配料时的某些尺寸误差留在弯钩内。

对于弯曲形状较为复杂的钢筋加工，应按照图样设计先放 1:1 的大样图，然后依大样图进行加工弯曲。

对于 HRB335 级别及其以上的钢筋，因弯曲时未注意将钢筋超弯时，不能再回弯。

4. 弯曲成型质量

钢筋弯曲成型后，应对其弯起质量进行检查。

弯起后的形状应正确，平面上不准有翘曲不平的现象；弯曲处不能有裂缝。

箍筋的一般弯钩形式为直钩，其平直部分等于或大于箍筋直径的 5 倍；如在抗震设防地区，应为 135°的弯钩，其平直部分等于或大于箍筋直径的 10 倍，如图 2-14 所示。

钢筋弯曲成型后的尺寸偏差应符合下列要求：

（1）受力钢筋全长净尺寸为 ±10mm。

（2）弯起点位移为 20mm，弯起高度为 ±5mm。

（3）箍筋边长为 ±5mm，并且对角不能产生偏斜现象。

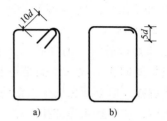

图 2-14 箍筋结构形式
a) 抗震结构 b) 一般结构

第三节 钢筋的绑扎及焊接

钢筋依据设计图样的要求进行加工后，就要按照技术要求对梁、柱、板等房屋构件的钢筋进行绑扎或焊接，使主筋、箍筋等附件联结成一个整体骨架，以利于支模和浇筑混凝土。

一、混凝土保护层

混凝土保护层最小厚度应符合表 2-6 中的规定。

表 2-6 混凝土保护层最小厚度   mm

环境类别		板、墙、壳			梁			柱		
		≤C20	C25～C45	≥C50	≤C20	C25～C45	≥C50	≤C20	C25～C45	≥C50
一		20	15	15	30	25	25	30	30	30
二	a	—	20	20	—	30	30	—	30	30
	b	—	25	20	—	35	30	—	35	30
三		—	30	25	—	40	35	—	40	35

注：1. 环境类别按如下规定：

    一类为室内正常环境。二类的 a 为室内潮湿环境，非严寒和非寒冷地区的露天环境、与无侵蚀性的水或土壤直接接触的环境。二类的 b 为严寒和寒冷地区的露天环境、与无侵蚀性的水或土壤直接接触的环境。

    2. 基础中纵向受力钢筋的混凝土保护层厚度不应小于 40mm；当无垫层时不应小于 70mm。

混凝土保护层是保障钢筋或结构耐久性的结构层，必须引起重视。该层的设置，就是使混凝土能有效地包裹住钢筋，免受外界空气、水、气体等侵蚀。但是混凝土的保护层并不是越厚越好，而是根据结构构件的类别和混凝土强度等级的不同而有所不同。而纵向受力钢筋的混凝土保护层厚度，从钢筋的外边缘算起，且不应小于受力钢筋的直径。

二、绑扎连接的一般规定

（一）钢筋绑扎的技术要求

（1）在绑扎接头的搭接长度范围内，应采用钢丝在搭接的两端和中间各绑扎一点，如图 2-15 所示。

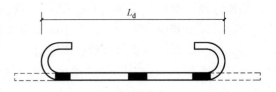

图 2-15　钢筋绑扎接头

（2）钢筋网片的绑扎，四周两行钢筋交叉点均要绑扎牢固，中间部分交叉点可相隔交错绑扎，但必须保证受力钢筋不会移动变形。双向主筋的钢筋网，所有交叉点全部绑扎。绑扎时，应注意相邻绑扎点的钢筋丝扣要成八字形，以免网片歪斜变形。

（3）对于钢筋直径大于 25mm 的钢筋不得采用绑扎连接，而要采用焊接连接方式。这点要引起重视。

（4）绑扎接头在构件中的位置应符合如下要求：

1）钢筋接头宜设置在受力较小处，钢筋接头末端至钢筋弯曲点的距离不应小于钢筋直径的 10 倍，如图 2-16 所示。

2）同一纵向受力钢筋不宜设置两个或两个以上接头。受力钢筋的绑扎位置应相互错开。

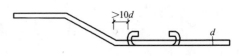

图 2-16　接头末端至弯曲点距离

3）在绑扎操作的过程中，如果分不清受压区时，接头的位置应按受拉区的规定处理。

（5）钢筋末端弯钩。受拉区内，HPB300 级钢筋接头的末端应做弯钩；HRB335 级和 HRB400 级钢筋接头可不做弯钩。

直径小于或等于 12mm 的受压 HPB300 级钢筋的末端可不做弯钩，但搭接长度不得小于钢筋直径的 30 倍。

（二）钢筋绑扎的操作方法

在绑扎钢筋的操作中，一方面绑扎钢筋的扎扣应科学，二是操作起来应顺手。一般常用的扎扣为一面顺扣操作法。

1. 扎扣方法

（1）一面顺扣法。一面顺扣法，操作简便，绑点牢固，适用于钢筋网片、骨架各个部位的绑扎施工。

在绑扎时，先将绑丝扣套在钢筋交叉点，然后用绑钩钩住绑丝弯成圆圈的一端，顺时针旋转绑钩 2～2.5 圈，操作时扎扣要短，才能达到少转快扎的效果，如图 2-17 所示。

图 2-17　一面顺扣法

（2）十字花扣和兜扣。这两种扎扣适用于平板和箍筋绑扎。如图 2-18 所示，图 2-18a 是十字花扣；图 2-18b 是兜扣。

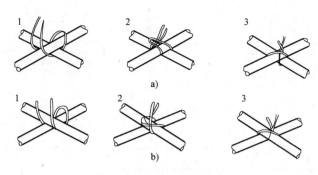

图 2-18　十字花扣和兜扣

（3）缠扣。缠扣主要应用于竖直立面中的柱子箍筋和墙体钢筋的绑扎，如图 2-19 所示。

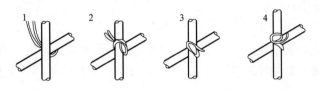

图 2-19　缠扣

（4）反十字花扣、兜扣加缠扣适用于梁的箍筋与主筋的绑扎。如图 2-20 所示，图2-20a 是反十字花扣；图 2-20b 是兜扣加缠扣。

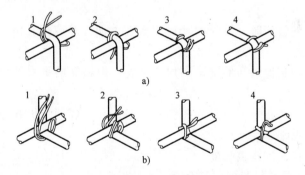

图 2-20　反十字花扣和兜扣加缠扣

（5）套扣。套扣适用于梁的架立钢筋和箍筋的绑扎。如图 2-21 所示。

图 2-21　套扣

2. 绑丝长度

扎扣所用绑丝应根据绑扎钢筋的直径大小来确定，一般采用 20～22 号细米丝作为绑丝。在开始绑扎操作前，应先将绑丝按表 2-7 规定的长度切断。这样既不浪费绑丝，还有利于操作。

表 2-7　绑丝长度　　　　　　　　　　　　　　　　（mm）

钢筋直径	3~5	6~8	10~12	14~16	18~20	22	25
3~5	120	130	150	170	190		
6~8		150	170	190	220	250	270
10~12			190	220	250	270	290
14~16				250	270	290	310
8~20					290	310	330
22						330	350

（三）钢筋绑扎的步骤

不论在施工现场进行钢筋的绑扎，还是预先绑扎，它的绑扎步骤是：画线——排筋——穿筋——绑扎——支保护层垫块。

1. 操作要点

（1）在对所绑扎的钢筋画线时，应画出主筋的间距及数量，并要注明箍筋的加密位置。

（2）排放钢筋时，就先排主钢筋，后排分布钢筋；梁类结构构件先排纵筋，后排横向的箍筋。

（3）排放钢筋时应将受力钢筋的绑扎接头错开。从任一绑扎接头中心到搭接长度的 1.3 倍区段范围内，有绑扎接头的受力钢筋截面面积占受力钢筋总截面面积百分率：在受拉区不得超过 25%；在受压区不得超过 50%。绑扎接头中钢筋的横向净距，不应小于钢筋直径且不应小于 25mm。

（4）如绑扎梁类的箍筋时，箍筋的开口应放在上面，并应相互错开。柱上的箍筋应在四个边筋上相互错开。

（5）钢筋的转角与其他钢筋的交叉点均应绑扎，但箍筋的平直部分与钢筋的交叉点可呈梅花式交错绑扎。

（6）绑扎钢筋网片，若采用一面顺扣绑扎法时，在相邻两个绑扎点应呈八字形，不要互相平行绑扎，以保证骨架不变形。

2. 受拉钢筋绑扎接头的搭接长度

受拉钢筋绑扎接头的搭接长度应符合表 2-8 的规定。

表 2-8　受拉钢筋绑扎接头的搭接长度

钢筋牌号	混凝土强度等级			
	C15	C20~25	C30~35	≥C40
HPB300	$45d$	$35d$	$30d$	$25d$
HRB335	$55d$	$45d$	$35d$	$30d$
HRB400、RRB400	—	$55d$	$40d$	$35d$

注：1. 当纵向受拉钢筋搭接接头面积百分率大于 25% ，但不大于 50% 时，其最小搭接长度应按表中的数值乘以系数 1.2 取用；当接头百分率大于 50% 时，应按表中的数值乘以系数 1.35 取用。

2. 当 HRB335、HRB400、RRB400 级钢筋直径 d 大于 25mm 时，其最小搭接长度应按表中数值乘以 1.1 取用。

3. 当带肋钢筋的混凝土保护层厚度大于搭接钢筋直径的 3 倍且配有箍筋时，其最小搭接长度可按相应数值乘以系数 0.8 取用。

4. 对有抗震设防要求的结构构件，其受力钢筋的最小搭接长度对一、二级抗震等级应按相应数值乘以系数 1.15 采用；对三级抗震等级应按相应数值乘以 1.05 采用。

5. 两根直径不同钢筋的搭接长度，以较细钢筋的直径计算。

但不论在何种情况下，受拉钢筋的搭接长度不应小于300mm。

纵向受压钢筋搭接时，其最小搭接长度应按表2-8规定确定相应数值后，乘以系数0.7取用，在任何情况下，受压钢筋的搭接长度不应小于200mm。

3. 钢筋安装位置的偏差

钢筋安装位置的偏差应符合表2-9的规定。

表2-9　钢筋安装位置的偏差　（mm）

项　目			允许偏差	检验方法
绑扎钢筋网	长、宽		±10	钢尺检查
	网眼尺寸		±20	钢尺量连续三档，取最大值
绑扎钢筋骨架	长		±10	钢尺检查
	宽、高		±5	
	间距		±10	钢尺量两端、中间各一点，取最大值
	排距		±5	
	保护层厚度	基础	±10	钢尺检查
		柱、梁	±5	
		柱、墙、壳	±3	
绑扎箍筋、横向钢筋间距			±20	钢尺量连续三档，取最大值
钢筋弯起点位置			20	钢尺检查
预埋件	中心线位置		5	
	水平高差		+3,0	钢尺和塞尺检查

注：1. 检查预埋件中心线位置时，应沿纵、横两个方向量测，并取其中的较大值。
　　2. 表中梁、板类构件上部纵向受力钢筋保护层厚度的合格点率应达到90%及以上，且不得超过表中数值1.5倍的尺寸偏差。

三、结构构件的钢筋绑扎与焊接

（一）基础、柱子钢筋的绑扎

1. 基础钢筋的绑扎

按图样标明的钢筋间距，算出实际需用的钢筋根数，在混凝土垫层上弹出钢筋位置线、墙、柱插筋位置线。但是，要把距离边模50mm的边筋作为钢筋位置的起始线。

绑扎基础钢筋时，弯钩应朝上，不得倒向一边，如为双层钢筋网，上层钢筋的弯钩应朝下（均朝向混凝土内）。四周两根钢筋交叉点应每点绑扎，中间部分每隔一根呈梅花式绑扎；双向受力钢筋网则应全点绑扎；独立柱基础为双向弯曲时，钢筋网的长向钢筋应放在短向钢筋下面；现浇柱与基础连接用的插筋下端用90°弯钩与基础钢筋进行绑扎，插筋比柱箍筋缩小两个柱筋直径，以便连接。插筋位置一定用木条架成井字形进行定位固定，保护柱子的轴线不位移。

2. 柱子钢筋的绑扎

按照图样标定的柱子箍筋间距，在立起的竖向钢筋上用粉笔画出箍筋间距线。但是，当抗震等级为一至四级区域内框架柱中的箍筋应在柱的上下两端进行加密，加密时，取矩形截面长边尺寸、层间柱净高的1/6或500mm三者中的最大值；对于三、四级抗震结构的角柱，其箍筋间距不应大于100mm。

按照画好的箍筋位置线，将已套在柱筋上的箍筋由上而下绑扎，绑扎时应采用缠扣绑扎法，也就是先将绑丝在柱的主筋上绕一周，再与绑丝的另一端缠绕绑牢。

箍筋与主筋要垂直和密贴，箍筋转角处与主筋交点均要绑扎，主筋与箍筋非转角部分的相交点可成梅花交错绑扎。

当上下层柱子截面有变化时，下层柱的钢筋露出部分应提前收缩；框架梁、牛腿及柱帽中的钢筋，应放在柱的纵向钢筋内侧。

在有抗震要求的地区，柱子箍筋的端头应弯成135°，平直部分长度不应小于箍筋直径的10倍。如果箍筋采用的是90°搭接，搭接处应采用焊接方法并焊接牢固，单面焊的焊缝长度不小于箍筋直径的10倍。

将柱子所用的混凝土保护层垫块绑扎在柱筋外皮上，或用保护层塑料卡卡在竖筋之上。柱子钢筋的保护层为：主筋外皮为25mm；箍筋外保护层为15mm。

为控制柱子竖向主筋的位置，一般在柱子的中部、上部以及预留筋的上口设置三个定位箍筋，定位箍的直径应大于所用箍筋直径。

（二）梁、板钢筋的绑扎（楼梯钢筋绑扎）

1. 现浇混凝土梁钢筋的绑扎

（1）绑扎现浇梁钢筋时，梁的纵向钢筋如果采用双排钢筋，这时两排钢筋之间应垫 $\phi25$ 的短钢筋，箍筋弯钩的叠合处应交错绑扎在不同的架立筋上；主梁的纵向受力钢筋在同一高度遇有梁垫、边梁时，必须支承在梁垫或边梁的受力钢筋上，主梁和次梁的上部纵向钢筋相遇时，次梁钢筋应放在主梁钢筋之上；板的钢筋与次梁、主梁钢筋交叉处，板的钢筋在上、次梁的钢筋在中、主梁的钢筋在下。

（2）梁端第一个箍筋应安放在距离柱节点边缘50mm处。

2. 现浇混凝土板钢筋的绑扎

（1）绑扎板的钢筋时，应根据图样设计的间距，算出实际需用的钢筋根数，在模板上弹出钢筋位置线，定好主筋、分布筋间距。边上第一根钢筋应距侧模50mm。

（2）按弹出的钢筋位置线，绑扎下层钢筋。单向板受力钢筋布置在受力方向，放在下层；分布钢筋布置在非受力方向，放在上层。双向板在板中均配制受力钢筋，在受力大的方向，受力钢筋布置在下层。

（3）对下层钢筋进行预检合格后，安放标准厚度的混凝土保护层垫块，可按1m左右间距呈梅花型布局。并在下层钢筋上设置支凳，在支凳上绑扎纵、横两个方向定位钢筋，然后绑扎板的负弯矩钢筋。

（4）安放水平定距框，调整墙、柱预留钢筋的位置，将墙、柱的预留钢筋绑扎牢固。

（5）如为双层钢筋时，则铺设上层下部钢筋，再铺设上层上部钢筋，绑扎上层钢筋，最后安放水平定距框，调整墙、柱预留钢筋的位置。

（6）绑扎板筋时一般用兜扣或顺扣，外围钢筋的相交点应全部绑扎，其余各点可交错绑扎，负弯矩钢筋也应全部绑扎。

四、钢筋电弧焊

在有条件情况下，钢筋的连接也可采用焊接连接的方法。但是操作焊工必须是经过焊接工艺培训合格取得焊工证书的人员。

1. 焊接接头

（1）对一级抗震等级，纵向受力钢筋的接头，应采用焊接接头；对二级抗震等级，宜采用焊接接头。框架底层柱、剪力墙加强部位纵向钢筋的接头，对一、二级抗震等级，应采用焊接接头。但钢筋的焊接接头不宜设置在梁端、柱端的箍筋加密区范围内。

（2）混凝土结构中，受力钢筋采用焊接接头时，设置在同一构件内的焊接接头应错开。在任一焊接接头中心至长度为钢筋直径的 35 倍且不小于 500mm 的区段内，同一根钢筋不得有两个接头；在该区段内有接头的受力钢筋截面面积占受力钢筋总截面面积的百分率为：受拉区的非预应力钢筋不得超过 50%；受拉区的预应力钢筋，不宜超过 25%。

（3）焊接接头距钢筋弯折处，不应小于钢筋直径的 10 倍，且不宜位于构件的最大弯矩处。

2. 帮条长度

（1）钢筋电弧应用帮条、搭接焊接时，宜采用双面焊，当不能进行双面焊时，方可采用单面焊。帮条或搭接长度应符合表 2-10 的规定。

表 2-10 钢筋帮条长度

钢筋牌号	焊缝形式	帮条长度/l
HPB300	单面焊	≥8d
	双面焊	≥4d
HRB335 HRB400 RRB400	单面焊	≥10d
	双面焊	≥5d

注：d 为主筋直径（mm）。

（2）当帮条牌号与主筋相同时，帮条直径可与主筋相同或小一个规格；当帮条直径与主筋相同时，帮条牌号可与主筋相同或低一个牌号。

（3）帮条焊接接头或搭接焊接接头的焊缝厚度不应小于主筋直径的 0.3 倍；焊缝宽度不应小于主筋直径的 0.8 倍。

（4）帮条或搭接焊接时，钢筋的装配和焊接应符合下列要求：

帮条焊时，两主筋端面的间隙应为 2～5mm；并且帮条与主筋之间应用四点定位焊固定；定位焊缝与帮条端部的距离宜大于或等于 20mm。

搭接焊时，焊接端钢筋应顶弯，并应使两钢筋的轴线在同一直线上，搭接钢筋之间应用两点定位焊固定，定位焊缝与搭接端部的距离应大于或等于 20mm。

焊接时，应在帮条焊或搭接焊形成焊缝中引弧，在端头收弧前应填满弧坑，并应使主焊缝与定位焊缝的始端和终端熔合。

第四节 混凝土的拌制与浇筑

当前，商品混凝土已达到了推广普及，但是在农房建筑中，由于其用量的限制，或者在偏远山区，商品混凝土还没有派上用场。在此情况下，乡村的房屋建筑施工中，手工拌制混凝土的现象还普遍存在。而且在配料时对各种材料不计量，这样不但降低了混凝土的强度等级，还对房屋的安全性、耐久性带来了极大隐患。所以，改善和提高混凝土的拌制和浇筑的工艺质量，是提高乡村房屋建筑质量的关键。

一、混凝土的拌制

1. 混凝土配合比

混凝土配合比，就是按照设计的配合比，控制每盘混凝土的各组成材料用量，组成材料计量结果的偏差应符合表2-11的规定。对混凝土组成材料计量结果的检查，房主可随时进行检查；如采用商品混凝土的，应有配料装置和自动控制装置的自动配料称或电子传感装置，并应计量准确。

表 2-11　组成材料每盘称量的允许偏差

材料名称	允许偏差/kg	材料名称	允许偏差/kg
水泥、掺合料	±2	水、外加剂	±2
粗、细骨料	±3		

在混凝土配合比的设计中，还应注意水灰比，这是农房建设施工中容易忽视的一个关键性技术问题。所谓水灰比，应是用水量与水泥用量的比例关系。在农村的混凝土施工中，混凝土的最大水灰比和最小水泥用量应符合表2-12的规定。

表 2-12　混凝土的最大水灰比和最小水泥用量

环境条件		结构物类别	最大水灰比			最小水泥用量/kg		
			素混凝土	钢筋混凝土	预应力混凝土	素混凝土	钢筋混凝土	预应力混凝土
1. 干燥环境		正常的居住	不作规定	0.65	0.60	200	260	300
2.	无冻害	高湿度的室内部件；室外部件；在非侵蚀性土和(或)水中的部件	0.70	0.60	0.60	225	280	300
	有冻害	经受冻害的室外部件；在非侵蚀性土和(或)水中且经受冻害的部件；高湿度且经受冻害的室内部件	0.55	0.55	0.55	250	280	300
有冻害和除冰剂的潮湿环境		经受冻害和除冰剂作用的室内和室外部件	0.50	0.50	0.50	300	300	300

2. 混凝土的拌制

拌制混凝土时应用机械拌制，不得采用人工拌制。拌制混凝土所用的搅拌机类型应与所拌混凝土品种相适应。当为塑性混凝土时，可采用 JZ 型、JW 型搅拌机。

向搅拌机内投料的顺序应根据搅拌机的类型来确定；但为了保证混凝土的拌制质量和拌合料的质量，在搅拌第一盘混凝土时，均应采用加拌砂或减拌石子的方法进行。

混凝土搅拌时间的长短，对拌制的混凝土拌合物的质量和均匀性有较大影响。搅拌时间短，拌合物不均匀，水泥不能均匀地包裹在砂子表面；搅拌时间过长，混凝土的强度反而会下降，并且易产生材料离析现象。所以应随时检查混凝土的最短搅拌时间。混凝土搅拌的最短时间应根据搅拌机型和混凝土坍落度的要求，按表 2-13 规定执行。

表 2-13　混凝土搅拌的最短时间　　　　　　　　　　　　　　　　（s）

混凝土坍落度/mm	搅拌机型	搅拌机出料量/L		
		< 250	250 ~ 500	> 500
≤30	自落式	90	120	150
	强制式	60	90	120
> 30	自落式	90	90	120
	强制式	60	60	90

注：1. 混凝土搅拌的最短时间系指全部材料装入搅拌筒中起，到开始卸料止的时间。
　　2. 当掺有外加剂时，搅拌时间适当延长。

3. 混凝土的运输

混凝土运至浇筑地点时，拌合物的坍落度应达到表 2-14 的规定值。

表 2-14　混凝土浇筑时的坍落度

结　构　类　型	坍落度/mm
基础或地面等的垫层,无配筋的大体积混凝土或配筋稀疏的结构	10 ~ 30
板、梁和大型及中型截面的柱子	30 ~ 50
配筋密集的结构(薄壁、斗仓、筒仓、细柱等)	50 ~ 70
配筋骨特密的结构	70 ~ 90

注：本表系采用机械振捣混凝土时的坍落度，当为人工捣实混凝土时，其值可适当提高。

混凝土从搅拌机中卸出到浇筑完毕的延续时间不宜超过表 2-15 的规定。

表 2-15　混凝土从卸出到浇筑完毕的延续时间　　　　　　　　　　（min）

混凝土强度等级	气温/℃	
	≤25	> 25
≤ C30	120	90
> C30	90	60

二、混凝土的浇筑与养护

1. 混凝土的浇筑

浇筑混凝土前，应检查模板、支架，钢筋保护层厚度、配筋的数量、箍筋的间距，预埋件、吊环等规格、数量和位置是否符合设计要求，符合要求后方可进行混凝土的浇筑。

混凝土浇筑时，自高处倾落的自由高度不应超过 2m。在浇筑竖向结构混凝土前，应先在底部填以 50 ~ 100mm 厚与混凝土内砂浆成分相同的水泥砂浆。混凝土浇筑层的厚度，应符合表 2-16 的规定。

表 2-16　　混凝土浇筑层厚　　　　　　　　　　（mm）

捣实混凝土的方法		浇筑层厚度
表面振动		200
插入式振捣		振动器作用部分长度的 1.25 倍
人工捣固	在基础、无配筋混凝土或配筋稀疏的结构中	250
	在梁、墙板、柱结构中	200
	在配筋密列的结构中	150
轻骨料混凝土	插入式振捣	300
	表面振动（振动时需加荷载）	200

浇筑柱子需留施工缝时，应留在主梁的下面，无梁楼盖应留在柱帽下面。对不太大的梁，施工缝可留在梁底以上一个浮浆厚度加上 5mm，待浮浆除去后仍比梁底高 3mm 左右，这样浇筑混凝土后见不到混凝土的接槎。在与梁板整体浇筑时，应在柱浇筑完毕后停歇 1h 左右，使混凝土获得沉实后再继续浇筑。浇筑混凝土必须间歇时，其间歇时间应短，并应在前层混凝土凝结之前，将次层混凝土浇筑完毕。混凝土运输、浇筑和间歇的允许时间，应符合表 2-17 的规定。

表 2-17　混凝土运输、浇筑和间歇的允许时间　　　　　　（min）

混凝土强度等级	气温/℃	
	≤25	>25
≤C30	210	180
>C30	180	150

拱及高度大于 1m 的梁等结构，可单独浇筑混凝土。大体积混凝土的浇筑应合理分段分层进行，使混凝土沿高度均匀上升；混凝土浇筑振捣后，混凝土层 50～100mm 深处的温度不应超过 28℃。

2. 混凝土的振捣

把混凝土振捣密实，是混凝土施工的基本要求，也是保证构件质量的关键。振捣是混凝土密实的主要工艺，一般分插入振捣和表面振动。

当采用插入式振捣器时，每一振点的振捣延续时间，应使混凝土表面不再沉落和呈现浮浆；振捣普通混凝土的移动间距，不宜大于振捣器作用半径的 1.5 倍；振捣轻骨料混凝土的移动间距，不应大于其作用的半径；振捣器与模板的距离，不应大于其作用半径的 0.5 倍，并不准碰振钢筋、模板、芯管、吊环等；振捣器插入下层混凝土内的深度不应大于 50mm。

当采用表面振动器时，其移动间距应保证振动器的底板能覆盖已振实部位的边缘。当采用附着式振动器时，其设置间距应通过试验确定，并应与模板紧密连接。

3. 施工缝的留置

在混凝土施工中，由于其他原因，一个结构或一个构件不能一次浇筑完成，这时就要考虑施工缝的留置位置。留置施工缝时，施工缝的位置应留置在结构受剪力较小且便于施工的地方。

柱的施工缝，应留置在基础的顶面、梁的下面；与板连成整体的大截面梁的施工缝，应留置在板底以下 20～30mm 处。当板下有梁托时，应留置在梁托下部；单向板的施工缝，留置在平行于板的短边的任何位置；有主次梁的楼板应顺着次梁方向浇筑，施工缝应留置在次梁跨度的中间 1/3 范围内；墙的施工缝，应留置在门洞口过梁跨中 1/3 范围内，也可留在纵横墙的交接处；对于双向受力楼板、大体积混凝土结构、多层刚架、拱、薄壳等及其他结构复杂的工程，施工缝的位置应按设计要求。

在施工缝处继续浇筑混凝土时，已浇筑的混凝土的抗压强度不应小于 $1.2N/mm^2$；清除施工缝的松动石子及软弱混凝土层，冲洗干净和充分湿润后，铺一层水泥浆（成分与混凝土的水泥浆成分相同）；并充分捣实。

在已浇筑的混凝土抗压强度未达到 $1.2N/mm^2$ 之前，不准在其上从事任何施工作业。

4. 混凝土的养护

对农房混凝土构件的养护，主要是自然养护。

混凝土浇捣后，由于水泥水化作用的结果，混凝土便逐渐凝结硬化。这种水化作用，需要适当的温度和湿度条件来保障，所以，为了保证混凝土有适宜的硬化条件，使其强度不断增长，就要对混凝土进行养护。一是创造各种条件使水泥充分水化，加速混凝土的硬化；二是防止混凝土成型后暴晒、风吹、寒冷等条件而出现不正常收缩、裂缝等破损现象。

自然养护时，应对浇筑完毕后的混凝土，在 12 小时内进行覆盖和浇水。当正午温度为 10℃时，每日浇水为 2 次；20℃时为 4 次；25℃以上者为 6 次。当日平均气温达到 5℃以下者，应停止浇水，改用塑料薄膜、草苫、麻袋片、编织布等物覆盖养护；采用塑料薄膜养护的混凝土，其裸露的全部表面应覆盖严密，并应保持塑料薄膜内有凝结水。

在有条件的地方和家庭经济允许时，也可采用养护液进行养护。养护液养护是将可成膜的溶液喷洒在混凝土构件表面上，溶液挥发后在混凝土表面凝结成一层薄膜，使混凝土表面与空气隔绝，封闭混凝土中的水分不再被蒸发，从而完成水化作用。这种养护方法一般适用于表面积大，采用覆盖养护比较困难的构件和缺水地区，但喷洒后应注意对薄膜的保护。

不论采用何种养护方法，对混凝土浇筑成型后养护的最短时间应根据水泥品种来确定。采用硅酸盐水泥、普通硅酸盐水泥拌制的混凝土，养护的最短时间为 7 天；对掺有缓凝剂或有抗渗要求的混凝土，以及采用其他水泥品种的混凝土，最短养护时间应为 14 天。

第三章
乡村房屋基础施工技术

基础不但是各类建筑工程的建筑之根，也是园林建筑的建造之源，是至关重要的建筑结构。在乡镇的种种建筑中，基础种类多种多样，地质条件又复杂多变，所以一定要把好基础的施工质量关，这样才能保证整个建筑工程的使用安全。

第一节　地基的定位及放线

在施工房屋基础前，首先是地基的测量和放线。它是将图纸上已设计好的建筑物图样按设计尺寸测设到地面之上，并用各种标志在施工现场表示出该建筑物的施工位置、尺寸和形状。

一、房屋基础位置的定位放线

在乡村房屋建筑中，定位放线包括测量和放线这两方面内容。所谓工程定位，一个是水平平面位置的定位，另一个是竖直平面中的标高定位。

根据施工场地上建筑物主轴线控制点或其他控制点，将建筑物外墙轴线的交点用经纬仪投测到地面所设定位桩顶的顶面一固定点作为标志的测量工作，就称作房屋水平平面位置定位。根据施工现场水准点控制标高点，推算 ±0.000 标高，或根据 ±0.000 标高与某建筑物、某处标高的相对关系，用水准仪和水准尺在供放线用的龙门桩上标出标高的定位工作，称为房屋的竖直平面标高定位工作。

水平平面位置定位时，一般先用经纬仪进行直线定向，然后用钢尺沿视线方面逐步丈量出两点间所需的距离。水平平面位置定位主要有下列几种定位方法。

（一）根据建筑红线及定位桩点进行定位

所谓建筑红线，是当地乡村进行总体规划时，在地面上所测设的允许用地的边界点的连线，是不可超越的边界法定线。而定位桩点，系建筑红线上标有坐标值或标有与拟建建筑物具某种关系值的桩点。

如图 3-1 所示的是主轴平行于建筑红线的定位示意图。

其定位的方法是：先将经纬仪安置在甲桩上，前视乙桩点中心，根据设计给定的关系数据及建筑物的尺寸，可定出 A′和 B′。将经纬仪移至 A′和 B′点，即可定出轴线 AC 和 BD，最后量 AC 和 BD 的尺寸，以作核准。

（二）拟建房屋与旧建房屋的相对定位

拟建房屋与旧建房屋或者现存地面物体有相对关系的定位，设计图上给出的设计房屋与

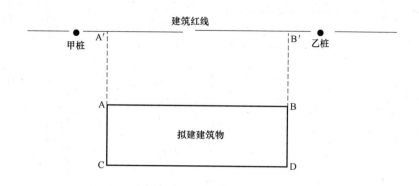

图 3-1 建筑红线定位

旧房屋或道路中心线的位置关系数据，一般可据此定出房屋主轴线的位置。现在来介绍几种常见的定位方法。

1. 拟建房屋和现有房屋并排在同一平面

图 3-2 是拟建房屋与现有房屋前后并排时的情况。为准确地测设出 AB 或者 EF 的延伸线 ABCD 或 EFGH，首先应将 EA、FB 或 AE、BF 线延长至 AA′、BB′ 或 EE′、FF′，并且应使 AA′ = BB′ 或 EE′ = FF′，然后在 A′ 或是 E′ 点安设经纬仪，投测出 A′B′ 或者是 E′ F′ 的延长线 C′D′ 或者是 G′H′，然后再将经纬仪安设在 C′ 点和 D′ 点，或者是 G′ 点和 H′ 点，投测垂线，得出主轴线 CG 和 DH，或者是 GC 和 HD。垂线测完后，再去丈量 CD 和 GH 的尺寸，以作校核。

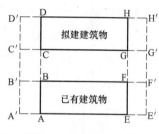

图 3-2 前后排的定位

2. 拟建房屋和现有房屋同排在同一平面

拟建房屋和现有房屋同排在同一平面时，如图 3-3 所示，为准确地测出 AC 的延长线 ACEG，应先将 BA 和 DC 延长至 AA′ 和 CC′，并使 AA′ = CC′，然后在点 A′ 处安设经纬仪，投测出 A′ C′ 的延长线 E′G′，再将经纬仪安设在 E′ 点和 G′ 点，即可得到主轴线 EG 和 FH，然后再丈量 EF 或 GH 尺寸，以作校核。

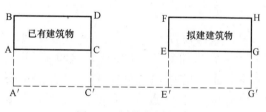

图 3-3 同排房屋定位

3. 拟建房屋和现有房屋为错排时的定位

当拟建房屋和现有房屋错排时，如图 3-4 所示，先将 BA 和 DC 延长至 AA′ 和 CC′，使 AA′ = CC′，然后在点 A′ 处安设经纬仪，投测出 A′ C′ 的延长线 F′H′，再安设经纬仪于 F′ 和 H′ 点，投测垂线，即得到主轴线 FE 及 HG，最后丈量 EG 的尺寸，看其是否符合设计要求。

4. 拟建房屋的主轴线与道路中心线平行时的定位

当拟建房屋的主轴线与道路中心线平行时，如图 3-5 所示，应先测出道路中心线的 OM 和 OG，并在 OM 线上测量出拟建房屋的设计尺寸 B′D′，然后分别在 B′ 点和 D′ 点上安设经纬仪，根据设计给定的关系数据及房屋的尺寸，即可投测出主轴线 AC 及 BD，最后丈量出 AC

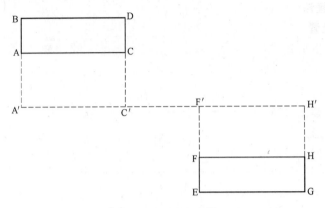

图 3-4 错排建筑定位

的尺寸以作校核。

（三）现场控制系统定位

所谓控制系统，是指在建筑总平面图上由不同边长组成的正方形或矩形格网系统。其格网的交点，则称为控制点，如图 3-6 所示。

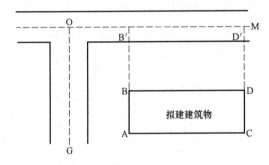

图 3-5 同道路中心平行的定位

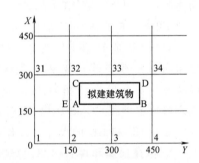

图 3-6 控制系统定位

在现场已设置了边长为 150m 的方格网，其相交点分别为 1、2、3、……。设已知拟建房屋的 A 点坐标为 $X = 180m$，$Y = 160m$，并且 AB 平行于 Y 轴，AC 平行于 X 轴，定位的方法就是：由方格网 12 点处向 32 点的方向用钢卷尺量测 180m，定出 E 点，将经纬仪放在 E 点，望远镜对准 32 点，设角度为 x，顺时针旋转望远镜，使该读数为 $90° + x$，用钢卷尺从仪器对中点按望远镜视线方向量测 30m，这点就是建筑物 A 点的平面位置，因 AB 平行于 Y 轴，可在视线前方定出 B 点，两点连线即拟建房屋的主轴线。

二、房屋基础的抄平放线

为了使基础轴线符合设计和实际施工要求，当房屋位置确定后，不但要把建筑物的外轮廓尺寸以控制网的形式把建筑物测设到地面上，并且还要测出各轴线的控制桩和龙门板。

各轴线控制桩，应根据控制网的控制桩采用直线定线的方法测设，让控制网边上的控制桩在一条直线上，并且控制桩的顶部尽量在同一标高线上。

在测量轴线控制桩时，由于尺子和测量时的各种误差影响，测量到终点就可能产生桩的距离误差，所以要采用内分配的方法调整轴线控制桩的位置，但不能改变控制网桩的桩位。

（一）仪器测量法

1. 龙门桩的设置

为了便于基础施工，一般要在轴线两端设置龙门板，把轴线和基础边线投测到龙门板上。设置龙门板时，龙门板距基槽开挖边线的距离应结合施工现场的环境来定，一般为1m左右。支撑龙门板的木桩称为龙门桩，木桩的侧面要与轴线相平行。建筑物同一侧的龙门板应在一条直线上，龙门板的形式如图 3-7 所示。

在设置龙门板时，应根据附近的高程点用水准仪抄平测量的方法，把 ±0.000 标高线抄测到龙门桩的外侧，画一道横线标志，然后将龙门板的顶面与龙门桩上的标高线对齐，并钉牢。再用水准仪进行复查，其误差不得超过 ±5mm。

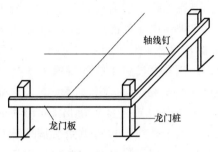

图 3-7 龙门板的形式

龙门板钉牢后，根据轴线两端的控制桩用经纬仪把轴线投测到龙门板的顶面上，并钉上轴线钉。经检查无误后，以轴线钉为依据，在龙门板里侧测出墙宽或基础边线，如图 3-8 所示。

2. 基槽放线

基槽放线时，要利用龙门板上轴线钉在各轴线上拉直线，按基槽开挖边线至轴线的宽度，沿开挖边线拉直线，再沿直线撒出白灰线，但白灰线的宽度不应太宽。

在对基槽进行放线时，为了防止雨水渗入到基础下面导致基础变形，常常是将

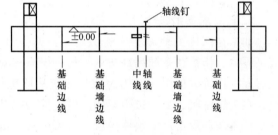

图 3-8 龙门板上投测各线

基槽向室外延伸些，以中线为标准时，室外的占 60%，室内为 40%。如 1m 宽的基槽，以中线向外量 600mm，向室内量 400mm，分别作为室外、室内基槽的边线。

3. 等腰三角形的放线

放线时，不得把线放在土堆上，要保证线绳中间不得有任何障碍物，线绳通畅顺直。当线的中部有障碍物时，可采用等腰三角形进行放线，如图 3-9 所示。

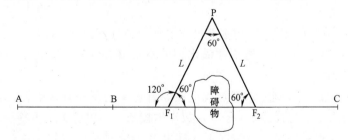

图 3-9 遇障碍物的放线

（二）简易测平法

在乡村房屋建筑中，由于受地理条件、施工场地、测量仪器等条件限制，会给定位放线带来一定的不便。在这里介绍几种简便易行的方法，以供参考。

常用的简易用具和材料：50m、5m 的钢卷尺、水平尺、透明塑料水管、线绳、白灰粉、木楔。

1. 只有规划道路时

先测量出道路的中心线，并从道路中心线向拟建房屋的位置拉两条平行线，定出拟建房屋的基础边线。然后根据基础平面图的基槽宽度，用 5m 钢卷尺找出墙体中线。

以墙体中线为准线，并在划定的边线作垂线，在垂线和准线上分别从固定点量出 3m 和 4m 的长度，并标出记号，使两个固定相交，用钢筋卷尺量垂线和准线上 3m 和 4m 两点间的距离，如达不到 5m 时，应调整垂线的左右位置，直到量出 5m 时将垂线固定。这个垂线定位边就是房屋的横墙边线。然后分别以准线和垂线量出对应的边线，就定出了房屋的所在位置。这是利用勾股弦定理和平行四边形的原理进行定位的方法，如图 3-10 所示。

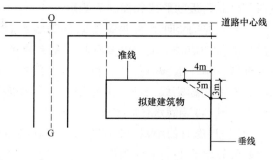

图 3-10　勾股弦定理定位

2. 已有房屋的定位

如果在拟建的地方有原建房屋，不论其是同排、错排还是同列的布局，均应把原有的房屋作为参照物，然后从参照物的墙体向拟建房屋的位置方向引线。当为同排时应从原房屋的纵墙上引线；若是同列，则从横墙上引线；当为错排时，哪个边距拟建房屋较近，就以该边为引线。引线时必须注意一个问题，就是引线不能和原房屋的墙体接触，必须用两个相等厚度的垫块分别支放墙体的两端，将线搭放在垫块上。然后用钢卷尺顺原墙体的延长线量出拟建房屋和原有房屋的距离，并用木楔打入土内作为固定点。再按上述勾股弦方法定出拟建房屋的各个边线。

3. 基槽的定位

农村房屋的基础基本上全为条形基础。房屋的基槽宽度都不是很大，其宽度一般在 1000mm 左右，深度如没有异常的在 500mm 左右。基槽的定位是在所有边线定位后进行。

基槽定位时，先在拟建房屋的四角打设木楔，或者根据图 3-8 所示设置龙门桩，在龙门桩上根据测量标出基槽的边线、墙体中心线和水平线及标高线。当各线量测准确后，用白灰粉顺线撒出基槽的两边线。

当测定水平点和标高点时，可用水平尺或水平管进行。

（1）水平管的测定。将水平管内注满水，但不得混有气泡。如果水位看不清时，可将水中加入可见色。

将水平管的 A 端放在规划的水平点或放在原有房屋的某一标高点，这点就是临时的标准点，并使管中的水平面与该点平齐。B 端放于木楔或龙门桩旁，上下移动水平管，使 A 端管中的水平面与标准点平齐稳定的情况下，标出 B 端的水平面位置，这时两点间就构成了水平状。这种方法称为水平点的引测。然后将水平管 A 端移到拟建房屋的另外三个大角，以 B 端为标准点，分别测出其余三个大角的水平位置，并标在龙门桩或木楔上。如果水平管的长度充足时，也可在 A 端不移动的情况下，用 B 端分别测出各个角的水平线。

（2）水平尺的测定。采用水平尺来测定水平线和标高时，也能收到同样的准确性。用水平尺测定时,先在原有房屋的某点或规划的标高点处拉一根直线,将水平尺放在线的中间部位,并用两小堆砂子将水平尺架起,调整水平尺中的气珠处于水平状态后稳定。将所拉的直线与水平尺面相平行,直线两端也就成为平行关系。以这个水平点,用直尺向下或向下量出

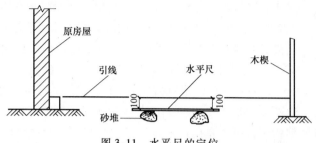

图 3-11 水平尺的定位

房屋的 ±0.000 或基础的基底标高。并将这点标在木楔或龙门桩上,作为复核、验线的标准点,如图 3-11 所示。

(3)水面观测法。这种方法是最为传统的一种测平方法。在引测点和拟建房屋的中间放一支承物,将装满水的脸盆放在支承物上。在脸盆的水面上放一个塑料器具或搪瓷器具,器具上放一根通直的细木棒,将木棒一端指向原有房屋或固定的木楔处,观测人员站在另一端用眼顺着木棒观测,将木棒两端的平行点远投到测定原房处,并在该处标上观测的水平点。然后再向观测木楔处投测,并标出水平点。根据这一水平点,用尺测量出拟建房屋的标高和基底的深度。水面观测法如图 3-12 所示。

以上这三种方法简单易行。特别是拉水平管找平,在确定每层标高、标定房间 50 线等方面,均可应用。

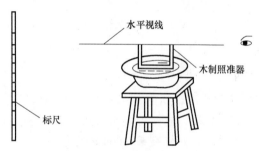

图 3-12 水面观测法

三、特殊房屋的平面定位

在乡村的建筑施工中,建筑物的平面形状不单纯是矩形或长方形,有时可能还会出现三角、弧形等形状。所以农村施工员也必须掌握这些特殊建筑物的定位技术。

(一)三角形建筑的定位

图 3-13 所示的是一个三角形建筑,建筑物的三条中心线的交点距两边规划红线的距离均为 40m,其定位测量如下:

(1)根据图纸平面图给定的设计数值,先测出 MB 方向线,从 M 点量 40m 定出 O 点,再量距后定出 B 点。

(2)移仪器于 O 点,后视 B 点。再顺时针测 120°,从 O 点量距定出 C 点。

(3)根据这三条主轴线,然后按图样给定的设计线用尺拉出其他各轴线。

(二)弧形建筑的定位

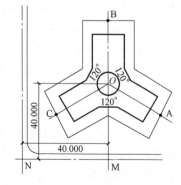

图 3-13 三角形建筑定位

在弧形建筑中,可能会有两种情况发生,一种是图样已经给出了弧的半径,另一种是图样只给定了弦长与矢高。

当已知弧形的半径时,可先在地面上定出弧弦的端点 A 和 B 这两点,然后分别以 A、B

点为圆心，用设计的半径 R 值为半径划弧，两弧相交于 O 点，此点就是弧形的圆心。然后以 O 点为圆心，用半径 R 通过 AB 两点间划弧，此弧就是所求的弧形建筑图形，如图 3-14 所示。

当设计只给出弦长与矢高时，一方面可用勾股弦定理算出半径，以半径按上面的方法定位。另一方面可以直接做垂线的方法定位。其法是：在地面上定出弧弦的两个端点点 A、B。量取 A、B 的中点并做出垂线，在垂线上量取矢高 h 定出 C 点，过 A、C 连线的中点做垂线，交弧弦的垂线于 O 点，O 点就是弧形的圆心。然后以 O 点为圆心，以 AO 为半径在 AB 点间划弧，该弧就是所求的建筑形状，如图 3-15 所示。

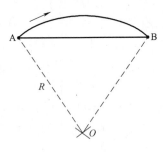

图 3-14　用半径划弧　　　　　　　图 3-15　垂线划弧

四、房屋标高定位

房屋标高，指的是每层房屋的设计高度和房屋的总高度。标准图集或图样上设计的 ± 0.000 标高，有两种表示方法，一是绝对标高，另一是相对标高。其定位方法如下。

（一）绝对标高 ± 0.000 的定位

施工图上一般均注明 ± 0.000 相对标高值，该数据可从建筑物附近的水准控制点或大地水准点进行引测，并在供放线用的龙门桩上标出。

如拟建建筑的 ± 0.000 相当于绝对标高的 105.23m，附近水准点的标高为 104.95m，将水准仪安放在水准点与建筑物龙门桩的中间，调平后，测出望远镜在水准点上的水准尺上的读数为 1.48m，则 $104.95 + 1.48 - 105.23 = 1.20$（m）。将水准尺下部靠着龙门桩，上下移动，使在望远镜中水准尺的读数为 1.20m，在水准尺底部用铅笔在龙门桩一侧画出横线，这个横线就是 ± 0.000 的位置。

（二）相对标高 ± 0.000 的定位

在有的施工图上，由于原有建筑比较多，或临街道较近时，往往在施工图上直接标注 ± 0.000 的位置与某种建筑物或道路的某处标高相同或成某种关系，在 ± 0.000 定位时，就可以由该处进行引测。如某拟建建筑物 ± 0.000 比道路路边石高出 500mm，在标高定位时，先将水准尺放到路边石上，使水准仪安放在路边石与龙门桩的中间，整平后，用望远镜读出水准尺上的读数，然后将水准尺移至龙门桩，上下移动水准尺，当前读数与望远镜横丝相平时，在水准尺底部的龙门桩上画一条直线，然后用尺向上量测 500mm，即为相对标高 ± 0.000 的定位线。

第二节　房屋基础的开挖与回填

基础定位放线、撒灰结束后，经复线检查符合设计图样或标准图集的基础平面的尺寸要求后，就可以进行基槽或基坑的开挖。由于乡村农房建筑面积较小，所以基槽或基坑的土方量都不大，在这种情况下，一般均是采用人工或小型开挖机械开挖的方法。使用小型机械开挖时，还需要人工修理槽壁和槽底。

一、基槽（坑）开挖

（一）基槽（坑）开挖

1. 开挖前的准备

基槽（坑）开挖前，必须把所有的垃圾、树根、废弃的管道、线路清除干净。

在文物保护区内建房时，必须经文物管理部门经过文物勘探后进行。

当采用机械作业时，必须有临时的机械通道。

地下水位比较低的地区，应采取降低地下水位后再开挖。

2. 人工开挖

人工开挖基槽（坑）时，两人操作间距应大于 3m；挖土面较大时，每人工作面不应小于 6m²。挖土应由上而下、分层分段按顺序进行，严禁先挖坡脚或逆向挖土。

开挖时应沿白灰线进行，并将白灰线的边沿挖除，保证槽宽或坑宽。

基坑开挖深度超过 1.5m 时，应按土质和槽深放坡，如采取不放坡开挖时，应设临时支护，保证基槽的边壁土不向下坠落伤人。开挖基槽放坡如图 3-16 所示。

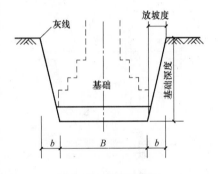

图 3-16　基槽的放坡

如果所在地区的地下水位较浅，而在水位以下挖土时，应在基槽或基坑两侧挖临时排水沟和集水井，将水位降低至槽、坑以下 500mm，降水工作应持续到基础施工完成。

开挖的过程中，不得将土堆压在定位木楔和龙门桩上。

3. 机械开挖

机械开挖基槽前，要控制好开挖的深度，并要有控制措施。

机械不得在输电线路下挖掘，不论任何情况，机械的任何部位与架空线路的最近距离应符合表 3-1 的规定。

表 3-1　挖掘机械与架空线路的安全距离

输电线电压/kV	与架空线的垂直距离/m	与水平安全距离/m
1	1.3	1.5
1~20	1.5	2.0
35~110	2.5	4
154	2.5	5
220	2.5	6

遇到七级以上大风或雷雨、大雾天气时，要停止各种挖方作业的施工，并将臂杆降至 30°~45°。

施工过程中应对平面位置、水平标高、边坡坡度、地下水位降低等情况进行跟踪检查，并随时观察周围的环境变化。

当开挖中发现有古墓、枯井等异常情况时，应停止开挖。探明情况后方可继续进行。

土方开挖应尽量防止对基土的扰动，并要预留一定的厚度，然后用人工挖除。当使用推土机或挖土机时，应保留200mm，反铲机械挖土的，应保留300mm。

不论是人工开挖还是机械开挖，均要注意：为了方便在基槽内施工，开挖基槽时，每边应比设计的槽宽多开挖300mm，以作为施工空间。

4. 槽深、槽宽的控制

当基坑、基槽开挖结束后，应按下面的方法对基坑、基槽的深度和宽度进行检查：

对坑底、槽底标高检查时，可采用标杆法或测水平桩法。

（1）采用标杆法时，利用两端龙门板拉直线，按龙门板顶面与槽底设计标高差，在标杆上画一道横线标记。检查时，将标杆上的横线与所拉的小线相比较，横线与小线齐平时说明坑底或槽底标高符合要求，否则为不符合要求，如图3-17所示。

（2）测水平桩法是基坑或基槽快挖到设计标高时，用水准仪在坑壁或槽壁上每隔4m左右设一水平桩，为便于计算，水平桩的上皮至坑底或槽底设计标高应为一个整数，必要时，也可沿水平桩上皮拉一根小线，作为挖方时标高的控制依据，如图3-18所示。

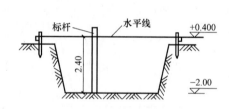

图 3-17　槽底标高检查法

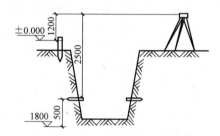

图 3-18　测桩法检查槽底标高

（3）对槽底宽度检查时，先利用轴线钉拉直线，然后用线坠将轴线引测到槽底，再根据轴线检查两侧挖方宽度，如图3-19所示。

5. 开挖基槽的尺寸要求

开挖基槽、基坑的允许偏差或允许值应符合下列要求：

标高：-50mm，可用水准仪或尺量。

长度、宽度（由中心线向两边量）：+200mm、-50mm，采用钢卷尺量测。

表面平整度：20mm，采用2m靠尺和塞尺量测最大间隙处。

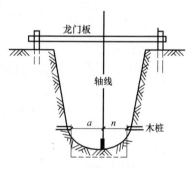

图 3-19　槽底宽度的检验

（二）基土钎探

钎探在农村建筑施工中常常误做，因此，建房后容易出现墙体开裂等现象。所以，基础开挖结束后，应对基土进行钎探，其目的就是通过钢钎打入地基一定深度的击打次数，判断地基持力土质是否分布均匀及满足设计要求。

1. 钢钎

所用钢钎可自制，钢钎应选用直径22~25mm的圆钢，锥角60°，长度1.5~2.0m/根。

2. 探孔排列

基土已挖至设计基坑或基槽底标高，土层符合要求，表面平整，轴线及坑、槽宽度长度均符合要求。探孔位的平面布置，如无特殊规定，可按表 3-2 的规定执行。

表 3-2　探孔排列及要求

槽宽/m	排列方式	间距/m	深度/m
<0.8	中心一排	1.0~1.5	1.5
0.8~2.0	两排错开	1.0~1.5	1.5
>2.0	梅花形	1.0~1.5	2.0

确定钎探点布置及顺序编号，标出方向及重要控制轴线，防止错打或漏打。如为独立基础，基础的四个角底必须设钎探孔。

将探杆锥尖对准孔位，用 8~12 磅铁锤举起 500mm 高，然后让其自由落下，将探杆竖直打入土层之中。

钎杆每打入土中 300mm 时记录一次击锤数。钎探深度应符合设计要求，如无要求时按表 3-2 规定执行。记录时应用带色铅笔或符号将不同锤击数的探孔分记清楚。在探孔平面布置图上，注明土质过硬或过软的孔号位置，以便分析处理。

打完的钎孔，如无不良现象，即可进行灌砂处理。灌砂处理时，每灌入 300mm 深时可用平头钢筋棒捣实一次。

二、土方回填

土方回填中有基槽或基坑回填、室内外地面回填等。

1. 回填前基底处理

基底的处理应按下列规定进行：

（1）在建筑物或构筑物地面下的填方或厚度小于 500mm 的填方，应清除基底上的草皮和垃圾。基底上的树根应拔出，清除坑穴内的积水、淤泥和杂物等，并应分层回填夯实。

（2）当填方基底为耕植土或松土时，应将基底碾压密实后方可回填。在池塘、水田、沟渠上回填前，应根据实际情况采用排干、挖除淤泥或抛填石块、矿渣等方法进行处理。

（3）在稳定的山坡上填方，当山坡坡度为 1/10~1/5 时，应清除基底上的草皮；坡度陡于 1/5 时，应将基底挖成阶宽不少于 1000mm 的阶梯状。

（4）当基底的土为软土时，可采用换土或抛石挤淤等方法，或者软土层厚度较大时，应采用砂垫层、砂桩等方法进行加固。

2. 填方的材料

采用的回填土应为黏土，不应采用地表的耕植土、淤泥、膨胀土及杂填土。

采用灰土地基时，土料应尽量采用地基槽中挖出的土，凡有机质含量不大的黏土，都可以作为灰土的土料。但土块的颗粒不应大于 50mm，当土块较大时则应过筛筛除。拌制三七灰土的石灰必须消解后方可应用，粒径不得大于 5mm，和黏土拌和均匀后铺入槽内。

也可采用黏土、粉煤灰、白灰混合后作为回填土。

砂垫层或者砂石垫层地基宜采用质地坚硬的、粒径为 0.25~0.5mm 的中砂、粗砂，或采用粒径为 20~50mm 的碎石或卵石。

室内回填土时，不得采用拆除的旧墙土、旧土坯等碱性大的土，以防返潮。

回填土的含水率不得小于8%。如在农村无法测定含水率时，可以用手把回填土握成团，再用手指轻轻按一下土团，如土团散开，则为土的含水量适中。

3. 土方回填

填层铺土的平整度可用小皮数杆进行控制，每10～20m设置一处。对铺土厚度检查时，可用插针来进行。

填土分层铺土的厚度和压实遍数，应结合压实机具，参照表3-3进行。

表3-3　填土分层铺土厚度和压实遍数

压实机具	分层厚度/mm	每层压实遍数/遍
蛙式打夯机、柴油打夯机	200～250	3～4
人工打夯	<200	3～4

已填好的土如受水浸，应把稀泥铲除，使土的含水量符合要求后进行压实施工。

冬期回填土方时，每层铺设厚度应比常温施工时减少20%～25%，其粒径不得大于150mm，并不得有冻土块。

填方全部完成后，表面应进行拉线找平，对于超高的应铲除，不足的应填补夯实。

4. 填土工程的允许偏差值

对于基槽、基坑的标高：-50mm，可用水准仪或尺量。

表面平整度：20mm，可用2m靠尺和塞尺量测。

回填分层厚度：应符合表3-3的规定。

三、基土的夯实

回填土方后，就要进行基土夯实。可用柴油打夯机、蛙式打夯机或人工夯实。

1. 材料的处理

灰土基础中所用的土和熟化石灰粉要分别过筛处理：筛选黏土时，应选用15～20mm的筛子筛除；筛选熟化石灰粉时，应用5～10mm的筛子筛除。

2. 灰土的拌制

灰土的拌和配合比，是按体积比确定的，一般是石灰粉比土为3:7或2:8。拌和的灰土必须均匀一致，灰土颜色应统一，翻拌次数不得少于3遍，并要随拌随用。

灰土施工时，一定要控制含水量，在现场检查时，用手将灰土握成团，然后用两手指轻轻一按即碎为宜。灰土的含水量应控制在14%左右，不得超过20%。当含水量不足或超量时，必须洒水湿润或进行晾晒。

3. 基底处理

将基底表面铲平，并用铁耙抓毛，并打两遍底夯。如局部有软弱土层时应即时挖除，并用灰土回填夯实。

4. 分层铺土

灰土分层铺设时，应根据所用压实机具按表3-3的规定执行。各层虚铺后，均应用十指铁耙将表面修平，虚铺厚度可用直尺插入检查。

5. 夯压

人工夯实时，要使用 60～80kg 的木夯、铁夯或石夯击打，举高不小于 500mm，夯击时的后一夯应压住前夯的一半，或者按梅花形夯击后，再夯击每夯的相连处，依次序进行，不得隔夯。

用蛙式打夯机夯实时，夯打前应对所铺土初步平整，夯机依次夯打，均匀分布，不留间隔。

在夯击过程中，要依序进行，不得间隔或漏夯，夯击时的后一夯应压住前夯的一半，或者按梅花形夯击后，再夯击每夯的相连处。

用蛙式打夯机夯实时，前边拉绳的速度不宜太快，要随着夯的惯性逐渐向前。扶夯的人要掌握好夯的方向，不得产生漏夯。到达四角位置时，要夯击到基础的边沿，然后退回再转弯。

夯压的遍数一般不应少于 4 遍。夯击时应做到夯与夯相连，行行相连，不得有漏夯现象。每夯击一遍后，应修整表面。夯实后表面应无虚土，看上去表面坚实、发黑、发亮。

6. 接槎与留槎

如因条件限制，灰土分段施工时，不得在墙角、柱基及承重墙窗间墙下接槎。上下两层灰土的接槎距离不得小于 500mm，并应做成直槎。当灰土地基标高不同时，应做成台阶式，每阶宽度不少于 500mm。每层虚土应从留缝处往前延伸 500mm，夯实时应夯过接缝 300mm 以上，如图 3-20 所示。

灰土垫层夯实后，应注意保护，在未砌筑基础前，不得遭受雨水或自来水的浸泡，否则必须将其挖开后重新夯实。

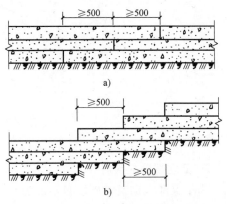

图 3-20　灰土垫层的接缝

第三节　砖基础砌体的施工技术

砖基础主要指由烧结普通砖砌筑而成的基础，这种基础的特点是抗压性能好，整体性、抗拉、抗弯、抗剪性能较差。施工操作简便，造价较低。适用于地基坚实、均匀，上部荷载较小的基础形式。

在砖基础中，所用普通砖的强度等级不得低于 MU10（MU 为砖的强度等级代号），砂浆的强度等级不应低于 M5（M 是砂浆代号），并应采用水泥砂浆或者是混合砂浆进行砌筑。

砌筑砖基础时，必须按照砌筑技术要求进行砌筑，保证砖的接槎正确。

一、砌筑前的准备

1. 检查及垫层清理

基础是房屋建筑的施工之首，所以必须在砌筑基础前对垫层进行检查。

对垫层进行检查，主要是检查垫层的铺设质量、标高、位置及轴线。如果垫层低于设计标高 20mm 以上，必须用 C15 细石混凝土进行找平，而不能用黏土和碎砖瓦块做找平材料。

2. 放施工线

砖基础施工前,应在相对龙门板上定位轴线点间拉准线,用垂吊法将定位轴线引到基础的垫层之上,并用墨线弹出,再依据定位轴线,向两边弹出基础大放脚底面的宽度线,如图 3-21 所示。

如果建筑地基的周边设木桩,则应从定位轴线的引桩间拉准线,依准线将定位轴线经垂吊引到基础垫层面上。基础放线结束后,应进行尺寸复核,检查其放线尺寸是否符合设计或标准图的要求。放线尺寸的允许偏差应符合下列规定:

当基础的长度(L)、宽度(B)小于或等于 30m 时,允许偏差为 ± 5mm;

当长度和宽度大于 30m 而小于 60m 时,允许偏差为 ± 10mm。

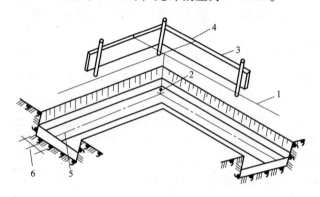

图 3-21 基础施工放线
1—准线 2—线坠 3—龙门板 4—轴线钉 5—墙中线 6—基础边线

3. 设立基础皮数杆

为了保证在砌筑基础墙时不成为"螺纹墙",控制好每层灰缝的厚度,应在基础的转角处、纵横墙交接处及高低基础交接处,应设置皮数杆,并进行统一找平,如图 3-22 所示。

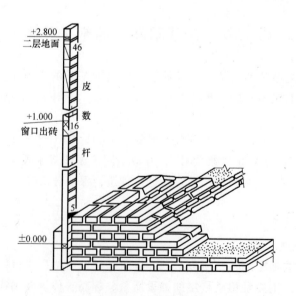

图 3-22 基础皮数杆

并且为了挂线方便，在基础的转角处要先进行砌砖盘角，除基础底部的第一皮砖按摆砖撂底的砖样和基础底宽线砌筑外，其余各皮砖均以两盘角的准线作为砌筑的标准线。

4. 拌制好砂浆

　　拌制砂浆时要采用砂浆搅拌机，坚决取缔人工拌料。拌料前，必须筛除砂中的泥块和其他杂物。向搅拌机内投料的顺序为砂子、水泥或掺合料，最后加水。搅拌时间不少于 2min（2 分钟）。

5. 浇水润砖

　　利用干净水对砖进行浇水。浇水应在砌筑的前一天进行，一般情况下，以水浸入砖内四周 15mm 为宜。常温条件下，不得采用干砖砌筑，同时也不得使用含水率达到饱和状态的砖砌筑。

二、砖基础砌筑

1. 砖基础组砌方法

　　砖基础砌筑应采用一顺一丁或称为满条满丁的排砖方法。砌筑时，必须里外搭槎，上下皮竖缝至少错开 1/4 砖长。大放脚的最下一皮砖及每一层砖的上面的一皮砖，应用丁砖砌筑为主，这样传力较好，砌筑及回填土时也不易碰坏。并要采用一块砖、一铲灰、一挤揉的砌砖法，不得采用挂竖缝灰口的方法。

　　砖基础的转角处应根据错缝需要加砌七分头砖及二分头砖。图 3-23 所示是二砖半（620mm）宽等高式大放脚转角处分皮砌法。

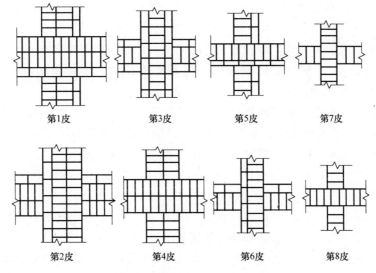

图 3-23　大放脚转角处分皮砌法

　　砖基础的十字交接处，纵横大放脚要隔皮砌通。图 3-24 所示是二砖半宽等高式大放脚十字交接处分皮砌法。

2. 砖基础砌筑施工

　　砖基础砌筑时，应按皮数杆的分层数先在转角处及交接处进行盘角，每次盘角宜不超过 5 皮砖，再在两盘角之间拉准线，按准线逐皮砌筑中间部分。

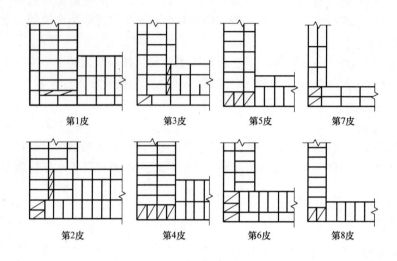

第1皮　　　　　　第3皮　　　　　　第5皮　　　　　　第7皮

第2皮　　　　　　第4皮　　　　　　第6皮　　　　　　第8皮

图 3-24　大放脚十字交接处砌法

内外墙砖基础应同时砌筑，当不能同时砌筑时，应留斜槎或称踏步槎，斜槎的水平投影长度不应小于墙高的 2/3。

当砖基础的基底标高有高有低时，应从低处砌起，并应由高处向低处搭接。当设计无要求时，搭接长度不应小于大放脚的高度，并不小于 500mm，如图 3-25 所示。

砖基础砌筑时，如有沉降缝，其两边的墙角应按直角要求砌筑，先砌一边的墙要把"舌头灰"刮尽，后砌的墙可采用缩口灰砌筑。掉入沉降缝内的砂浆、杂物应随时清理干净。

大放脚向内收进的上层砖，必须采用丁砖组砌，严禁采用顺砖砌筑，这点在农村建筑施工中必须注意。砖砌大放脚如遇洞口时，应预留出位置，不得事后凿打。洞口宽超过 300mm 时，应砌平拱或设置过梁。

砖基础的水平灰缝厚度和竖向灰缝宽度应控制在 10mm 左右，但不应小于 8mm，也不应大于 12mm。灰缝中砂浆应饱满。水平灰缝的砂浆饱满度不小于 80%；竖向灰缝宜采用挤浆或加浆方法，不得出现透明缝、瞎缝和假缝，严禁用水冲浆灌缝。

所有砌体不得产生通缝（是在同一竖直水平面上，上下有三皮砖竖缝相交小于 20mm）现象。

大放脚砌到最上一皮后，要从定位桩（或标志板）上拉线，把基础墙的中心线及边线引到大放脚最上皮表面上，以保证基础墙位置正确。

在砌筑砖基础时，每砌两皮砖，则应按照图 3-26 所示方法检查砌体的高度。当砌到顶面标高时，则应根据所砌高度在顶面用细石混凝土找平，保证标高的正确性。

砌完砖基础，应及时做防潮层。防潮砂浆层下面的三皮砖，砌筑时要满铺满挤，水平灰缝和竖向灰缝要饱满，240 墙防潮层下的顶皮砖则应采用全顺丁砌法。

铺设防潮层前，应将墙体顶面未固定稳固的活动砖重新砌牢，清扫干净后，浇水湿润，并应找出防潮层的上标高面，保证铺设的厚度。

基础完工后，要及时双侧回填并夯实，防止天气突变下雨时雨水渗入基槽中。

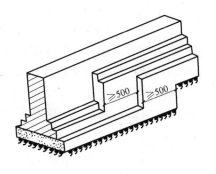

图 3-25　基础高低接头处砌法

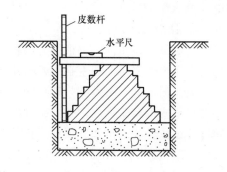

图 3-26　标高的量测

第四节　房屋石基础砌体施工技术

在全国各地的山区或者是石料比较丰富的地区，常采用石块来砌筑基础。这种基础的强度较度，但由于石块没有砖块那样标准，所以在砌筑时石块与石块之间的搭接是石砌体基础施工的重点。在石砌体基础中，常用的有毛石、卵石及块石基础。

一、毛石基础砌筑

（一）毛石基础的剖面形式

处于在山区和河流的地区，由于石材和卵石非常丰富，所以采用石材基础的农村占有相当的比重。如在云南大理用鹅卵石砌筑的墙体，已成为白族建筑的一大特色。

毛石基础按其剖面形式有矩形、阶梯形和梯形三种，如图 3-27 所示。

根据经验，阶梯形剖面是每砌 300 ~ 500mm 高后收退一个台阶，直至达到基础顶面宽度；梯形剖面是上窄下宽，由下往上逐步收小尺寸；矩形剖面为满槽装毛石，上下一样宽。毛石基础的标高一般砌到室内地坪以下 50mm，基础顶面宽度不应小于 400mm。

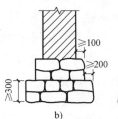

图 3-27　毛石基础剖面形式
a）矩形　b）阶梯形　c）梯形

（二）施工准备

1. 工具准备

砌筑毛石所用工具除需一般瓦工常用的工具外，还需准备大锤、手锤、小撬棍和勾缝捻子等。

2. 备料

应按设计图样或图集要求选备石料和砌筑砂浆。所选的毛石应质地坚实，表面无风化剥落和裂纹，毛石中部厚度不宜大于 150mm，毛石强度等级不应低于 M20。

砌筑砂浆宜用水泥砂浆或水泥混合砂浆，砂浆强度等级应不低于 M5。

3. 清理基槽

检查基槽尺寸、垫层的厚度和标高；清除基槽内的杂物；基槽内不得有积水，基槽干燥时要洒水湿润。

4. 挂准线

毛石基础砌筑前，要根据龙门桩上的基础轴线来确定基础边线的位置，具体做法是从龙门桩垂吊向下引出两条垂直线，再从相对的两个垂点上拉两条通槽水平线（两边挂线）。

若为阶梯式毛石基础，其挂线方法是：先按最下面一个台阶的宽度拉通槽水平线，然后按图样要求的台阶高度，砌到设计标高后适当找平，再将垂直立线收到第二个台阶要求的砌筑宽度，依此收砌至基础顶部为止。

（三）施工方法

1. 砌筑第一皮石块

第一皮石块砌筑时，应先挑选比较方整的较大的石块放在基础的四角作为角石。角石要有三个面，大小应相差不多，如不合适应加工修凿。以角石作为基准，将水平线拉到角石上，按线砌筑内、外皮面石，再填中间腹石。

第一皮石块应坐浆，即先在基槽垫层上摊铺砂浆，再将石块大面向下砌，并且要挤紧、稳实。砌完内、外皮面石，填充腹石后，即可灌浆。灌浆时，大的石缝中先填 1/3 ~ 1/2 的砂浆，再用碎石块嵌实，并用手锤轻轻敲实。不准先用小石块塞缝后灌浆，否则容易造成干缝和空洞，从而影响砌体质量。

2. 第二皮石块砌筑

第二皮石块砌筑前，选好石块进行错缝试摆，试摆应确保上下错缝，内外搭接；试摆合格即可摊铺砂浆砌筑石块。砂浆摊铺面积约为所砌石块面积的一半，位置应在要砌石块下的中间部位，砂浆厚度控制在 40 ~ 50mm，注意距外边 30 ~ 40mm 内不铺砂浆。砂浆铺好后将试摆的石块砌上，石块将砂浆挤压成 20 ~ 30mm 的灰缝厚度，达到石块底面全部铺满灰。石块间的立缝可以直接灌浆塞缝，砌好的石块用手锤轻轻敲实，使之达到稳定状态。敲实过程中若发现有的石块不稳，可在石块的外侧加垫小石片使其稳固。切记石片不准垫在内侧，以免在荷载作用下，石块发生向外倾斜、滑移。

毛石基础的扩大部分，如做成阶梯形，上级阶梯的石块应至少压砌下级阶梯的 1/2，相邻阶梯的毛石应相互错缝搭砌。

3. 砌筑拉结石

这是确保砌石基础整体性的关键。毛石基础同皮内每隔 2m 左右应砌一块横贯墙身的拉结石，上下层拉结石要相互错开位置，在立面的拉结石应呈梅花状。拉结石长度：基础宽度等于或小于 400mm 时，拉结石长度与基础宽度相等；基础宽度大于 400mm 时，可用两块拉结石内外搭接，搭接长度不小于 150mm，且其中一块长度不小于基础宽度的 2/3。

每砌完一层，必须对中心线、找平一次，保证砌体不偏斜、不内陷和不外凸。砌好后外侧石缝用砂浆嵌勾严密。

4. 基础顶面

毛石基础顶面的最上一皮，应选用较大块的毛石砌筑，并使其顶面基本平整。

每天收工时应在当天砌筑的砌体上，铺一层砂浆，表面应粗糙。夏季施工时，对砌完的砌体，应用草苫覆盖养护一星期时间，避免风吹、日晒、雨淋。

5. 勾缝

毛石基础砌完后，要用抿子将灰缝用砂浆勾塞密实，经房主检查合格后才准回填土。

6. 砌筑高度控制

毛石基础每日砌筑高度不应超过 1.2m。

二、料石基础砌筑

1. 料石基础的组砌形式

料石基础立面的组砌形式宜采用一顺一丁，即一皮顺石与一皮丁石相间。

2. 备料

料石基础宜用粗料石或毛料石与水泥砂浆砌筑。料石的宽度、厚度不宜小于 200mm，长度不宜大于厚度的 4 倍。料石强度等级应不低于 M20，砂浆强度等级应不低于 M5。

3. 挂线

料石基础砌筑前，应清除基槽底杂物，在基槽底面上弹出基础中心线及两侧边线；在基础两端立起皮数杆，在两皮数杆之间拉准线。

4. 施工方法

料石基础，应先砌转角处或交接处，再依准线砌筑中间部分。

料石基础的第一皮石块应用丁砌层坐浆砌筑，即先在基槽垫层上摊铺砂浆，再将石块砌上；以上各皮石块应铺灰挤砌，砂浆铺设厚度应高出规定灰缝厚度 6～8mm，上下错缝，搭砌紧密，上下皮石块竖缝相互错开应不少于石块宽度的 1/2。

阶梯形料石基础，上级阶梯的料石应至少压砌下级阶梯料石的 1/3。

料石基础的灰缝中砂浆应饱满，水平灰缝厚度和竖向灰缝宽度不宜大于 20mm。

第五节 钢筋混凝土基础的施工

钢筋混凝土基础施工中包括条形基础和独立基础。钢筋混凝土条形基础与砖石条形基础相比，它具有良好的抗弯和抗剪能力。基础尺寸不受限制，可有效地减小地基应力和埋置深度，具有节省材料和土方开挖量等优点。

一、钢筋混凝土条形基础的配筋与施工

（一）基础模板的安装

1. 条形基础模板的安装

条形基础分为矩形和有地梁的条形基础两种，因此模板的安装方法也就有两种不同的方法，如图 3-28 所示。

条形基础安装的程序是：

（1）清理基础，弹条形基础中心线和边线，用定型模板按基础边线组放一边侧模，并临时固定。

（2）找标准高，用垂直垫木和水平撑将侧板逐段固定，水平撑间距为 500～800mm。放置钢筋骨架后安装另侧模板。

（3）校正后用木桩、水平撑和斜撑逐段固定。

（4）在侧板内侧弹出条形基础的表面标高线。

带地梁的条形基础模板安装基本同条形基础模板安装相同，读者可根据图 3-28 的安装

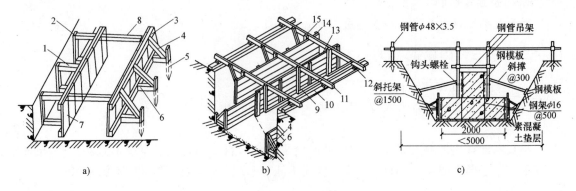

图 3-28　条形基础模板

a）矩形条形基础模板安装　b）带地梁条形基础模板安装　c）钢模板安装

1—平撑　2—垂直垫木　3—木楞　4—斜撑　5—木桩　6—水平撑　7—侧板　8—搭木

9—地梁模板斜撑　10—垫板　11—轿杠　12—木楔　13—地梁侧板　14—木楞　15—吊木

示意进行安装。

2. 阶梯形基础模板安装

阶梯形基础模板实际上是由两层矩形模板所组成，并由两阶模板连接定位的轿杠及固定木进行定位固定，如图 3-29 所示。

安装阶梯形基础模板时应按下面规定：

（1）在复核基础垫层标高的基础上，弹出基础的纵横中心线和边线。

（2）弹线后先安装下层模板，安装时，先将同一基础同宽度两端平齐的侧板按线放好并临时固定，再将另一对侧板从两边靠上后用钉钉住，校正校方侧板后，再将四块侧板钉牢。

（3）无误后，钉四周水平撑、斜撑和木桩，将模板位置和形状固定成形，在四块侧板内表面弹上基础的中线和标高线，也可以模板的上平面作为标高线。

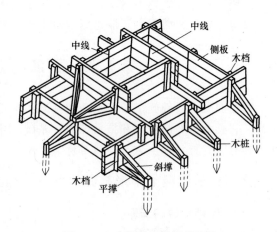

图 3-29　阶梯形基础模板安装

（4）利用下边一对侧板的最下面一块板作为轿杠，它的长度应大于下层模板的宽度。

（5）按照上边的安装方法将上阶模板安装在一起，然后把它整体安放到下层模板之上，校正位置后用四根方木分别将轿杠四端同下阶模板固定在一起。

（6）在上下阶模板之间加钉水平撑和斜撑，使上下阶模板组合成整体。

（二）钢筋混凝土条形基础的配筋

1. 墙下条形基础的配筋

墙下条形基础的形式如图 3-30 所示。基础中的受力钢筋是经过计算确定的，并沿宽度方向布置，钢筋之间的间距等于或小于 200mm，但不得小于 100mm，条形基础中一般不设置弯起筋。但沿基础纵向布置分布筋，其直径为 $\phi6 \sim 8$mm，间距为 200mm，设在受力钢筋的上面。基础混凝土的强度等级不低于 C20。

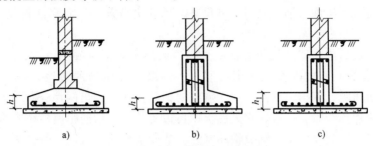

图 3-30　钢筋混凝土条形基础
a）不带肋条形基础　b）带肋条形基础　c）台阶式条形基础

2. 柱下条形基础的配筋

柱下条形基础的截面形式一般采用倒 T 形，底板伸出翼板厚度不小于 200mm。基础肋梁的纵向受力钢筋按计算确定，一般是上下双层配置，直径不小于 ϕ14mm。梁底常配 2～4 根纵向受力主筋。箍筋直径为 ϕ6～8mm，当肋宽小于或等于 350mm 时采用双肢箍，当肋宽大于 350mm 或小于等于 800mm 时，用四肢箍。柱下钢筋混凝土条形基础如图 3-31 所示。

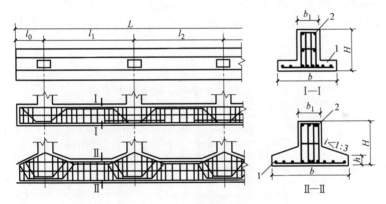

图 3-31　柱下钢筋混凝土条形基础

3. T 字形与十字形交接处的配筋

钢筋混凝土条形基础，在 T 字形与十字形交接处的钢筋应沿一个主要受力方向通长放置，如图 3-32 所示。

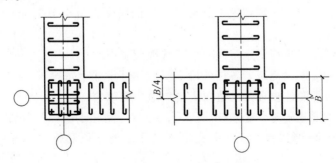

图 3-32　条形基础交接或转角处配筋

（三）钢筋混凝土条形基础施工

在浇筑混凝土垫层施工前，应对基槽尺寸、标高进行复核；对局部松软土层全部挖除，用灰土或砂砾石回填夯实至与基底齐平。

复核基槽无误后应立即浇筑垫层混凝土。当混凝土表面结硬后（混凝土抗压强度应达到 12MPa），依据龙门板的准线引垂到垫层上，弹出网片钢筋的边线，墙、柱的插筋位置线，并依据钢筋间距，算出钢筋网片实际需要的钢筋根数，画出网片分布线。

在画钢筋网片边线时，一般让靠近底板模板边的第一根钢筋距离模板边为 50mm。

所有线弹完后，支放模板、铺放钢筋网片。铺放钢筋网片时，一般情况下是先铺短向钢筋，再铺长向钢筋，并应注意钢筋弯钩朝上。如为双层钢筋网的上层钢筋的弯钩应朝下（均朝向混凝土内）。四周两根钢筋交叉点应每点绑扎，中间部分每隔一根呈梅花式绑扎；现浇柱与基础连接用的插筋下端用 90°弯钩与基础钢筋进行绑扎，插筋比柱箍筋缩小两个柱筋直径，以便连接。双向受力钢筋网则应全点绑扎。

为了加快施工进度，也常常采用预先把钢筋骨架绑扎后再进行安装。基础中的钢筋骨架主要有地梁、独立基础的混凝土柱骨架以及垫层上部的钢筋网片。

绑扎钢筋网片时，应注意相邻绑扎点的钢筋丝扣要成八字形，以免网片歪斜变形。当网片面积较大时，应在已绑扎完毕的网片上斜向布置固定筋，如图 3-33 所示。

为保证插筋位置，一定用木条或钢筋组成井字形进行定位固定，保护柱子的轴线不位移。

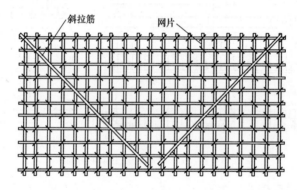

图 3-33　网片的加固

钢筋绑扎完工后，应用制作的带有绑丝的水泥砂浆保护层垫块放在钢筋网片的下边，并使保护层的厚度符合要求，一般情况下钢筋保护层的厚度不得小于 30mm；当地下水位较浅时，应不小于 40mm。

在浇筑混凝土前，对模板浇水湿润，模板缝隙应堵严。

混凝土宜分段分层连续浇筑。各层各段之间应相互衔接，每段长 3m 左右，使逐段逐层呈阶梯推进。浇筑时先灌注模板的内边角，再浇筑中间部位。

浇筑现浇柱下条形基础时，必须挂线浇筑，随时复测柱子的插筋位置。在浇筑开始时，先满铺一层 50~100mm 厚的混凝土，并捣实使柱子插筋下段和钢筋网片的位置基本固定，然后再对称浇筑。

对于上部带有坡度的翼板，应注意保持斜面坡度的正确，斜面部分模板应随混凝土分段支设并预压紧，以防模板上浮变形，严禁斜面部分不支模板，而用铁锹拍实。

混凝土应连续浇筑，以保证基础良好的整体性，由于其他原因而不能连续施工时，则必须留置施工缝。但施工缝应留置在外墙或纵墙的窗口或门口下或横墙和山墙的跨度中部，避免留在内外墙丁字交接处和外墙大角附近。

混凝土浇筑完毕后，外露部分应覆盖或浇水养护或采用养护液养护。

二、钢筋混凝土独立基础的施工

钢筋混凝土独立基础包括现浇柱基础和装配式柱，装配式柱基础就是杯形基础。由于杯形基础在农村民房建筑中很少应用，所以这里也就不再介绍。

独立基础的基坑挖好后应复查其轴线、基坑尺寸。对不符合基坑要求的杂质、积水应清除干净；对局部的松软土层应挖除，比较低的部位应填平夯实。

浇筑基底垫层时要采用平板振动器，要求浇筑的混凝土表面平整密实。达到一定的强度后，弹出钢筋分布线、柱子的截面尺寸线。

弹线正确无误后安装模板。铺设钢筋时，主筋应放在底层，插筋按所弹线位置插立，并用箍筋套住插筋。钢筋绑扎完成后，应用混凝土保护层垫块或专用的塑料垫块放在钢筋网片下面。

浇筑混凝土时，锥形基础应注意保持斜面坡度的施工质量，当斜坡小于30°时，坡度直接坡到柱子边；当斜坡大于45°时，柱子边缘应留出50mm的平台，以便安装模板。斜面做成后应达到斜面平整，棱角通直，立体感强。

浇筑阶梯形基础时，每浇筑一个台阶，间歇30～60分钟，待混凝土初步沉降后，再浇筑上一台阶。

基础浇筑完毕后，应对外露部分进行覆盖和养护。

第四章

建筑墙体施工技术

建筑墙体，泛指房屋建筑工程和园林工程的墙体。墙体是建筑结构的主要构件，具有承重、围护、分隔、装饰等作用。在当前，民房墙体主要有砖墙、石墙、木板墙等。砖石墙体是由砂浆组砌而成的砌体，它也是建筑立面的具体表现形式。

第一节　砖柱的砌筑

柱是房屋的竖向承重构件，用以支承屋架或梁。砖柱在农村的房屋建筑中有广泛的应用。砖柱中主要有独立砖柱和壁柱两种。如果砖柱承受的荷载较大时，可在水平灰缝中配置钢筋网片，或采用配筋结合柱体，在柱顶端做混凝土块，使集中荷载均匀地传递到砖柱断面上。

一、独立砖柱砌筑

砖柱的断面形式按饰面是否抹灰分为清水砖柱和混水砖柱；按断面形式分为方形柱、矩形柱、圆形柱、六角形柱、八角形柱。方形柱或矩形柱的最小断面尺寸一般为 240mm × 365mm；圆形柱直径不应小于 490mm；八角形柱内圆直径不应小于 490mm。

1. 砖柱的砌法

砖柱应采用烧结普通砖与水泥砂浆或水泥混合砂浆砌筑，砖的强度等级不应低于MU10，砂浆强度等级不应低于 M5。

砌筑独立砖柱时，要设置固定的皮数杆。当几个相同截面的砖柱在一条轴线上时，可先砌两端边的砖柱，再拉砌筑准线，依准线砌筑中间部分砖柱，并用活动皮数杆检查各砖柱的高低。当柱的基础顶面高差小于 30mm 找平时，用 1:3 水泥砂浆进行找平；高差大于 30mm 时，用细石混凝土找平；保证每根柱的第一皮砖在同一标高上。

砖柱分皮砌法视柱的断面尺寸而定，应使柱面上下皮砖的竖向灰缝相互错开 1/4 砖长。严禁采用包心砌法，即先砌四周后填心的砌法，如图 4-1 所示。

砖柱的水平灰缝厚度和竖向灰缝宽度宜为 10mm，但不应小于 8mm，也不应大于 12mm。灰缝中砂浆应饱满，水平灰缝的砂浆饱满度不得小于 80%，竖缝宜采用加浆方法，不得出现透明缝、瞎缝和假缝。

砖柱砌筑时要经常用线坠吊测柱角，用 2m 靠尺和塞尺检查柱的垂直度和平整度，清水砖柱的表面平整度偏差不大于 5mm，混水砖柱的表面平整度偏差不大于 8mm。

砖柱每天的砌筑高度不宜超过 1.8m。尚未安装楼板的屋面墙和砖柱，为防止大风将柱子推倒，必须采用临时支撑等有效措施。

当砖柱与非承重隔墙交接时，可于柱中引出阳槎，或于柱的灰缝中预埋拉结钢筋，其构造应与砖墙的相同，但每道不少于2根，禁止在砖柱内留阴槎。

多层砖柱组砌时，要注意两边对称，防止砌成阴阳柱。同一轴线上有多根清水砖柱组砌时，应注意相邻柱的外观对称一致。

砌完一步架后，要刮缝清扫柱面以备勾缝。

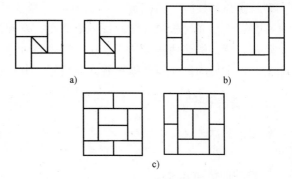

图 4-1　柱的错误砌法
a）360mm×360mm　b）360mm×490mm
c）490mm×490mm

组砌240mm×365mm砖柱时，只准用整砖左右转换叠砌。其分皮砌法见图4-2。

365mm×365mm截面的砖柱有两种砌法，这两种砌法各有特点。一种是每皮中采用三整块砖两块砍砖组合，但砖柱中间有两条长130mm的竖向通缝；另一种是每皮均用砍砖砌筑，这种砌法比较费工费料，不经济。图4-3是365mm×365mm截面砖柱的两种砌法。

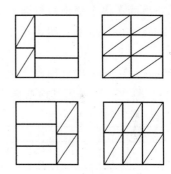

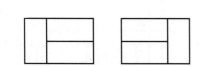

图 4-2　240mm×365mm砖柱的分皮砌法

图 4-3　365mm×365mm的砖柱分皮砌法

2. 圆柱及多角形砖柱的砌法

（1）定位。根据设计图样上各砖柱的位置，从龙门板或其他标志上引出柱子的定位轴线，并按柱的断面形式和尺寸弹出外轮廓线。

（2）排砖。为了使砖柱上下错缝、内外搭接合理，不出现包心现象，又要少砍砖，减轻劳动强度，达到外形美观的目的，应按弹线尺寸，多试排几种组砌形式，选择较为合理的一种组砌方法。

（3）加工砖块套板。根据柱截面形式和组砌方式制作木套板。圆柱制作弧形标尺的木套板，多角形柱制作切角砖的木套板。

砌筑前，按木套板加工所需的各种弧面的弧形砖或不同角度的切角砖。

（4）砌筑。砌筑圆形砖柱前，应制做出同直径的外圆套板，以备随时检查砌筑圆弧的质量。外圆套板可以作成柱圆周的1/4弧和1/2弧两种。应在砌筑一皮圆柱后，用套板沿柱圆周检查一次弧面的弯曲程度，每砌3~5皮砖，要用靠尺板的不少于4个的固定检查点进行垂直度检查。

砌筑多角形柱时，当砌筑3～5皮砖后，要用线坠检查每一个角的垂直度，保证棱角上下垂直，还要用靠尺板检查柱的每一个侧面，发现问题及时纠正。

砌筑门厅、雨篷两侧面的清水柱，排砖要对称，加工出的异形砖的弧度与角度按套板对称加工，加工后的侧面须磨刨平整，并编号，分类堆放，以编号砌筑。

二、壁柱砌筑

壁柱，又称砖垛、附墙垛。壁柱与墙体连在一起，共同支承屋架或大梁，同时增加墙体的强度和稳定性。

1. 壁柱的截面尺寸

壁柱的截面尺寸主要有：凸出120mm，宽240mm；凸出240mm，宽360mm；凸出360mm，宽360mm等尺寸规格。

2. 壁柱的砌法

砌筑壁柱时，要根据墙体厚度的不同及壁柱的大小而定，不论哪种砌筑方法都应使壁柱与墙体逐皮搭接，绝不能先砌墙而后砌柱，或先砌柱而再砌墙，搭接长度至少为1/2砖长。在砌筑的过程中，还应结合错缝的需要，加砌七分头砖或其他搭配砖。一般来讲，壁柱截面尺寸不应小于125mm×240mm。

同一道墙上多个壁柱应拉通线控制壁柱的外侧尺寸，并保持在同一直线上。

125mm×240mm壁柱组砌可采用图4-4所示的分皮砌法，壁柱的丁砖隔皮伸入砖墙内1/2。

125mm×365mm壁柱组砌一般可采用图4-5所示分皮砌法，壁柱的丁砖隔皮伸入墙内1/2砖长，隔皮需要采用其他配砖砌筑。

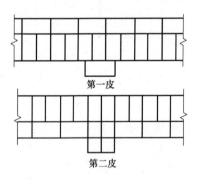

第一皮

第二皮

图4-4　125mm×240mm壁柱分皮砌法

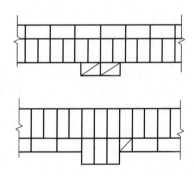

图4-5　125mm×365mm壁柱分皮砌法

240mm×240mm壁柱组砌，一般采用图4-6所示的分皮砌法，壁柱丁砖伸入墙内1/2砖长。

三、网状配筋砖柱砌筑

网状配筋砖柱是指水平灰缝中配置钢筋网的砖柱。网状配筋砖柱宜采用不低于MU10的烧结普通砖与不低于M5的水泥砂浆砌筑。

钢筋网片有方格网片和连弯网片两种。方格网片的钢筋直径为3～4mm，连弯网片的钢筋直径不大于8mm。钢筋网片中钢筋的间距不应大于120mm，且不应小于30mm。钢筋沿砖柱高度方向的间距不应大于 5 皮砖，且不应大于 400mm。当采用连弯网片时，网片的钢筋方向应互相垂直，沿砖柱高度方向交错设置，连弯网片间距取同一方向网片的间距，如图 4-7 所示。

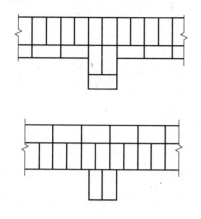

图 4-6 240mm×240mm 壁柱分皮砌法

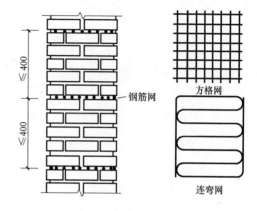

图 4-7 网状配筋砖柱

网片状配筋砖柱砌筑同普通砖柱一样要求。设置在砌体水平灰缝内的钢筋，应居中置于灰缝中。水平灰缝厚度应大于钢筋直径 4mm 以上。砌体上面砂浆保护层的厚度不应小于 15mm。

设置在砌体水平灰缝内的钢筋应进行防腐保护，可在其表面涂刷钢筋防腐涂料或防锈剂。

第二节 建筑墙体组砌技术

砌体组砌时，要求砌块上下错缝、内外搭接，以保证砌体的整体性；同时要根据砌筑的规律，采用科学的砌砖方法，以达到提高砌筑功效，节省材料、提高砌体的整体性。

在组砌建筑墙体时，一般有清水墙和混水墙之分。所谓清水墙，就是砌好的墙面只需要进行勾缝处理而不需要再进行装饰抹灰的砖墙。而混水墙则是墙体砌筑完成后，要在墙的外表进行抹面施工。前者砌筑时难度大，后者抹灰时工艺要求高。

一、砖的组砌形式

组砌清水砖墙时，通常采用全顺砖、一顺砖一丁砖、梅花丁砖、三顺砖一丁砖、两平砖一侧砖、三七缝等形式。

1. 一顺砖一丁砖

一顺砖一丁砖又称为满条砌法，如图 4-8 所示。即一皮砖全部为顺砖与一皮全部丁砖相间隔砌筑而成，上下皮间的竖缝均应相互错开 1/4 砖的长度，是常见的一种砌砖形式。

一顺砖一丁砖根据墙面砖缝形式的不同分为"十字缝"

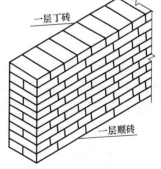

图 4-8 一顺一丁砌法

和"骑马缝"。十字缝的构造特点是上下层的顺向砖对齐。骑马缝的构造特点是上下层的顺向砖，应相互错开半砖。如图4-9所示"十字缝"和"骑马缝"的砌砖方法。

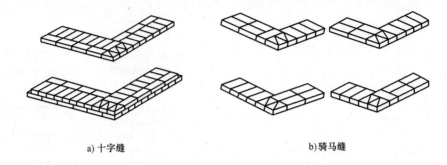

a) 十字缝　　　　　　　　　　　　　b) 骑马缝

图4-9　墙面砖缝结构

一顺一丁砌法还有这样的特征：砖墙的转角处，为使各皮间竖缝相互错开，必须在外角处砌七分头；砖墙的丁字交接处，应分皮相互砌通，并在横墙端头处加砌七分头砖；砖墙的十字交接处，应分皮相互砌通，交角处的竖缝应相互错开1/4砖长。

2. 梅花丁

梅花丁是一面墙的每一皮中均采用丁砖与顺砖左右间隔砌成。上下相邻层间上皮丁砖坐中于下皮顺砖，上下皮间竖缝相互错开1/4砖长。该砌法灰缝整齐、外表美观，结构的整体性好，如图4-10所示。

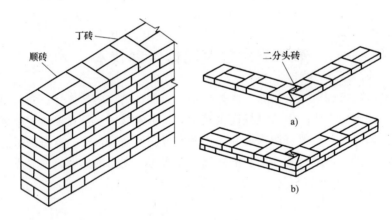

图4-10　梅花丁砌法

梅花丁砌法是房屋建筑施工中常用的一种砌筑方法，并且最适合于砌筑一砖墙或一砖半的清水墙。当砖的规格偏差较大时，采用梅花丁砌法可保证墙面的整齐性。

3. 三顺一丁

三顺一丁是一面墙的连续三皮中全部采用顺砖与另一皮全为丁砖上下相间隔砌筑而成，上下相邻两皮顺砖竖缝错开1/2砖长，顺砖与丁砖间竖缝错开1/4砖长，如图4-11所示。

4. 两平一侧

两平一侧又称一八墙砌法，是先砌二皮平砖，再立一侧砖，平砌砖均为顺砖且上下皮竖缝相互错开1/2砖的长度，平砌与侧砌砖层间错开1/4砖长，如图4-12所示。

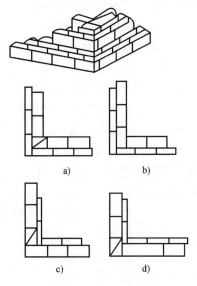

a)　　　　　b)

c)　　　　　d)

图 4-12　两平一侧砌法

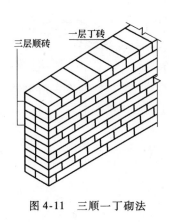

图 4-11　三顺一丁砌法

5. 三七缝

三七缝的砖墙砌筑，是每皮砖内排 3 块顺砖后再排 1 块丁砖。在每皮砖内就有 1 块丁砖拉结，且丁砖只占 1/7，如图 4-13 所示。

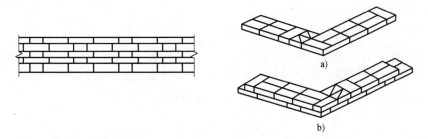

a)

b)

图 4-13　三七缝形式

二、施工顺序

（一）基础轴线、标高的确定

当砖砌体基础或石砌体基础的墙体砌出地面后，应用水准仪或其他简易测平工具将水准点引到墙的四个大角处，并标明所引的水准点与 ±0.000 的标高值，如图 4-14 所示，作为砌体砌筑的依据。

图 4-14 轴线标高标志在砌筑砖墙之前，应在基础防潮层或者每楼层上定出该施工楼层的设计标高，并用 M10 水泥砂浆或 C15 细石混凝土找平，使各施工楼层墙体的底部标高均在同水平线上，避免"螺纹墙""蜗牛墙"和砌筑层不能够交接现象的产生。

根据龙门桩上标定的定位轴线或基础外侧的定位轴线

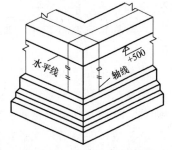

图 4-14　标定轴线和标高

桩，将墙体轴线、墙体宽度线等引测至基础顶面或者是楼板之上，并弹出墨线。

为保证基础砌体与墙体的轴线相一致，在放线时，必须认真复查基础轴线，或者是下层与上层的墙体轴线，不得产生如图 4-15 所示的轴线位移。

（二）排砖放底

排砖放底是指在放线的基础顶面或楼板上，按选定的组砌形式进行干砖试排，以期达到灰缝均匀，门窗两侧的墙面保持对称，并应减少砍砖的次数，提高工效和施工质量。

主体第一皮排砖，山墙应排丁字砖，前后檐墙应该摆成顺砖，俗称"山丁檐跑"或称"横丁纵顺"。砖墙的转角处和门、窗处的墙体砌法，顺砌层到头接七分头，丁砖层到头丁到丁，目的是错开砖缝，避免出现砌体通缝。

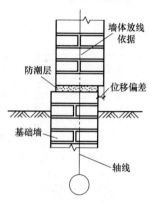

图 4-15　轴线位移

但是当顺砖层出现有 1/2 （120mm）砖长时，应在砌层中加一个丁砖；当顺砖层出现 1/4 （6mm）砖长时，在砌层中加一丁砖或七分头砖。并且以后各层均按此层排砖方式，不准产生上下层错位现象。

为了快速确定丁砖层排砖数量和顺砖层排砖数量，可采用下列简单的公式进行计算：

1. 求正常墙面的排砖数

丁砖层的丁砖数 =（墙面长 mm + 10）÷ 125

顺砖层的顺砖数 =（墙面长 mm − 365）÷ 250

2. 求窗口下面墙体的排砖数

丁砖层的丁砖数 =（窗宽 mm − 10）÷ 125

顺砖层的顺砖数 =（窗宽 mm − 135）÷ 250

计算时，应先计算窗口部分的砖数，然后再算大墙所用的砖数。在计算结果中，如出现余数时，应根据余数的大小确定灰缝值，也可采用增加或减少 1/2 砖或七分头砖进行调整修正。

排砖放底时，既要保证砌层的错缝合理，又要保证清水砖墙面不出现竖缝错位的现象。在排放窗间墙的底层砖时，要将砖的竖向缝尺寸计划好，若墙体中需要破活丁砖或七分头时，应排在窗口中间或附墙垛旁等不明显的位置。此外，还要顾及在门窗洞口上边砖墙合拢时不出现破活，从而使清水砖墙面美观整洁、缝路清晰，如图 4-16 所示。

（三）立皮数杆

在农村建筑施工中，大都不设皮数杆，所以经常出现砖缝不平整和螺纹墙的现象，影响了墙体的外观质量和结构。

皮数杆是砌墙过程中控制砌体竖向尺寸和各种构件设置标高的标准尺度，如图 4-17 所示。

皮数杆是瓦工砌墙时竖向尺寸的标准尺度，用 50mm × 70mm 的方木做成，长度应略高于一个楼层的高度。它表示墙体砖的层数（包括灰缝厚度）和建筑物各种门窗洞口的标高，预埋件、构件、圈梁及楼板底的标高。

立皮数杆时，必须在盘角挂线前进行。皮数杆应分别立在墙的四大角和转角处，以及内墙尽端和楼梯间处。

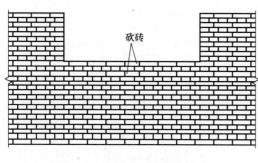

图 4-16　窗间墙的砖缝排列

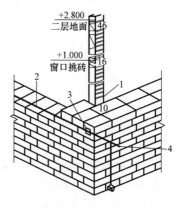

图 4-17　皮数杆的设置

两皮数杆之间的间距为 10～15m。

采用外脚手架时，皮数杆一般立在墙里侧；采用里脚手架时，皮数杆立在墙外侧。

如果楼层高度与砖层皮数不相吻合时，可以调整灰缝厚薄，使其符合标高和整砖层。

皮数杆均应立于同一标高上，并要抄平检查皮数杆的 ±0.000 与抄平桩的 ±0.000 是否重合。

（四）盘角

盘角又称砌大角、掌大角等。盘角时，除要选择平直、方正的砖外，还应用七分头砖进行错缝砌筑，从而保证墙角竖缝错开。

盘角时，应随砌随盘，每盘一次大角不要超过 5 皮砖。而且一定要随时吊靠，即用线坠和靠尺板对其校正，真正做到墙角方正、墙面顺直、方位准确，如遇偏差应及时修正，保证砖角在一条直线上，并上下垂直。

（五）挂线

挂线是指以盘角的墙体为依据，在两个盘角中间的墙体两侧挂通线。

挂线时，两端必须拴砖块坠重拉紧，使线绳水平无下坠。如果墙身过长，线绳中间下坠，这时应先砌一块腰线砖。盘角处的通线是靠墙角的灰缝作为挂线卡，为了不使线绳陷入水平灰缝中去，应采用 1mm 厚的薄铁片垫放在盘角墙面与线绳之间。

还有一种挂线方法，俗称挂立线，一般砌间隔墙时用。挂立线前应检查留槎是否垂直，如果不垂直应根据留槎情况调整立线使其垂直，将此立线两端拴紧在钉入纵墙水平灰缝的钉子上。根据挂好的垂直立线拉水平线，水平线的两端要由立线的里侧往外栓，两端的水平线要与砖缝一致，不得错层造成偏差。

（六）勾缝清面

对于清水墙面，每砌完一段高度后，要及时地进行勾缝和清扫墙面。勾缝时可用专制的缝刀进行。清水墙灰缝一般有平缝、圆形缝、三角缝和八字形缝。灰缝的形状如图 4-18 所示。

勾缝时，不能把砖缝内的砂浆给刮掉，而是要用力将砂浆向灰缝内挤压，形成一定的灰缝形式，并且在勾缝时，要把有些瞎缝或砂浆不饱满处用同样砂浆将其填满。勾缝时要掌握好勾缝的有利时机，也就是要等到砂浆收水后进行。如果砂浆没有收水，勾缝时砂浆容易被挤压到墙面上，造成墙面污染；如果等到砂浆结硬再勾缝，缝口则显得粗糙，影响外观质量。

三、砌砖操作方法

砌筑砖墙的操作工艺因地而异。当前常用的有："三一"砌砖法、挤浆法、刮浆法和满刀灰法等。

（一）"三一"砌砖法

"三一"砌砖法就是"一块砖、一铲灰、一挤揉"，并随手用瓦刀或大铲尖将挤出墙面的灰浆收起。这种砌法的优点是灰浆饱满，粘结力强，墙面整洁，是当前应用最广的砌砖方法之一。对于地震多发区更要采用此法。

操作时，应顺着墙体斜向站立，左脚在前，离墙约150mm。右脚在后，距墙及左脚跟350mm左右。砌筑时是从前向后退着施工。砌完4块砖后，左脚后退一步，右脚后退半步，这样可砌墙体500mm。砌筑后左脚后退半步，右脚后退一步复原。

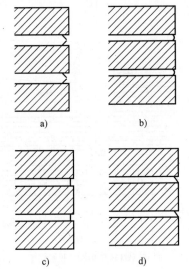

图 4-18　灰缝的形状

a）三角缝　b）圆形缝

c）平缝　d）八字缝

（二）挤浆法

挤浆法也称挤砌法。它是先将砂浆倾倒在墙顶面上，随即用大铲或刮尺将砂浆推刮铺平，但每次铺刮长度不应大于700mm；当气温高于30℃时，不应超过500mm。当砂浆推平后，用手拿砖并将砖挤入砂浆层的一定深度和所在位置，放平砖并达到上限线、下齐边，横平竖直。

挤浆法有双手和单手挤浆之分。双手挤浆时，手上拿的砖与需砌砖墙上面砖相距50mm时，把砖的底侧抬起约40mm，将砖斜向推入砂浆中，随即把砖放平，但这时手掌不得用力，只依靠砖的倾斜自坠力压住砂浆平推前进。如果坚缝过大，可用手掌稍稍用力，将灰缝压实至10mm为止。然后看准砖面，对不平之处手掌加压调平，如图4-19所示。

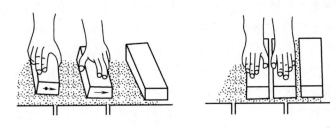

图 4-19　双手挤浆法

单手挤浆法时，人要沿着砌筑方向退着走，左手拿砖，右手挈铲，离墙稍远些。挤法同双手，如图4-20所示。

（三）满刀灰法

满刀灰法，多用于空斗墙、砖拱、窗台等部位的砌筑。这时应用瓦刀先抄适量的砂浆，并将其抹在左手拿着的普通砖需要粘结的砖面上，随后将砖粘结在应砌的位置上，如图4-21所示为满刀灰挂浆法。

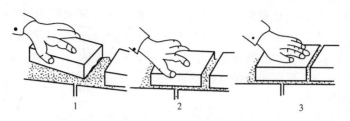

图 4-20 单手挤浆法

（四）"二三八一"砌砖法

"二三八一"砌砖法是指丁步和并步两种步法；正弯腰、侧身弯腰、丁步弯腰的三种弯腰法；"八"是指八种铺灰的手法，也就是砌顺砖时用甩、扣、泼、溜，砌丁砖时用扣、溜、泼、一带二四种手法。"一"是指挤浆揉砖后收灰的一种动作。

（1）砌筑顺砖时采用下面四种铺灰手法：

甩：就是用手腕向上扭转配合手臂的上挑来完成铺灰动作。这种方法适应于砌体离身体较远且砌筑面较低时的施工。在取灰

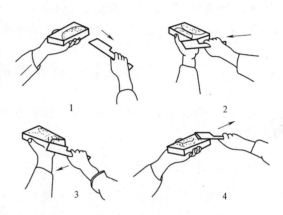

图 4-21 满刀灰挂浆法

时，先用大铲铲取均匀条状砂浆，并提起到砌筑面，铲面转成 90°，顺砖面中心甩出砂浆条并均匀下落。

扣：这种方法与甩不同，它适用于身体离墙较近且砌筑面又比较高的部位。也就是铲取均匀条状砂浆，反铲扣出灰条，铲面运行轨迹与甩相反，是手心向下折回，用手臂前推力扣落砂浆于砌筑面上。

泼：是铲取扁平状的砂浆条，提起到砌筑面时将铲面翻转，手柄在前平行推进将灰条泼出。

溜：为了减少落地灰，铲取扁平均匀的砂浆条，将大铲送到墙角处，然后迅速抽铲，使灰条落于砌筑面。

（2）砌筑丁砖时，采用下面四种手法：

扣：当砌筑三八砖墙的里面丁砖时，为了保证挤浆后灰口外侧的灰浆被挤严密，铲取灰条且前部略低，扣出灰条外口略高。

溜：砌筑丁砖时，铲取扁平状砂浆条，铲的前部略高，手臂伸过准线，铲边与墙边齐后，抽铲落灰，使外口竖缝灰浆饱满。

泼：这种方法适用于里脚手架砌外清水墙。这时铲取扁平状砂浆条，泼灰时使落灰点距墙体外皮 20mm，挤浆后砖缝内凹 10mm，既省去了刮浆，又使灰缝美观。

一带二：砌筑丁砖铺灰时，将砖的丁字头伸入落灰处，接打碰头灰，使铺灰和打碰头灰同时完成。

另外还有刮浆法，它多用于多孔砖和空心砖。由于砖的规格或厚度较大，竖缝较高，这

时竖缝砂浆不容易被填满，因此，必须在竖缝隙的墙面上刮一层砂浆后，再砌砖。

在砌筑过程中，必须注意做到"上跟线、下跟棱、左右相邻要对平"。"上跟线"是指砖的上棱必须紧跟准线，一般情况下，上棱与准线相距约1mm，因为准线略高于砖棱，能保证准线水平颤动，出现拱线时容易发觉，从而保证砌筑质量。"下跟棱"是指砖的下棱必须与下皮砖的上棱平齐，保证砖墙的立面垂直平整。"左右相邻要对平"是指前后、左右的位置要准确，砖面要平整。

砖墙砌到一步架高时，要用靠尺全面检查一下垂直度、平整度，因为它是保证墙面垂直平整的关键之所在。在砌筑过程中，一般应是"三层一吊，五层一靠"，即：砌三皮砖用线坠吊一吊墙角的垂直情况，砌五皮砖用靠尺靠一靠墙面的平整情况。同时，要注意隔层的砖缝要对直，相邻的上下层砖缝要错开，防止出现"游丁走缝"。

第三节 特殊砌砖墙体施工技术

在上节介绍了砌筑墙体的工艺后，这节主要介绍砌筑墙体时的技术方法，以确保砌体的砌筑质量。

一、砌筑时的留槎

在农村墙体的施工中，由于施工人员的限制和条件影响，房屋中的所有墙体，不可能同时同步砌筑，这样就会产生砌体留槎的实际问题。根据技术规定和防震要求，"砖砌体的转角处和交接处应同时砌筑，严禁无可靠措施的内外墙分砌施工。对不能同时砌筑而又必须留置的临时间断处，应砌成斜槎"。

在这种情况下，留槎就要符合下面要求。

（1）砖墙的交接处不能同时砌筑时，应砌成斜槎，俗称"踏步槎"，斜槎的长度不应小于高度的2/3，如图4-22所示。

（2）施工中必须留置的临时间断处，当不能留斜槎时，除转角处外，可留直槎，但直槎必须做成凸槎，并应加设拉结钢筋。拉结钢筋的数量为每120mm墙厚放置1根直径6mm的钢筋，间距沿墙高不得超过500mm；埋入长度从墙的留槎处算起，每边均不应小于1000mm；末端应有90°弯钩，如图4-23所示。也就是说，平常240mm的墙体，每层应放2根ϕ6mm的钢筋；370mm的墙体每层应放3根ϕ6mm的钢筋，这点一定不能忽视。

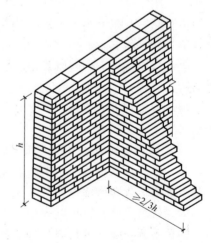

图4-22 斜槎留置

（3）隔墙与墙或柱之间不能同时砌筑而又不留成斜槎时，可于墙或柱中引出凸槎，或从墙或柱中伸出预埋的拉结钢筋，拉结钢筋的设置要求同承重墙。

砌体接槎时，必须将接槎处的表面清理干净，浇水湿润，并应填实砂浆，保持灰缝平直。

（4）设有钢筋混凝土构造柱的砖混结构，应先绑扎构造柱钢筋，然后砌砖墙，最后浇筑混凝土。墙与柱之间应沿高度方向每隔 500mm 设置一道 2 根 $\phi6mm$ 的拉结筋，每边伸入墙内的长度不小于 1m；构造柱应与圈梁、地梁连接；与柱连接处的砖墙应砌成马牙槎，每一个马牙槎沿高度方向的尺寸不应超过 300mm，并且马牙槎上口的砖应砍成斜面。马牙槎从每层柱脚开始先进后退，进退相差 1/4 砖，见图 4-24；拉结筋的设置如图 4-25 所示。

二、洞口、转角与丁字砌筑

墙体上的洞口、转角，是墙体结构比较薄弱的环节，所以必须认真操作。

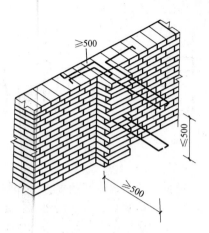

图 4-23　直槎留置

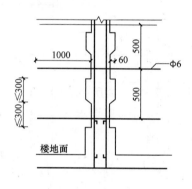

图 4-24　马牙槎留置

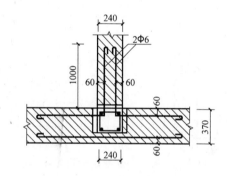

图 4-25　拉结筋布置

（一）洞口砌筑

砌筑洞口是指砌筑门窗口。在开始排砖撂底时，应考虑窗间墙及窗上墙的竖缝分配，合理安排七分头位置，还要考虑门窗的设置方法。如采用立口，砌砖时，砖要离开门窗口 3mm 左右，不能把框挤得太紧，造成门窗框变形，门窗开启困难。如采用塞口，弹墨线时，墨线宽度应比实际尺寸大 10～20mm，以便后塞门窗框。

砌筑门窗口时，应把木门窗框的木砖或钢门窗框的预埋铁砌入墙内，以保证门窗框与墙体的连接。预埋木砖的数量由洞口的高度决定，洞口在 1.2m 以内，每边埋 2 块；洞口高 1.2～2m，每边埋 3 块。木砖要做防腐处理，预埋位置一般在洞口"上三下四，中档均分"，即上木砖放在口下第三皮砖处，下木砖放在洞底上第四皮砖处，中间木砖要均匀分布，且将小头在外，大头在内，以防拉出。

（二）转角砌法

砖墙的转角处，为了保证各皮间竖向缝相互错开，必须在外墙角处砌七分头砖。当采用一顺一丁组砌时，七分头砖的顺面方向依次砌顺砖，丁面方向依次砌丁砖，如一砖墙（240mm）的一顺一丁转角砌法见图 4-26。

当采用梅花丁组砌时，在外角仅砌一块七分头砖，七分头砖的顺面相邻砌丁砖，丁面相邻则砌顺砖。图 4-27 是一砖墙转角处采用梅花丁砌的示意图。

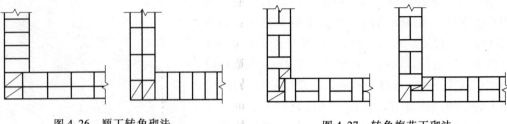

图 4-26　顺丁转角砌法　　　　图 4-27　转角梅花丁砌法

（三）交接处砌筑法

在纵墙和横墙相交的地方，砌筑砖墙时，应用一顺一丁的砌筑方法。砌筑时，应分皮相互砌通，内角相交处竖缝应错开 1/4 砖长，并在横墙端头加砌七分头砖，如图 4-28 所示。

而在墙的十字交接处，也应分皮相互砌通，交接处的竖缝相互错开 1/4，如图 4-29 所示是一砖墙一顺一丁的砌法。

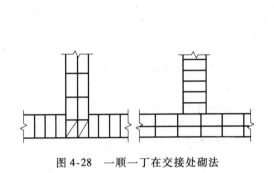

图 4-28　一顺一丁在交接处砌法　　　　图 4-29　一顺一丁在十字交接处砌法

三、空斗墙的砌法

空斗墙砌筑有一眠一斗、一眠二斗、一眠多斗等砌筑形式。凡是垂直于墙面的平砌砖称为眠砖，垂直于墙面的侧砌砖称为丁砖，大面向外平行于墙面的侧砌砖称为斗砖。

在砌筑空斗墙时，所有的斗砖或眠砖上下皮均要将缝错开，每间隔一斗砖时，必须砌1～2块，丁砖墙面严禁有竖向通缝。

（一）一般要求

砌空斗墙时，必须是双面挂线，如果在一道墙上多个人同时使用一根通线施工，中间应设多个支点，小线要拉紧，使水平灰缝均匀一致、平直通顺。

空斗墙宜采用满刀灰砌法。在有眠空斗墙中，眠砖层与丁砖接触处，除两端外，其余部分不应填塞砂浆，如图 4-30 所示。该示意是一眠两斗空斗墙不宜填砂浆的部位。

空斗砖墙砌体施工时，下列部位应砌成实砌体和用实心砖砌：

（1）墙的转角处和交接处。

（2）室内地坪以下的所有砌体，室内地坪和楼板面上 3 皮砖部分。

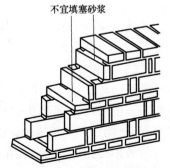

图 4-30　不宜填砂浆示意图

（3）三层房屋外墙底层窗台标高以下部分。

（4）圈梁、楼板、檩条和搁栅等支承面下的 2～4 皮砖的通长部分。

（5）梁和屋架支承处按设计要求的实砌部分。

（6）壁柱和洞口两侧 240mm 范围内。

（7）屋檐和山墙压顶下的 2 皮砖部分。

（8）楼梯间的墙、防火墙、挑檐以及烟道和管道较多的墙。

（9）作填充墙时，与框架拉结筋的连接处、预埋件处。

（10）门窗过梁支承处应用实心砖砌筑。

（二）空斗墙转角及丁字处砌法

空斗墙转角处砌法见图 4-31。

空斗墙丁字交接处砌法如图 4-32 所示。

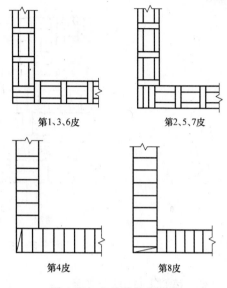

图 4-31　空斗墙转角砌法

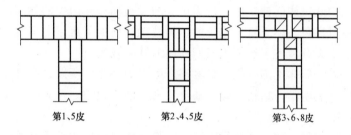

图 4-32　空斗墙丁字交接处砌法

（三）空斗墙附有砖垛砌法

砌筑空斗墙附砖垛时，必须使砖垛与墙体每皮砖相互搭接，并在砖垛处将空斗墙砌成实心砌体。图 4-33 所示是空斗墙附 125mm×365mm 砖垛砌法。附 250mm×365mm 砖垛砌法见图 4-34。

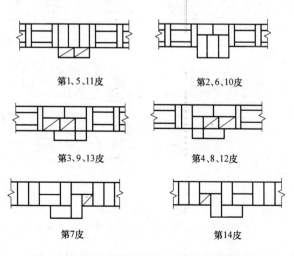

图 4-33　空斗墙附 125mm×365mm 砖垛砌法

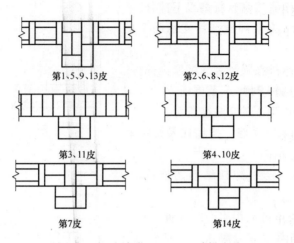

第1、5、9、13皮　　　　　　　第2、6、8、12皮

第3、11皮　　　　　　　第4、10皮

第7皮　　　　　　　第14皮

图 4-34　空斗墙附 250×365 砖垛砌法

四、檐口及山尖砌法

在有些地方或少数民族的建筑中，最为讲究的就是檐口和山尖的装饰性砌筑。它不但反映了当地的民族建筑特色，还丰富了建筑的结构层次，增加了房屋的可观性和艺术性，具有显著的防火功能，也充分展现了当地工匠们高超的施工技艺。

封檐和封山，由于砖体逐渐外挑，最容易产生下倾现象，所以，在进行封檐和封山砌砖的过程中，一定要方法科学、搭接正确、啮合紧密、砂浆饱满。

（一）檐口砌筑

檐口砌砖的形式多种多样，各地均不统一，但是檐口的形式基本有圆弧檐、棱形檐、齿形檐、连珠檐，如图 4-35 所示。

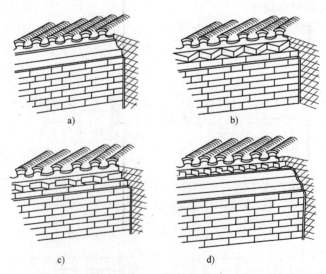

a)　　　　　　　　　　　b)

c)　　　　　　　　　　　d)

图 4-35　檐口形式
a）圆弧檐　b）棱形檐　c）齿形檐　d）连珠檐

在砌筑檐口前，一是先算出砖檐的挑出宽度，确定每层外挑的尺寸。对于有装饰图案的

檐口，则根据砖檐挑出宽度和总高度先做出大样，砌筑时则依大样的顺序进行砌筑。为了保证坡屋面有一定向下的弧面，所以檐口稍微高些属于正常。这就是工匠们常说的"俏砌山、冒叠檐"。

为了保证檐口的砌砖质量，施工中则应注意如下事项：

（1）砌砖前必须根据所砌檐口的形式进行排砖，如果出现有非整砖时，应通过调整灰缝处理。

（2）砌筑檐口挂线时，同其他砌砖相反，通线应挂在出檐砖的底棱，因为檐口是以出檐砖的底面平齐为标准的。

（3）所用灰浆必须有一定的黏度，最好采用麻刀灰。砖应提前浇水湿润，以水渗入砖内 15mm 为宜，不得随用随浇水湿润。

（4）砌筑时先将出檐砖坐浆砌牢，然后补齐后口砖，再用砖块压住出檐砖的后半部分，防止出檐砖下垂，如图 4-36 所示。在进行后口处理时，一定要用左手按稳出檐砖，防止后口处理时把出檐砖向外挤移。

（5）砌檐口砖时应用满刀灰法将灰浆满铺在砌筑面上，所有竖向灰缝应全部为满缝。

（6）出檐砖砌有二皮以后，不得用瓦刀或铲刀敲砖来调整平直度。

（二）山尖的砌法

对于山墙山尖的砌法主要有两种：一是封檐和封山相结合，另一种是只封山不封檐。封山的形式是千姿百态，各有千秋，如图 4-37 是河北农村的山墙，这种结构可有效地防止寒风的侵入。

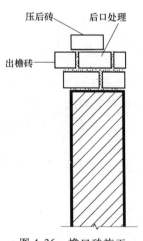

图 4-36　檐口砖施工

图 4-37　封山的形式

封山也是墙面装饰的一种形式，既要保证山尖不得向外倾斜，也要保证美观好看。所以，在封山时，对于挑出的砖和薄方砖就要进行加工处理。加工时，一要把砖面加工成所需的样式，如圆弧状、曲花形、凹面形等，二要把砖磨平磨直，保证砖面质量。挑砖砌筑的形式也同封檐时的檐口形式相同。

（三）山墙墙顶处理

坡层顶房屋的山墙在墙顶的三角形部位称山尖。山墙砌至檐口标高后就要向上收砌山尖。

砌山尖的方法：皮数杆立在山墙中心，通过屋脊顶和左右挂斜线，收砌山尖时以斜线为准。

山尖墙上安完檩条后开始封山。封山分为平封山和高封山。平封是能在山墙处看到屋面的分边瓦；高封山是封山的山尖高出了屋面。山尖顶面形式也是多种多样，常用的有尖山式、圆山式、琵琶式、铙钹式等，各地均应结合当地的建筑风格去选定。

平封山前应检查山尖是否对中，房屋两端的山尖是否对称布局。符合要求后，按已安放好的檩条上皮拉斜面线找平，将封山顶坡使用的砖砍成楔形，再砌成斜坡，抹灰找平。

高封山是山墙高于屋面的构造形式，高封山有人字形及阶梯平顶形，江南的马头墙就是阶梯平顶这种形式。

高封山的砌法：根据图样要求高出屋面的尺寸，在脊檩端头钉一根挂线杆，自高封山顶部标高向前后撞头顶拉线，并且注意斜线的坡度与层面坡度一致。向上收砌斜坡时，要与檐口处的墀头交圈。如果高封山高出屋面较多，应在封山内侧200mm高处，向屋面一侧挑出一道60mm的滴水檐。高封山砌完后，在墙顶上砌一层或两层压顶面檐砖，最后抹灰。

对于不封檐的山墙，就要砌筑墀头，俗称拔檐，是指山墙在前后檐口标高处挑出的檐子。如河南等地所用的鹅脖式墀头，如图4-38所示。这种砌法必须先将墀头用放大样的方法在地面将砖按样磨好，在背面编上顺序号。砌砖时先砌内侧砖，后砌外口砖，并且要使灰缝外侧稍厚，内侧稍薄，避免出檐倾斜。

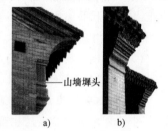

——山墙墀头

a)　　　　b)

图4-38　山墙墀头

a) 黄河北做法　b) 江南等地做法

第四节　砌石墙体施工技术

在当前的山区和临河较近的乡村，许多以石为房的建筑分布在全国各地，形成了具有特色的"石建筑"。如西藏地区的石碉房、云南白族民居的卵石墙体等就别具一格。

石砌体砌筑前，应清理基础顶面。在基础顶面上弹出墙体中心线及边线；在墙体两端立起皮数杆，在两皮数杆之间拉准线，依准线进行砌筑。

对于石砌体中的水平灰缝，一般要求在新一层砌筑前凿去已凝固的浮浆，并进行清扫、冲洗，使新旧砌体结合紧密。

一、毛石砌体砌筑

（一）砌筑毛石墙体的要点

毛石墙一般采用交错砌法，灰缝不规则。外观要求整齐的墙面，其外皮石材可适当加工。毛石墙的转角应用料石或经过修整的平毛石砌筑，墙角部分纵横宽度至少为800mm。毛石墙砌筑时，要掌握"错、拉、槎、稳、满"的操作要点。

1. 错

就是错缝搭接，砌清水石墙或混水石墙，都必须双面挂线。里外搭脚手架，两面有人同时操作，如图4-39所示。砌筑时，如外皮砌一块长块石，里皮则应砌一块短块石；下层砌的如是短块石，上层应砌长块石，以便确保毛石墙的里外皮和上下层石块都互相错缝搭接，成为一个整体。石块要大小搭配，大面平放，外露面平齐，斜口朝内，逐块坐浆卧砌，内外搭接。不准外面侧砌立石，墙中间不得砌放铲口石、斧刃石等，如图 4-40 所示。

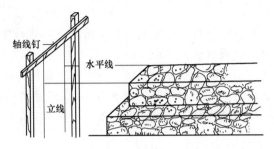

图 4-39　砌石挂线示意

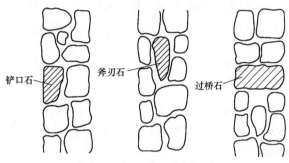

图 4-40　墙中的有害异形石

在转角处，应采用直角边的石料，将其角边砌在墙角一面，根据长短形状纵横搭接砌入墙体内，如图 4-41 所示。

图 4-42 是丁字接头处的砌法，这时要选用较为平整的长方形石块，长短纵横砌入墙内，使其在纵横中上下皮能相互搭配。

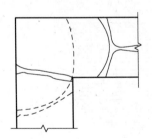

图 4-41　毛石转角砌法

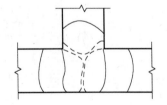

图 4-42　毛石墙丁字接头处砌法

2. 拉

相互拉结，通过砌筑拉结石将里外皮的毛石拉结成整体。拉结石应均匀分布，相互错开，一般每 0.7m² 墙面至少设置一块，且同皮内的中距不大于 2m。

拉结石的长度应结合墙体厚度确定，当墙厚小于或等于 400mm 时，拉结石长同墙宽；墙厚大于 400mm，可用两块拉结石内外搭接，搭接长度不小于 150mm，且其中一块长度不得小于墙体厚度的 2/3。

3. 槎

砌筑时留槎，即要给上层毛石砌筑留出适宜的槎口。槎口应保证对接平整，上下层毛石严密咬槎，既达到墙面组砌灰缝美观，又提高砌体的强度。留槎时不准出现重缝、三角缝和硬蹬槎。

4. 稳

砌筑时，加小石片垫是确保毛石墙稳定的重要措施之一。垫石片时，一定要垫在毛石的外口处，并且要使石片上下粘满灰浆，不准干垫。

砌筑的毛石墙不仅要保证每块毛石安放稳定，而且在上层压力作用下还要增强下层毛石的稳定。因此，砌筑时必须做到"下口清，上口平"。下口清是指砌上墙的石块需加工出整齐的边棱，砌成后保证外口灰缝均匀，内口灰缝严密。上口平是指所留槎口里外要平，以便砌筑上层毛石。

要想达到稳，就必须要平。毛石墙每砌1.2m高必须找平一次。也就是当将要砌至找平高度时，要注意选石，到找平面时应使上面大致水平，而不可用砂浆或者是小石块来找平。

到达墙顶时，应注意选石，石块不宜太小，大小要基本相同。如有高出的应加以修凿，使其顶面大致平整。

毛石墙每天砌筑的高度不得超过1.2m。

5. 满

灰缝饱满。毛石砌体应采用铺浆法砌筑，每铺一段砂浆就砌一段毛石。严禁石块间直接接触。灰缝宽度控制在20~30mm，大的石缝应先填砂浆后塞石片或碎石块嵌实。

（二）砖、石交接砌法

毛石墙和砖墙相接的转角处和交接处应同时砌筑。转角处应自纵墙或横墙每隔4~6皮砖引出不小于120mm与横墙或纵墙相接，如图4-43所示。交接处应自纵墙每隔4~6皮砖引出不小于120mm与横墙相连，如图4-44所示。

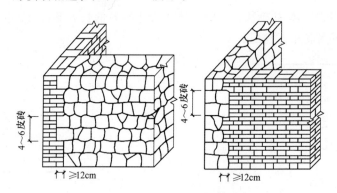

图4-43 砖、石墙转角处砌法

二、料石墙体砌筑

（一）料石墙组砌形式

料石墙的立面组砌形式有全顺、丁顺叠砌和丁顺组砌。

全顺，当墙厚等于料石宽度时采用全顺砌法。砌筑时，每皮均为顺石，上下皮竖缝相互错开1/2~1/3的料石长度。

丁顺叠砌，当墙厚高于料石的全长时适用该种方法，在有的地方又称井架式砌法。砌筑时，上下两皮料石一皮丁砌一皮顺砌，先丁后顺，两皮互成90°交角叠砌，上下皮竖缝错开

图 4-44 毛石墙丁字处砌法

长度不小于 1/2 的料石长度。

丁顺组砌，当墙厚等于或大于两块料石宽度时，适用丁顺组砌。砌筑时，同皮内 1～3 块顺石与一块丁石相隔砌成，上皮丁石要砌在下皮顺石的中部，并且丁石中距不大于 2m，上下皮竖缝错开长度不小于 1/2 的料石长度。

（二）备料

料石墙宜用细料石、半细料石、粗料石或毛料石与水泥砂浆或水泥混合砂浆砌筑。料石的宽度、厚度均不宜小于 200mm，长度不宜大于厚度的 4 倍。料石强度等级应不低于 MU15，砂浆强度等级应不低地于 M2.5。

砂浆的稠度应符合下面要求：在干热的天气条件下，如用水泥砂浆或混合砂浆时，稠度应在 10～20mm；阴冷天气条件下，稠度为 0～10mm。

（三）料石墙的砌筑方法

料石墙宜采用铺灰挤砌法进行砌筑。

料石墙砌筑前，在基础顶面上弹出墙身中心线及两侧边线；在墙向两端或转角处立皮数杆，皮数杆上应注明门窗洞口位置线，两皮数杆之间拉准线，依准线进行砌筑。

料石墙宜从转角处或交接处开始砌筑，再依准线砌中间部分。临时间断处砌成斜槎，斜槎长度应不小于斜槎高度。

料石墙砌筑前，必须先进行试排石，保证料石墙上下错缝搭砌。并且料石墙的第一皮及每个楼层的最上一皮应丁砌。

料石墙的灰缝厚度，应按料石的种类确定：细料石墙不宜大于 5mm，半细料石墙不宜大于 10mm，粗料石墙和毛料石墙不宜大于 20mm。砌筑料石墙时，砂浆铺设厚度应略高于规定灰缝厚度，其高出厚度：细料石、半细料石宜为 3～5mm；粗料石、毛料石宜为 6～8mm。

向墙上放置料石时，应先将料石的里口放下，再慢慢移动就位，校正垂直及水平，就位正确后，清除外挤的砂浆并向竖缝中灌浆。

砌筑料石墙时，要正确使用垫片，确保料石放置平衡，具体方法是：将要砌的料石放在砌筑位置上，根据料石的平整情况和对砂浆的要求，在料石的四角用 4 块石片垫平，这四块石片叫做主垫片；将料石搬开，满铺砂浆，铺浆时要保持砂浆厚度高出垫片 3～5mm；砌上刚搬开的料石，并用手锤轻轻敲击，使料石平稳、牢固，将料石挤出的砂浆清理干净；沿料石的长度和宽度方向每隔150mm左右加垫一块支承料石的石片，这些石片叫做副垫片；副垫片要伸入料石边10~15mm，以便墙面勾缝。

在料石和砖的组合墙中，料石墙和砖墙应同时砌筑，并每隔2~3皮料石层用丁砌层与砖墙拉结砌合，丁砌料石的长度应与组合墙厚度相同。

料石墙下列部位不得设置脚手眼：料石清水墙，石墙的门窗洞口两侧300mm和转角处600mm范围内。

（四）石拱砌法

平拱及圆拱石拱，均应按照设计要求放大样，并按其尺寸进行料石加工。加工时，料石应加工成上宽下窄的形状，块数为单数，并以中心对称，所砌拱厚与墙厚等同，如图4-45所示。

平拱两端部的石块，在拱脚处坡度以60°为宜。拱石高度为两皮料石的高度。拱脚处斜面应修整加工，使其与拱石相吻合。圆拱的石块应进行细加工，各接触面均应吻合严密。

石拱施工前应先支胎模，砌筑时从两边拱脚开始向拱顶围砌，以免引起拱顶位移。在中间合拢时，中心石应紧紧插砌，不能有任何松动。

圆拱拱座应从墙身开始留槎。砌筑时，首先在拱座上满铺砂浆，将第一皮料石放置

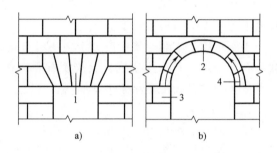

图4-45 石拱砌法
a) 石平拱 b) 石圆拱
1—锁石 2—拱冠石 3—拱座 4—砌筑方向

平稳，然后逐层砌筑。灰缝砂浆必须饱满密实。灰缝厚度应为5mm，砂浆的强度等级不应低于M10。

当拱砌的砂浆抗压强度达到设计强度等级的70%以上时，方可拆除拱架胎模。

第五节　小型空心砌块的砌筑

根据低碳环保的要求，在乡村农房建筑中推广采用新型的墙体材料，具有深远的意义。混凝土小砌块是逐渐代替黏土实心砖的墙体材料。它包括普通、承重、非承重砌块，普通砌块分为单排孔砌块和多排孔砌块两种。

一、材料质量要求

（一）砌块规格

普通混凝土小型空心砌块按其强度等级分为：MU5.0、MU7.5、MU10.0、MU15.0、MU20.0。

普通混凝土小型空心砌块的主规格尺寸有390mm×190mm×190mm（见图4-46）。辅助规格尺寸有290mm×190mm×190mm；190mm×190mm×190mm等。最小外壁厚应不小于30mm，最小肋厚应不小于25mm。

普通混凝土小型空心砌块按其尺寸允许偏差、外观质量分为三个等级：优等品、一等品

和合格品。

（二）砌筑砂浆

砌筑混凝土小型空心砌块所使用的砌筑砂浆强度等级分为 M15、M10、M7.5、M5。其材料配合比一般是以水泥、中砂、石灰膏、外加剂等材料配制。

（1）水泥。一般应用普通硅酸盐水泥或矿渣硅酸盐水泥，其强度等级应为 32.5。

（2）砂。应选用中砂，其含泥量不应超过 5%。

（3）石灰膏。石灰膏的熟化时间不应少于 7 天，不得采用脱水硬化的石灰膏。

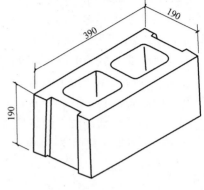

图 4-46　混凝土小型空心砌块

（4）芯柱混凝土。灌注芯柱混凝土的混凝土强度等级不应小于 C20，并不应低于 1.5 倍的块体强度。灌孔混凝土应采用高流动性、低收缩的细石混凝土。

当用于灌注 190mm 厚砌块的芯柱混凝土，所用粗骨料粒径为 5～15mm；用于灌注 240mm 厚砌块的芯柱混凝土，所用粗骨料粒径为 5～25mm。

（5）参考配合比。空心砌块灌孔用混凝土参考配合比应符合表 4-1 的规定。

表 4-1　空心砌块灌孔用混凝土参考配合比

混凝土强度等级	水泥强度等级	配合比					
		水泥	粉煤灰	砂	碎石	外加剂	水灰比
C20	42.5	1	0.18	2.63	3.63	加	0.48
C25	42.5	1	0.18	2.08	3.00	加	0.45
C30	42.5	1	0.18	1.66	2.49	加	0.42

二、混凝土小型空心砌块砌体的构造

（一）各类型基土，墙体所用材料的最低强度等级

在农村地面以下或防潮层以下的砌体、潮湿房间的墙、所用的混凝土砌块、水泥砂浆的最低强度等级应符合下列规定：

稍潮湿的基土：混凝土砌块为 MU7.5；水泥砂浆为 M5。

很潮湿的基土：混凝土砌块为 MU7.5；水泥砂浆为 M7.5。

含水饱和的基土：混凝土砌块为 MU10；水泥砂浆为 M10。

（二）C20 混凝土灌实砌体孔洞的部位

在墙体的下列部位，应采用 C20 混凝土灌实砌体的孔洞：

（1）底层室内地面以下或防潮层以下的砌体。

（2）无圈梁的檩条和钢筋混凝土楼板支承面下的第一皮砌体。

（3）未设置混凝土垫块的屋架、梁等构件支承处，灌实宽度不应小于 600mm，高度不应小于 600mm 的砌块。

（4）挑梁支承面下，其支承部位的内外墙交接处，纵横各浇灌 3 个孔洞，灌实高度不小于三皮砌块。

（三）跨度及其他构造

（1）当跨度大于 4.2m 的梁，其支承面下应设置混凝土或钢筋混凝土垫块。当墙中设有圈梁时，垫块宜与圈梁浇成整体。

当大梁跨度不小于 4.8m，且墙厚为 190mm 时，其支承处应加设壁柱。

（2）空心砌块墙与后砌隔墙交接处，应沿墙高每 400mm 在水平灰缝内设置不少于 2φ4 拉结筋，横筋间距不大于 200mm 的焊接钢筋网片，如图 4-47 所示。

（3）墙体的个别部位不能满足强度或抗裂要求时，应在灰缝中设置拉结筋或钢筋网片，但竖向通缝仍不得超过两皮小砌块，见图 4-48。

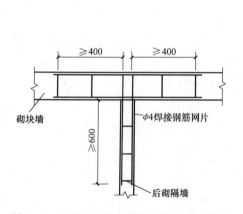

图 4-47　砌块墙与后砌隔墙交接处钢筋网片

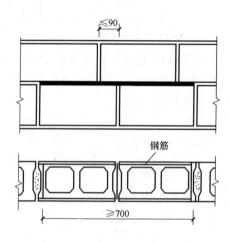

图 4-48　钢筋网片的设置

（4）预制钢筋混凝土板在墙上或圈梁上支承长度不应小于 80mm；当支承长度不足时，应采取有效的锚固措施。

（5）混凝土小砌块房屋纵横交接处，距离墙中心线每边不小于 300mm 范围内的孔洞，应采用不低于 C20 的混凝土浇灌密实，灌实的高度应与墙身高度相同。

（6）山墙处的壁柱，宜砌至山墙顶部；檩条应与山墙锚固。

（四）夹心墙及夹心墙叶墙间构造

砌筑混凝土砌块夹心墙时，应符合下列规定：

（1）砌筑夹心墙混凝土小砌块的强度等级不应低于 MU10。

（2）所砌夹心墙的夹层厚度不宜大于 100mm。

（3）夹心墙叶墙的内外叶墙应采用经防腐处理的拉结件或钢筋网片连接。当采用环形拉结件时，钢筋直径不应小于 4mm；当为 Z 形拉结件时，钢筋直径不应小于 6mm。拉结件应按梅花形布置，对有防震要求的拉结件的水平和竖向最大间距分别不宜大于 800mm 和 400mm。

（4）当采用钢筋网片做拉结件时，网片横向钢筋的直径不应小于 4mm，其间距不应大于 400mm；网片的竖向间距不宜大于 600mm，对有振动或有抗震设防要求时，竖向间距不宜大于 400mm。

拉结件在叶墙上的伸入长度，不应小于叶墙厚度的 2/3，并不应小于 60mm。

门窗洞口两侧 300mm 范围内应附加间距不大于 400mm 的拉结件。

（五）抗裂措施

为防止裂缝的产生，空心砌块房屋顶层墙体可根据具体情况采取下防裂缝措施：

（1）采用装配式有檩体系钢筋混凝土屋盖和瓦材屋盖。

（2）当顶层屋面板下设置现浇钢筋混凝土圈梁并沿内外墙拉通时，圈梁高度不宜小于190mm，纵向钢筋不应小于4ϕ12。房屋两端圈梁下的墙体内应设置水平筋。

（3）顶层挑梁末端下墙体灰缝内，设置不少于2ϕ4纵向焊接钢筋网片和钢筋间距不大于200mm的横向焊接钢筋网片。钢筋网片应自挑梁末端伸入两边墙体不小于1m，如图4-49所示。

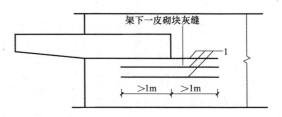

图 4-49 顶层挑梁末端钢筋网片

（4）顶层墙体门窗洞口过梁上砌体每皮水平灰缝内设置2ϕ4焊接钢筋网片，并应伸入过梁两端墙内不小于600mm。

（5）加强顶层芯柱或构造柱与墙体的拉结，拉结钢筋网片的竖向间距不宜大于400mm，伸入墙体长度不宜小于1000mm。

当顶层房屋两端第一、二开间的内纵墙长度大于3m时，在墙中应加设钢筋混凝土芯柱，并设置横向水平钢筋网片。

顶层横墙在窗口高度中部宜加设3~4道钢筋网片。

（6）房屋山墙可采取设置水平钢筋网片或在山墙中增设钢筋混凝土芯柱或构造柱。在山墙内设置水平钢筋网片时，其间距不宜大于400mm，在山墙内增设钢筋混凝土芯柱或构造柱时，其间距不宜大于3m。

（7）为防止房屋底层墙体裂缝，可根据情况采取下列技术措施：

增加基础和圈梁刚度；基础部分砌块墙体在砌块孔洞中用C20混凝土灌实；底层窗台下墙体设置通长钢筋网片，竖向间距不大于400mm；底层窗台采用现浇钢筋混凝土窗台板，窗台板伸入窗间墙内不小于600mm。

（8）对出现在小砌块房屋顶层两端和底层第一、二开间门窗洞口的裂缝，可采取下列措施进行控制：

在门窗洞口两侧不少于一个孔洞中设置不小于1ϕ12钢筋，钢筋应与楼层圈梁或基础锚固，并采用不低于C20灌孔混凝土灌实；在门窗洞孔两边的墙体水平灰缝中，设置长度不小于900mm、竖向间距为400mm的2ϕ4焊接钢筋网片；在顶层和底层设置通长钢筋混凝土窗台梁时，纵筋不少于4ϕ10，钢箍为ϕ6@200，混凝土强度等级不低于C20。

（六）圈梁、过梁、芯柱和构造柱

（1）为加强房屋的抗震能力，钢筋混凝土圈梁应按如下规定设置：

多层房屋或比较空旷的单层房屋，应在基础部位设置一道现浇圈梁；当房屋建筑在软弱地基或不均匀地基上时，圈梁刚度则应加强；比较空旷的单层房屋，当檐口高度为4~5m时，应设置一道圈梁；当檐口高度大于5m时，宜适当增设；当为多层房屋时，应按表4-2的规定设置圈梁。

表 4-2　多层民用房屋圈梁设置要求

圈梁位置	圈梁设置要求
沿外墙	屋盖处必须设置,楼盖处隔层设置
沿内横墙	屋盖处必须设置,间距不大于 7m 楼盖处隔层设置,间距不大于 15m
沿内纵墙	屋盖处必须设置 楼盖处:房屋总进深小于 10m 者,可不设置; 　　　　房屋总进深等于或大于 10m 者,宜隔层设置

（2）圈梁应符合下列构造要求：

圈梁宜连续地设在同一水平面上，并形成封闭状；当不能在同一水平面上闭合时，应增设附加圈梁，其搭接长度不应小于两倍圈梁的垂直距离，且不应少于 1m。

圈梁截面高度不应小于 200mm，纵向钢筋不应少于 4ϕ10，箍筋间距不应大于 300mm，混凝土强度等级不应低于 C20。

圈梁兼作过梁时，过梁部分的钢筋应按计算用量单独配置。

挑梁与圈梁相遇时，宜整体现浇；当采用预制挑梁时，应采取适当措施，保证挑梁、圈梁和芯柱的整体连接。

屋盖处圈梁宜采用现浇施工工艺。

（3）墙体的下列部位应设置芯柱：

在外墙转角、楼梯间四角的纵横墙交接处的三个孔洞，应设置素混凝土芯柱。

钢筋混凝土芯柱每孔内插竖筋不应小于 2ϕ12，底部应伸入室内地坪下 500mm 或与基础圈梁锚固，顶部应与屋盖圈梁锚固，如图 4-50 所示。

芯柱截面尺寸不宜小于 120mm × 120mm，应采用不低于 C20 的细石混凝土灌实。

芯柱应沿房屋全高贯通，并与各层圈梁整体现浇，如图 4-51 所示。

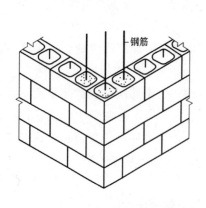

图 4-50　空心砌块墙的芯柱

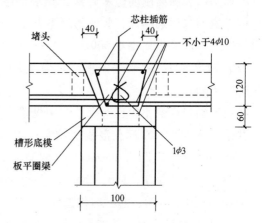

图 4-51　芯柱贯穿楼板的构造

在钢筋混凝土芯柱处，沿墙高每隔 400mm 应设 ϕ4 钢筋网片拉结，每边伸入墙体不应小于 600mm。

（4）采用小砌块的房屋，应在外墙四角、楼梯间四角的纵横墙交接处设置构造柱。

构造柱最小截面尺寸宜为 190mm × 190mm，纵向钢筋宜采用 4ϕ12，箍筋间距不宜大于 250mm。

构造柱与砌块连接处宜砌成马牙槎，并应沿墙高每隔 400mm 设置焊接钢筋网片，钢筋网片的纵向钢筋不应少于 2ϕ4，横筋间距不应大于 200mm，网片伸入墙体不应小于 600mm。

如果构造柱与圈梁连接，构造柱的纵筋应穿过圈梁且应上下贯通。

三、混凝土小型空心砌块的砌筑

（一）墙体砌筑

1. 墙体放线

施工前，应将基础面或楼层结构面按标高找平，并放出一皮砌块的轴线、砌体边线、洞口线等。放线结束后还应进行复线。并在房屋四周等处设置皮数杆，皮数杆间距不宜超过 15m，相对两皮数杆之间拉准线，依准线砌筑。

2. 放线及设皮数杆

砌块排列按砌块规格在墙体范围内分块定尺、划线。排列砌块时应从基础面开始。外墙转角及纵横墙交接处，应将砌块分皮咬槎、对孔错缝搭砌。

3. 砌块的湿润

普通混凝土小型砌块不宜浇水湿润；在天气干燥炎热的情况下，可提前洒水湿润，小砌块表面有浮水或受潮时，必须干燥后方可使用。

4. 砌筑

墙体砌筑应从房屋外墙转角定位处开始，砌一皮、校正一皮，拉线控制砌体标高和墙面平整度。

在基础顶面和楼面圈梁顶面，砌筑第一皮砌块时，砂浆应满铺。小砌块或带保温夹芯层的小砌块均应底面向上进行反砌。

小砌块墙内不得混砌黏土砖或其他墙体材料。

小砌块砌筑形式应每皮顺砌，上下皮小砌块应对孔，竖缝应相互错开 1/2 主规格小砌块长度。

砌筑小砌块的砂浆应随铺随砌，砌体灰缝应横平竖直。水平灰缝宜采用坐浆法满铺小砌块全部壁肋或多排孔小砌块的底面；竖向灰缝应采取满铺端面法，即将小砌块端面朝上铺满砂浆再上墙挤紧，然后加浆插捣密实。饱满度均不宜低于 90%，水平灰缝厚度和竖向灰缝宽度宜为 10mm，但不得小于 8mm，也不得大于 12mm。墙面必须用原浆做勾缝处理。缺灰处应补浆压实，并宜做成凹缝，凹进墙面 2mm。

实心砌块墙的转角处，应使纵墙和横墙的砌块隔皮相互搭接。丁字接槎处应使横墙的隔皮露头，纵墙加砌一孔半的辅助砌块，如没有辅助砌块时则应采用 3 孔的砌块，露头的砌块应用水泥砂浆抹平，如图 4-52 所示。

小砌块内外墙和纵横墙必须同时砌筑并相互交错搭接。临时间断处应砌成斜槎，斜槎水平投影长度不应小于斜槎高度。严禁留直槎，如图 4-53 所示。

小砌块墙体孔洞中需充填隔热隔声材料时，应砌一皮填一皮。并应填满，不得捣实。

砌筑带保温夹芯层的小砌块墙体时，应将保温夹芯层一侧靠置室外，并应对孔错位。左右相邻小砌块中的保温夹芯层应互相衔接，上下保温夹芯层之间的水平灰缝处应砌入同质保

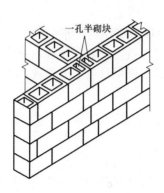
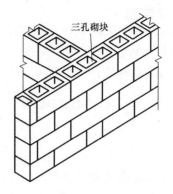

图 4-52　空心砌块丁字接槎

温材料。

正常施工条件下，小砌块墙体日砌筑高度宜控制在 1.4m 或一步脚手架高度内。

房屋顶层内粉刷必须待钢筋混凝土平屋面保温层、隔热层施工完成后进行；对钢筋混凝土坡屋面，应在屋面工程完工后进行。房屋外墙抹灰必须待屋面工程全部完工后进行。墙面设有钢丝网的部位，应先用有机胶拌制的水泥浆或界面剂等材料满铺后，方可进行抹灰施工。

抹灰前墙面不宜洒水。天气炎热干燥时可在操作前 1~2 小时适度喷水。墙面抹灰应分层进行，总厚度应为 18~20mm。

图 4-53　砌块墙的留槎

（二）芯柱施工

芯柱施工应按设计图样并符合下列规定：

每层每根芯柱柱脚应采用竖砌单孔 U 型、双孔 E 型或 L 型小砌块留设清扫口。

灌筑芯柱的混凝土应采用坍落度为 70~80mm 的细石混凝土。灌注芯柱前，应先浇筑 50mm 厚的水泥砂浆，水泥砂浆应与芯柱混凝土成分相同。芯柱混凝土必须待砌体砂浆抗压强度达到 1MPa 时方可浇灌，并应定量浇灌。

浇筑芯柱混凝土时必须按连续浇灌、分层捣实的原则进行操作，一直浇筑至离该芯柱最上一皮小砌块顶面 50mm 止，不得留施工缝。分层厚度在 300~500mm。振捣时宜选用微型插入式振动棒。

芯柱钢筋应采用带肋钢筋，并从上向下穿入芯柱孔洞，通过清扫口与基础圈梁、层间圈梁伸出的插筋绑扎搭接。搭接长度应为钢筋直径的 45 倍。

每层墙体砌筑到要求标高后，应及时清扫芯柱孔洞内壁及芯柱孔道内掉落的砂浆等杂物。

（三）构造柱施工

墙体与构造柱连接处应砌成马牙槎。从每层柱脚开始，先退后进，形成 100mm 宽、

200mm 高的凹凸槎口。柱脚间应采用 2φ6 的拉结筋拉结、间距为 400mm，每边伸入墙内长度应为 1000mm 或伸至洞口边。

构造柱混凝土保护层应为 20mm，且不应小于 15mm。混凝土坍落度应为 50～70mm。

浇灌构造柱混凝土前应清除落地灰等杂物并将模板浇水湿润，然后先注入与混凝土成分相同的 50mm 厚水泥砂浆，再分层浇灌、振捣混凝土，直至完成。

第六节　混凝土圈梁与构造柱的施工

钢筋混凝土具有良好的抗震性、抗裂性。所以，为了保证砖砌体的抗裂性能和防震能力，增加砌体的强度和稳定性，需在墙体中配制相应的钢筋混凝土构件，这就是平常所说的砖混结构。在砖墙砌体中配制钢筋，主要有墙体上设置的圈梁、构造柱等构件。这些构件，与砖墙体连成了一个整体。

一、砖墙圈梁

圈梁是砖混结构中的一种钢筋混凝土结构，有的地方又称墙体腰箍，它可以提高房屋的空间刚度和整体性，增加墙体的稳定性，避免和减少由于地基的不均匀沉降而引起的墙体开裂。

圈梁是沿外墙、内纵墙和主要横墙设置的处于同一水平面内的连续封闭形结构梁。如图 4-54 所示为某一圈梁的配筋。

圈梁设在 +0.000 以下的称为地圈梁，如图 4-55 所示，图样上常用 DQL 来表示，凡是承重墙的下边均应设置地圈梁。装配式混凝土楼群层、屋盖的砖房、砌块房，在抗震设防区，应在安装楼板的下边沿承重外墙的周围、内纵墙和内横墙上，设置水平闭合的层间圈梁和屋盖圈梁，图样上常用 QL 来表示。如果圈梁设在门窗洞口的上部，兼作门窗过梁时，则应按图 4-56 所示进行施工。如果圈梁被门窗或其他洞口切断不能封闭时，则应在洞口上部设置附加圈梁，附加圈梁与墙的搭接长度应大于圈梁之间的 2 倍垂直间距，并不得少于 1m，如图 4-57 所示。

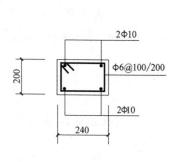

图 4-54　某一圈梁的配筋示意

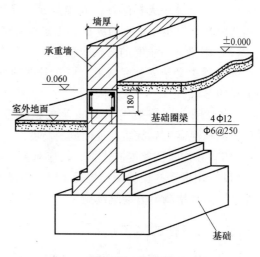

图 4-55　地圈梁

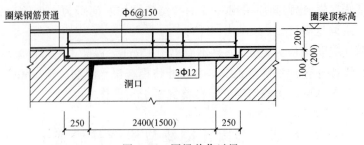

图 4-56　圈梁兼作过梁

圈梁骨架的安装应按下面要求进行：

（1）圈梁施工前，必须对所砌墙体的标高进行复测，当有误差时，应用细石混凝土进行找平。

（2）圈梁钢筋骨架一般是待模板安装完毕后进行。圈梁骨架一般在墙体上进行绑扎，有的为了赶施工进度，常在场外预先进行绑扎，或者委托钢筋加工单位进行加工。当采用预先绑扎和加工的骨架，可先进行编号组装。有构造柱时，则应在构造柱处进行绑扎。

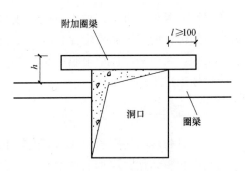

图 4-57　附加圈梁设置

当在模内进行绑扎圈梁骨架时，应按箍筋间距的要求在模板侧划上间距线，然后装主筋穿入箍筋内，箍筋开口处，应沿上面主筋的受力方向左右错开，不得将箍筋的开口放在同一侧。

（3）圈梁钢筋应交圈绑扎，形成封闭状，在内墙交接处，大角转角处的锚固长度应符合设计图样或图集的要求。

（4）圈梁与构造柱的交接处，圈梁的主筋应放在构造柱的内侧，锚入柱内的长度应符合图样或图集的要求。

（5）圈梁钢筋的搭接长度，对于Ⅰ级钢筋的搭接长度不少于$30d$；Ⅱ级钢筋不少于$35d$，搭接位置应相互错开。这里的d，是圈梁主筋的直径。

（6）当墙体中无构造柱，圈梁骨架又是预先加工的，这时，在墙体的转角处，还应加设构造附筋，把相互垂直的纵横向骨架连成整体。

（7）圈梁下边主筋的弯钩应朝上，上边的主筋弯钩应朝下。

（8）圈梁骨架安装完成后，应在骨架的下边垫放钢筋保护层垫块，垫块的厚度应符合保护层的要求。

（9）圈梁模板一般用 300mm 宽的钢模板或木模板，但其上面应和圈梁的高度相持平，这样，浇筑混凝土后就能保证圈梁的高度。

（10）在浇筑圈梁混凝土前，均应对模板和墙顶面浇水湿润。

（11）用振动棒振捣圈梁混凝土时，振动棒应顺圈梁主筋斜向振捣，不得振动模板。当有漏浆时必须堵漏后方能继续施工。

二、构造柱的施工

圈梁是在水平方向将墙体连为整体，而构造柱则是从竖向角度加强墙体的连接，与圈梁一起构成空间骨架，提高房屋的整体刚度，约束墙体裂纹的开展，从而增加房屋承受地震作用的能力。

构造柱一般在墙的转角或丁字接槎、楼梯间转角等处设置，贯通整个房屋高度，并与地梁、圈梁连成一体，如图 4-58 所示。

构造柱的钢筋绑扎应按下面要求进行：

（1）在构造柱的地方，一般是先砌砖墙，后浇筑混凝土。砌筑砖墙时，应留成马牙槎，留槎时应采用先退后进的方式。另外，每砌 500mm（一般是 8 皮砖）应在每层的灰缝中放置 2 根 6～8mm 钢筋作为拉结筋，每边长度为 1m，如图 4-59 所示。

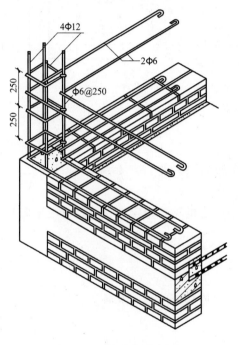

图 4-58 构造柱示意图

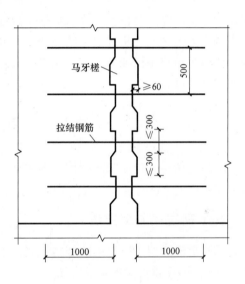

图 4-59 构造柱马牙槎

（2）绑扎构造柱骨架时，先将箍筋的开口相互错开后套入构造柱插筋的上边。再在主筋上画出箍筋间距的位置，然后立起绑扎。

也可以预先绑扎，绑扎时先将两根主筋平放在绑扎架上，除去主筋与下部钢筋连接的长度外，依次在主筋上画出箍筋的位置。

但是，在画箍筋间距时，在柱脚、柱顶或和圈梁交接的部位，应按抗震设防的要求加密箍筋。加密的高度不得小于 500mm，箍筋加密后的间距一般为 100mm。

（3）将箍筋的开口位置相互错开后套入主筋上，并按主筋上所画箍筋的位置摆布均匀。绑扎时，为了防止骨架变形，应采用十字扣或套扣的方式进行绑扎。

（4）骨架安装后再安装构造柱模板。模板必须与墙贴合紧密，安装牢固，防止胀模及漏浆。

（5）为了保证新浇筑混凝土能与下层混凝土紧密结合，一是在柱的底部留出清扫口；二是在浇筑混凝土前先在柱的底部浇筑 50mm 的水泥砂浆。

（6）浇筑构造柱混凝土应分段浇筑，每层厚度不得大于 600mm。振捣时，振动棒应尽量靠近内墙振捣，振动棒头不得与模板接触。

三、钢筋混凝土过梁

当门窗洞口较大或洞口上部有集中荷载时，就要采用钢筋混凝土过梁。对农村而言，一般采用预制装配过梁，当然有条件的情况下，也可采用现浇钢筋混凝土过梁。混凝土预制过梁的宽度应和墙体厚度相同或是略小些，高度及配筋应符合标准图集或设计要求。从方便施工的角度出发，过梁的高度应按60mm的整倍数确定。过梁在洞口两侧伸入墙体支座的长度，应不小于240mm。

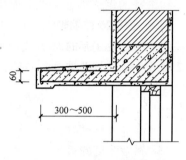

图4-60　过梁与遮阳板

为配合立面装饰、简化构造、节约材料，常将过梁与圈梁、悬挑雨篷、窗楣板或遮阳板等结合起来。如在炎热多雨的南方地区，常从过梁上挑出300～500mm宽的窗楣板，既保护窗户不受雨淋，又可遮挡部分直射的太阳光，如图4-60所示。

第七节　拱形砌筑施工技术

拱形结构是一种曲线形结构，因为这种结构具有一定的整体稳定性，所以，在建筑工程上应用较多。

一、砖过梁施工方法

前边已经介绍了砖过梁的结构形式。下面介绍一下砖过梁的施工方法。

（一）砖平拱过梁的砌筑方法

1. 砌拱脚

砌筑平砖过梁时，一般是将墙砖砌至门窗洞口止，再开始砌拱脚。砌筑拱脚前，应事先根据拱脚的斜度将砖砍好。砌筑第一皮拱脚时，砖应从洞口边向里退20mm，以后按砍好的斜面砖依次上砌。如果砖拱为240mm应倾斜50mm，如图4-61所示。

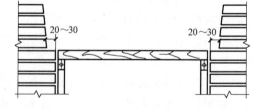

图4-61　拱脚砌法

2. 支胎板

当拱脚砌好后，即可支设胎板。支胎板时，可用砖块、立柱进行支撑，也可在洞口的上部两边的砖缝中打入圆钉，将模板放在钉子上。胎板上应满铺湿砂一层，中部的厚度为20mm，并向两边逐渐减薄至6mm，使平拱中部有1%的拱高。

3. 砌砖

砌砖前应进行试排，保证砖过梁用砖必须为单数，并要确定灰缝的大小，保证过梁呈上大下小的梯形状。

砌筑时应自两边拱脚处同时向中间砌筑，灰缝底部宽度不得小于 5mm，顶部宽度为 15mm。

砌筑时可采用挂灰法，灰条应挂在砖的两边，中间留出灌缝间距。待砖砌结束后，可用 1:3 水泥稀砂浆进行灌缝，直到不再沉降为止，保证灰缝饱满。

当砂浆达到设计强度的 70%（灰块有顶手的感觉）时方可拆除下部胎板。

（二）弧拱砖过梁砌筑法

弧拱砖过梁在有的地方称为弧券，这种过梁的形状有扇形、半圆和鸡心状。

弧形砖过梁与平拱过梁的砌筑方法完全相同，拱砖的数量也是单数。灰缝为射线状，每道灰缝与弧形券胎板对应点的切线相垂直。拱顶的灰缝应控制在 15~20mm，拱底的灰缝为 5~8mm。

砌筑清水弧形拱时，首先对所用砖进行加工，磨制成楔形砖，使灰缝上下均在 10mm 左右。当遇到大跨度的弧形砖过梁时，应采用一券一伏法进行砌筑。第一层砌筑完毕后，应进行灌浆，然后再平砌一层丁砖，丁砖层上再砌一层拱砖，但是应保证丁砖上下的拱砖竖向灰缝错开，如图 4-62 所示。

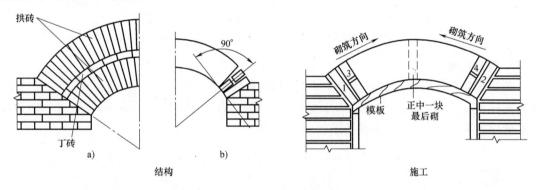

图 4-62 砖砌弧形券及施工

a）弧形券构造示意 b）砖的中心要垂直于胎面

二、砖筒拱砌施工技术

1. 筒拱构造

在有些地区，受到预制楼板资源的限制，常用砖筒拱来做屋盖结构。这种筒拱结构适用于跨度为 3.0~3.6m，高跨比为 1/5~1/8 的房屋结构。筒拱厚度为 1/2 砖。

筒拱的外墙，在拱脚处应设置钢筋混凝土圈梁，圈梁上应有与拱脚斜度相吻合的斜面，也可以在拱脚处外墙中设置钢筋砖圈梁，配筋最少应为 3φ8，并要在拱脚下面 500mm 处的墙体上设置钢筋拉杆，砌筑砂浆应为 M5，如图 4-63 所示。

砌筑筒拱内墙时，拱脚处墙体应用丁砖层挑出 4 皮砖，两边拱体从挑层上台阶处砌起，砂浆的强度等级不得小于 M5，如图 4-64 所示。

如果房间开间较大，中间又无内墙时，屋盖筒拱可支承在钢筋混凝土梁上，梁的两侧应设斜面，拱体从斜面处砌筑，如图 4-65 所示。

如果楼层采用筒拱结构时，它与屋盖筒拱的结构基本相同，多采用在墙内设置钢筋混凝土圈梁以支承拱体，如图 4-66 所示。

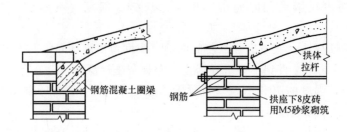

图 4-63　筒拱屋盖外墙构造

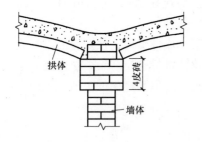

图 4-64　拱与砖台阶的结合

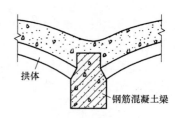

图 4-65　混凝土拱座

2. 胎模的支设

砖筒拱没有砌筑前，必须先依据筒拱结构的各部分尺寸放样制作胎模。胎模板一般长度不得超过 1m，但也不能小于 600mm，其宽度应比开间的内净尺寸少 100mm，并且胎模的起拱高度应超高拱跨的 1%。胎模的形状见图 4-67。

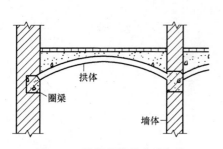

图 4-66　楼层筒拱的支承方式

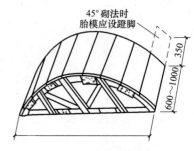

图 4-67　胎模的形状

支设胎模一般有两种方法，最为简单的是采用横担的方法，另一种是采用立柱的支承方法。

采用横担方法时，先在拱脚下 5 皮砖的墙体上，每隔 1m 左右放一横担于墙体孔中，横担下加斜撑，横担上放木梁，拱模支于木梁上，拱模下垫放木楔，如图 4-68 所示。

采用立柱支承方法时，沿纵墙各立一排柱杆，柱杆上边钉木梁，立柱用斜撑作为稳定支撑。拱模支于木梁上，拱模下边垫木楔，如图 4-69 所示。

3. 砖筒拱砌筑方法

砖筒拱施工时，拱脚上面 4 皮砖和拱脚下面 6~7 皮砖的墙体砂浆强度必须达到设计强度的 50% 以上时，方可砌筑筒拱。

砌筑筒拱时，应自拱脚两侧同时向拱冠砌筑，最后交接处的中间一块砖必须塞紧。

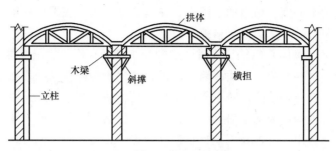

图 4-68　横担支承胎模

当采用顺砖砌筑法时，砖块沿筒拱的纵向排列，横向砖缝相互错开 1/2 砖长。

采用丁砖砌筑时，砖块应沿筒拱跨度方向排列，纵向砖缝相互错开 1/2 砖长。这种砌筑方法在临时间断处不必留槎，只要砌筑完一圈即可，以后接槎。

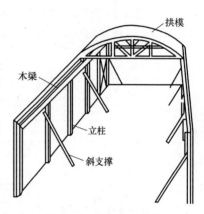

图 4-69　立柱支承胎模

另外还有一种退槎砌筑法，也就是常说的八字槎砌法。采用这种方法时，由一端向另一端退着砌，这样形成两边长、中间短的八字槎。砌到另一端时，再填砌余槎缺口，在中间合拢。这种砌筑方法接头较为平整，咬槎严密，整体性好。

不论采用哪种方法，拱座斜面都应与筒拱轴线垂直，筒拱的纵向缝应与拱的断面垂直。拱体砖缝应全部用砂浆灌满，拱底砖缝宽度应为 5 ~ 8mm。

筒拱的纵向两端，一般不应砌入墙内，其两端与墙面接触的缝隙应用砂浆灌实。

多跨连续筒拱的相邻各跨，如果不能同时砌筑，则应采用一定措施来抵消横向的推力，以保证施工安全。

第八节　墙面的抹灰与涂饰

对墙面进行装饰装修，是改善居住环境的一种技术手段，也是墙体构造不可缺少的一部分。它不但可以改善和提高墙体的使用功能、保护延长墙体的耐久年限，而且还能起到美化建筑环境、提高艺术效果的作用。

墙面装饰分外墙装饰和内墙装饰两种。

按装修材料和施工方法的不同，墙面装修一般分为抹灰、贴面、涂刷、裱糊等。

一、墙面抹灰

（一）抹灰层做法

所谓抹灰，就是把装修砂浆用抹子抹到墙面上。所用的砂浆主要有水泥砂浆、水泥混合砂浆或水泥石碴砂浆等。抹灰饰面是一种传统的墙面装修做法，其优点就是材料来源广泛，施工操作简单，饰面效果较佳。但是，抹灰时由于受到墙体的含水影响、砂浆的性能和施工操作等因素影响，墙面会产生龟裂、空鼓等质量缺陷。

为了保证抹灰的平整度、粘结的牢固性，在构造上采用了底层、中间层和面层的分层做法，并且还要对抹灰层的厚度加以严格控制。

底层主要与基层（墙体）粘结，同时还起到初步找平作用。底层厚度一般为 5~10mm。底层所用灰浆视基层材料而定：普通砖墙采用混合砂浆，室内有的采用石灰砂浆；对混凝土基层采用水泥砂浆或者混合砂浆；对于采用土坯的黏土墙，则用黏土泥浆。

中间层主要起找平作用和承下启上的结合作用，所用材料同底层，厚度一般为7~8mm。

面层主要起装饰作用，要求表面平整、色泽均匀、无裂纹等，既可做成光滑细腻的质感表面，也可做成粗糙仿真的立体墙面。

（二）抹灰砂浆与配合比

（1）水泥砂浆用料配合比可参考表 4-3 中的数据。

表 4-3　水泥砂浆用料配合比

体积配合比		1:1	1:2	1:2.5	1:3	1:3.5	1:4
材料	单位	每立方米砂浆数量					
32.5 级水泥	kg	812	517	438	379	335	300
天然净砂	kg	999	1305	1387	1448	1494	1530
水	kg	360	350	350	350	340	340

（2）石灰砂浆配合比可参考表 4-4 的数据。

表 4-4　常用石灰砂浆配合比参考值

体积配合比		1:1	1:2	1:2.5	1:3	1:3.5
材料	单位	每立方米砂浆数量				
生石灰	kg	399	274	235	207	184
石灰膏	m³	0.64	0.44	0.38	0.23	0.30
天然净砂	kg	1047	1247	1035	1351	1363
水	kg	460	380	360	350	360

（3）常用混合砂浆配合比可参考表 4-5 中的数据。

表 4-5　常用混合砂浆配合比

体积配合比		1:0.3:3	1:0.5:4	1:1:2	1:1:4	1:1:6
材料	单位	每立方米砂浆数量				
32.5 级水泥	kg	361	282	397	261	195
石灰膏	m³	0.09	0.12	0.33	0.22	0.18
天然净砂	kg	1270	1331	1039	1275	1275
水	kg	350	350	390	360	340

（三）外墙面的抹灰

这里所说的外墙面，是指墙面不再粘贴外墙砖时的墙面抹灰。如果需要粘贴外墙砖时，则应将最后一道面层灰表面搓毛。

1. 附属工程完成

外墙抹灰前，屋面防水或者屋盖挂瓦已全部结束。门窗安装已合格，门窗框与墙体间的缝隙已用 1:3 水泥砂浆分层嵌填密实。

2. 墙面处理

抹灰前，先将基层表面的灰尘、污垢、油渍等清除干净。对于光滑的混凝土基层，则应将其表面剔毛，或用水泥细浆掺界面剂进行毛化处理；脚手架留孔和施工洞口已堵砌完毕。然后用水冲洗墙面，使水分渗入墙内 10～20mm。

3. 挂线、抹灰饼

由于外墙面的跨度大，墙身高，所以在抹底层灰时，首先要在四个大角挂上下垂直的通线，并在大角的两侧和阳台、窗台两侧弹出抹灰的控制线。完毕后，在墙面上部拉水平准线，依据灰层的厚度抹四个大角的灰饼，再按这灰饼的厚度吊垂线做下边四角的灰饼。上下四角的灰饼做完后，沿墙每隔 1.5m 做上下两排灰饼。再根据这些灰饼拉竖向线，补做竖向灰饼。横竖向灰饼完工后，沿灰饼做纵横向标筋。灰饼与标筋均用 1:3 水泥砂抹就，标筋的宽度为 50mm。

4. 底层与中间抹灰

在砖墙面上抹底层灰与中间层灰时，一般采用 1:3 水泥砂浆或 1:0.5:4 水泥混合砂浆。抹灰前，先在基面刷一道界面剂，然后在标筋间抹 5～7mm 的薄浆层，再分层抹中间层。抹灰时应高于标筋，然后用刮尺由上向下沿标筋刮平，用木抹子搓抹平整，再用扫帚将表面扫毛。

5. 分格弹线

为了防止外墙面抹灰层裂缝产生，最好是分格后抹灰。

分格弹线时，应按图集或设计的尺寸进行。弹竖向分格线时要弹在分格条的上侧，横向分格线要弹在分格条的右侧。

分格用的分格条应为软质木材所做，宽度一般为 10mm，并且应提前一天将分格条浸泡在水池中。粘贴分格条时，先在分格条上抹一道素水泥浆，粘在相应的分格线边。粘好的分格条经用直尺校正其平整度后，再在分格条的一侧抹上八字形的水泥素浆，待水泥浆吸水后再抹另一面。但是要注意，如果抹当天灰时，分格条两侧八字斜面应抹成 45°，如图 4-70a 所示；如为隔夜时，两侧要抹成 60°，如图 4-70b 所示。但在抹八字斜面时，对水平分格条则要先抹下面，然后抹上面。

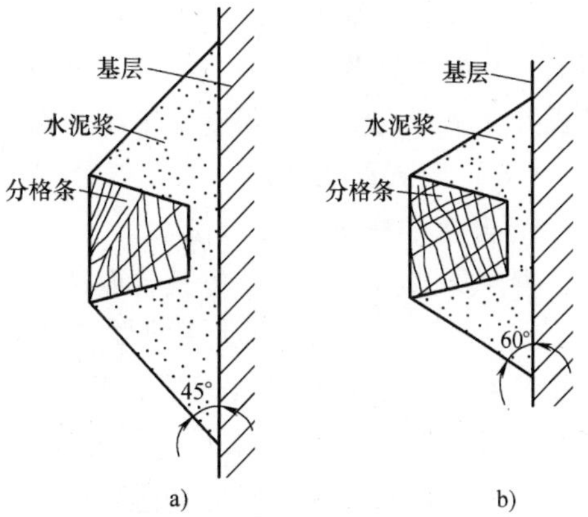

6. 抹面层灰

在做外墙面层抹灰时，要用 1:2.5 水泥砂浆。

图 4-70 分格条抹灰角度

抹灰前，应对中间层洒水湿润。面层抹灰层应控制在 5～7mm 间，并要分遍抹成。抹灰后，先用刮尺刮平，紧接着用木抹子搓平，再用钢抹子初压一遍，灰层稍干后，用软毛刷蘸水按同一方向轻刷一遍，以保证颜色统一。砂将终凝前，用钢抹子压实压光。

面层抹好后，应及时将分格条取出，并用素水泥膏将分格缝勾压平整。

7. 养护

抹灰完成24h后，应浇水养护，养护时间一般不少于7天。

（四）门窗口的处理

1. 洞口的抹灰

当抹灰到门窗口时，在门窗口的侧面上安放木板尺，用卡箍卡牢，并用吊垂的方法使木板尺外棱垂直并与另侧墙面所贴灰饼在同一平面内。

木板尺垂直找平后，在另一侧面的墙面上抹出50mm宽的水泥砂浆带，用刮板搭在木板尺上将水泥砂浆带刮平，并用木抹子搓平。

拆下木板尺，将上面余浆刮除，然后将其放在已抹好的水泥砂浆带上，用上面同样方法抹门窗口侧面的护角灰，宽度为50mm，或者将门窗侧口全部用水泥砂浆抹面。

处理门窗洞口时，可将打底和罩面一次分层完成，并用钢抹子进行收光处理，最后用阳角抹子将护角捋光。

2. 滴水的做法

为了防止雨水顺着门窗上口的底面流淌，应对室外墙面的门窗口上部做滴水来防止这种现象。

滴水的形式主要有滴水线和滴水槽及凸尖式，如图4-71所示。

滴水线是在抹好的上口20~30mm处刻画一道与墙面的平行线，然后用护角抹子用

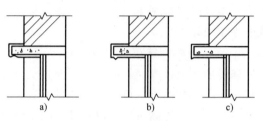

图4-71 滴水形式
a）滴水槽 b）滴水线 c）凸尖式

1:2水泥细砂浆，依木板尺捋出一道凸出于底面的半圆形线条。

滴水槽是在抹上口底面层灰浆前，在底部的底灰层上，距边口20~30mm处粘一10mm的铝槽，然后再抹面层灰，这样就形成了一道凹面防水槽。

凸尖式有的地方也称鹰嘴式，这种形式是在边口的下边做成凸出的圆弧状。它是在抹好的上口底面趁砂浆初凝后，用木板尺放于下口的底面，并且木板尺外棱向下低8mm左右，形成外高里低的形状。用卡箍卡牢，然后抹正面砂浆。

（五）附属面的抹灰

1. 窗台的抹灰

窗台抹灰前，一定要将其台面清理干净。在窗台下沿平放一根木板尺，找平卡紧后在台面上刷一道素水泥浆，然后用1:2.5水泥砂浆抹灰。抹灰时先铺一层打底砂浆，用木抹子摊平，稍后，可在其上做罩面层，并用木抹子搓平。等到砂浆表面吸水无指印时，可用钢抹子进行压实收光。在抹灰操作时，各棱角要做成钝角状，抹灰层应伸进窗框下坎的间隙中并要填满嵌实，如图4-72所示。

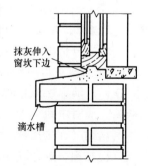

抹灰伸入窗坎下边

滴水槽

图4-72 窗台抹灰

砂浆吸水后取下木板尺，将其安放于抹好的窗台上口卡紧，找平后再抹窗口下沿墙体护角灰。

2. 踢脚线

按照墙裙或踢脚板的高度挂线，将线上的灰浆层剔除整齐，然后刷一道聚合物水泥砂浆，立即抹1:3水泥砂浆，厚约5~7mm，

随之抹中层灰浆 5mm，表面刮平搓毛。待中层灰有六成干时，用 1:2.5 水泥砂浆抹罩面灰，木抹子压光，上口用靠尺切割平齐。

3. 石墙面抹灰

由于石材与砂浆的粘结力要比砖墙小，毛石墙表面平整误差又比砖墙大，所以，石墙抹灰需要处理底层。处理前应结合石材吸水率低的特点，采用刷水的方法进行表面湿润，晾晒一下后，抹结合层，结合层可采用 10%～20% 水重量的水泥 108 胶，也可采用 10%～15% 水重量的乳液，拌和成聚合物砂浆，然后用笤帚蘸灰浆，垂直于墙面方向甩粘到墙面上，厚度应控制在 3mm，不能产生漏甩。待结合层有一定强度后，开始做找平层。做找平层时，应先从比较低的地方分块分层找平，每层厚度不得超过 12mm。然后再按上面做法进行抹底灰和罩面灰。

二、装饰抹灰的做法

墙面的装饰抹灰根据灰浆的材料不同，做法也不相同。下面是农村建房常用的墙面抹灰做法，可供参考。各地应结合当地的地理环境和条件，以及当地的做法去施工。

（一）水刷石面层

水刷石所用的彩色石碴应清洗洁净，统一配料，干拌均匀。

1. 基层处理

由于水刷石抹灰的厚度要比一般抹灰的厚度大，所以一定要对基层处理好。

对于砖墙基体的底层和中间层，都要采用 1:3 水泥砂浆进行抹灰操作。

为了防止水刷石面层收缩裂缝，避免施工接槎，均要做分格处理。在分格时要弹出分格线条，分格条同外墙抹灰的相同。按分格条的弹线将分格条粘贴到墙面上，并在条的两侧抹成 45°角的八字形面。

2. 抹水泥石浆

待中间层砂浆有七分干时可进行水刷石面层抹灰，如果中间层较干，应在已浇水湿润的中层砂浆面层上刮一道 1mm 厚水泥浆随即抹面层水泥石粒浆。水泥石粒浆的厚度一般为石子粒径的 2.5 倍。水泥石粒浆的配合比应根据石子粒径来确定。一般 6mm 的石粒，配合比为 1:2.5。

抹水泥石浆，应随抹随用钢抹子压实压平，待稍收水后再用钢抹子将露出的石子尖棱轻轻拍平，使面层表面平整密实。用刷子蘸水刷去表面浮浆后再拍平压实，重复 2 遍后可使石粒大面朝外，表面排列紧密均匀。

每抹一个分格后，要用直尺检查其平整度，不平之处则应随时补平。

3. 喷刷面浆

当面层泥浆用手指轻按无指印时，开始喷刷浆面。喷刷时，用刷子蘸水从上面向下刷，也可采用喷雾器随喷随用刷子刷冲下的面浆。喷刷时，喷水的压力要均匀，喷头距离墙面在 150mm 左右，直至石粒外露清晰可见，石粒外露以不超过 2mm 为宜，并应防止喷刷时玷污墙面。

喷刷后，应随即取出分格条，并用刷子对着条缝刷光理直，用灰浆将条缝修直补平。

（二）斩假石面层

斩假石面层的基底处理可采用水刷石的处理方法，但是斩假石的中间层抹灰时，应用

1:2水泥砂浆，做面层时用1:1.2左右水泥石粒浆，厚度一般为12mm。

斩假石面层所用的彩色石料应洁净，并统一配料，干拌均匀；应在已浇水湿润的中层砂浆上刷一道水灰比为0.4左右的水泥浆；然后薄薄地抹一层石粒浆，待收水后，再抹一层比分格条稍高的石粒浆，用刮尺刮平收水后再用木抹子压实搓平。

面层完成后，应防止日晒或冻害，罩面24h后进行浇水养护。

斩剁前必须进行试剁，以石子不脱落为准。斩剁时，应先弹出间距约100mm的顺线，并要洒水湿润墙面。

斩剁时，斩斧要锋利，持斧要端正，用力要一致，刀刃要平直。斩石时，应先斩剁转角和四周边缘，后斩中间墙面。在墙角、柱子等边棱处，宜横剁出边条或留出窄小边条不剁。

（三）干粘石面层

干粘石面层所用的彩色石料应统一配料，一般采用粒径为4mm或6mm的小八厘或中八厘的彩石，并且要洁净、干拌均匀。

中层砂浆表面应先用水湿润，并刷一道水灰比为0.40~0.50水泥浆，随即涂抹水泥砂浆或聚合物水泥砂浆粘结层；粘结层的厚度一般应为4~6mm，砂浆稠度不应大于80mm，将粒径为4~6mm的石粒粘在粘结层上，随即用辊子或抹子压平压实，石粒嵌入砂浆的深度不得小于粒径的1/2；并应保证水泥砂浆或聚合物砂浆在粘结层硬化期间的湿润。

（四）假面砖面层

假面砖所用的彩色砂浆，应先统一配料，干拌均匀过筛后，方可加水搅拌；假面砖的面层砂浆涂抹后，先按面砖尺寸分格划线，再划沟、划纹。沟纹间距、深浅应一致，接缝应平直。

三、墙面的涂饰

涂饰于墙体表面能与基体材料很好地粘结并形成完整而坚韧保护膜的物料，称为涂料。涂料与油漆是同一概念。墙面涂饰就是采用现代涂料对墙面进行刷涂或进行彩绘的装饰活动。

农村房屋的面层装饰多种形式，而采用建筑涂料来装饰墙面，则显得丰富多彩，从外观上给人以清新、典雅和明快之感，同时还可获得建筑艺术的理想效果。

（一）建筑涂料的选择

建筑涂料是一种使用广泛的饰面材料。房屋的装饰效果主要是由质感、线型和色彩决定的，而线型主要由建筑结构及饰面方法所决定，质感和色彩则是涂料装饰效果的基本因素。

选择建筑涂料时，主要根据下面三种情况来选取：

1. 按装饰部位

对于外墙面，由于长期处在风吹、日晒、雨淋之中，所用的涂料必须有足够的耐水性、耐老化、耐污染等，才能保证有较好的装饰效果和耐久性。对于内墙，则应选择耐干擦和湿擦的耐用性能的涂料，并且要色泽明快、无污染的产品。

2. 按结构材料

如混凝土、水泥砂浆和石灰砂浆等无机硅酸盐基底，所用的涂料必须有较好的耐碱性。

3. 按所处环境

所处环境是选择涂料的关键性因素。如南方地区，所用的涂料就要有较好的耐水性和防霉性；严寒北方所用的涂料应具有耐冻融性。

（二）涂饰工程的基层处理

新建建筑物的混凝土或抹灰基层在涂饰涂料前应涂刷抗碱封闭底漆。

涂料工程基体或基层的含水率，当混凝土和抹灰表面施涂溶剂型涂料时，含水率不得大于8%，施涂乳液和水性涂料时，含水率不得大于10%。

施涂溶剂型涂料时，后一遍涂料必须在前一遍涂料干燥后进行；施涂乳液和水性涂料时，后一遍涂料必须在前一遍涂料表干后进行。各层涂料应施涂均匀、结合牢固。

（三）混凝土和抹灰表面的施涂

（1）施涂前应将基体或基层的缺棱掉角处，用1:3的水泥砂浆或聚合物水泥砂浆修补，表面麻面及缝隙应用腻子填补齐平。然后用1:1水泥细砂浆内掺界面剂进行基层的毛化处理。再按墙上已弹好的基准线，分别对门口角、墙面等处进行吊垂套方和抹灰饼。

外墙涂料工程，同一墙面应用同一批号的涂料。

（2）混凝土及抹灰室内顶棚表面轻质厚涂料工程按质量要求分普通、中级和高级。其工艺程序为：清扫基底，填补缝隙、磨平；第一遍满刮腻子、磨平；第二遍满刮腻子、磨平；第一遍喷涂厚涂料，第二遍喷涂、局部喷涂。

（3）混凝土及抹灰外墙表面厚涂料工程的主要工序：修补外墙面，清扫干净，填补缝隙或局部刮腻子，磨平，第一遍施涂，第二遍施涂。

（四）面层喷涂、滚涂及弹涂

（1）面层喷涂。检查粘结条的位置是否准确，宽度、深度是否合适。喷枪与喷面应保持垂直状态，喷嘴距喷涂面的距离，以喷涂后不流挂为适宜，一般情况下为500mm。

浮雕涂料的中层骨料喷涂一般一遍成活，两成干时，也可用硬质塑料或橡胶辊沾汽油或二甲苯压平凸点。

料状喷涂时一般为两遍成活，第一遍要喷射均匀，厚度控制在2mm。停1～2h后再喷涂第二遍，总厚度控制在4～5mm。

波状喷涂和花点喷涂应三遍成活，第一遍基层变色即可，涂层不得太厚；第二遍喷至盖住底层颜色，浆水流淌为止；第三遍喷至面层出浆，表面成波状，灰浆饱满，不流坠，颜色一致，总厚度3～4mm。花点喷涂是在波状喷涂的面层上，待其干燥后，根据设计加喷一道花点点，以增加面层的质感。

喷涂仿石涂料时，将空气压缩机的压力稳定在0.6MPa。喷枪嘴应垂直于墙面且距墙面300～500mm，启动气管开关，用高压空气将砂吹到墙上。喷涂要分两步进行：首先快速喷一遍薄附着层，待第一层稍干后再缓慢均匀地喷第二次，喷涂时应使涂层最薄而均匀，不露底，浮点大小基本一致，喷涂总厚度控制在2～3mm。仿石涂层表面应用普通砂纸等工具，磨掉已干透涂层表面的浮砂，将石漆表面有锐角的颗粒磨平30%～50%。喷涂罩面漆一定要在仿石涂料完全干透后进行。罩面漆要薄而均匀地施喷一遍，约60min后则硬化完成。

（2）面层的辊涂。辊涂时，应根据涂料的品种、要求的花饰确定辊子的种类。操作时在辊子上蘸少许涂料，在顶涂墙面上上下垂直来回滚动，滚动的遍数应保证墙面涂料的颜色均匀一致。对于不宜滚到的阴角及上下口等转角和边缘部位，宜采用排笔或其他毛刷刷涂修饰补齐。

（3）面层的弹涂。按照质量比配底色色浆，其配比为：水泥 100，水 90，界面剂适量，颜料应同做样板间时的颜料；白水泥 100，水 80，界面剂适量，颜料同样板间。

按质量比配色点浆，其配比是：水泥 100，水 40，界面剂适量，颜料同样板间所用。然后将浆料、胶混合均匀，倒入水泥中，拌成稀浆。

在分格条粘贴合格后，刷底层色浆。将配制好的色点浆用喷浆器喷涂到已做好的水泥砂浆面层上。

弹花点浆，将配好的色点浆注入筒形弹力器中，然后转动弹力器手柄，将色点浆液甩到底色浆上；弹色点浆时，色点要弹均匀、互相衬托一致，色浆点要近似圆粒状。

弹花点浆完成后，应把弹涂表面压平。压平厚度应控制在 3~5mm，压平前 2m 左右应设控制点，拉控制线，待弹涂色浆收水后，及时用硬辊子上下压平。

（五）美术涂饰

现代人们对墙面的装饰越来越讲究，彩绘就是美术涂饰的一种表现形式。在大理白族房屋的屋檐下、大门口、山墙处、照壁上，彩绘无处不在，图 4-73 就是白族房屋山墙上的彩绘。在江南部分地区，对于彩绘这种美术涂饰也相当普遍。

图 4-73　山墙上的彩绘

第九节　饰面砖的粘贴

建筑饰面砖不但能对墙体进行有效地防护，而且对房屋的外观也增添了不少色彩。

当前，饰面砖的品种越来越多，花色图案让人眼花缭乱。所以建房户应根据墙面要求选择相应的砖类。

一、外墙面砖的粘贴

1. 预排

在粘贴前，应按不同的基层先做样板，确定饰面砖的排列方式、缝隙宽度、勾缝形式及颜色，确定找平层、结合层、粘结层等基础工作。

排砖时应满足下列要求：转角、窗口、大墙面、通高的柱垛等主要部位都要预排整砖，非整块砖要放在不明显处。墙体变形缝处，面砖宜从缝两侧分别排列，留出变形缝。外墙面砖粘贴应设置伸缩缝，竖向伸缩缝宜设置在洞口两侧或墙边、柱边等部位，横向伸缩缝可设在洞口上下或与楼群层对应处。对于女儿墙、窗台、檐口腰线等水平阳角处，顶面砖应压盖立面砖，立面底皮砖应覆盖底平面面砖，并可向下伸出 3~5mm 兼作滴水线。

2. 基层处理

处理基层时，不同的基层应采用不同的方法。对于混凝土基层，应采用水泥细砂掺界面剂进行毛化处理。即先将表面灰浆、尘土、污垢清刷干净，用 10% 烧碱水将板面上的油垢刷掉，随即用清水冲净碱液、晾干。然后用 1:1 水泥细砂浆内掺界面剂，喷到墙面上，其喷点要均匀，毛刺长度不大于 8mm。

如果是光滑基层表面，则应全部凿毛，其深度为 5~15mm。基层不需要抹灰时，对于缺棱掉角和凹凸不平处可先刷掺有界面剂的水泥砂浆，然后用 1:3 水泥砂浆或水泥腻子修补平整。

若为砖基层时，应将墙面残余砂浆清理干净。

基层清理后应浇水湿润，但粘贴前基层含水率以 15%~25% 为宜。一般来讲应在粘贴前一天浇水湿润即可。

3. 冲筋、抹底灰

（1）在房屋的大角、门窗口边等处用线坠测垂直线，并将其作为竖向控制线，把楼层水平线引到外墙作为横向控制线。根据面砖的规格尺寸分层设点、做灰饼。灰饼间距在 1.5m 为宜，阴阳角处要双面排直，同时要找好女儿墙顶、窗台、檐口、腰线、雨篷等饰面的流水坡度和滴水线或滴水槽。

（2）基层表面湿润后，满面刷一道掺胶素水泥浆结合层，然后分层分遍抹 1:3 或 1:2.5 砂浆层。抹第一遍砂浆时砂浆层厚度控制在 5~7mm，第二遍砂浆层厚度 8~12mm。找平层厚度为 20mm 左右，当超过 35mm 应采取加强措施，表面平整度最大允许偏差为 3mm，立面垂直度最大允许偏差为 4mm。

4. 弹线分格

找平层至七成干时，可按照施工样板在其上分段分格弹出控制线并做好标志。外墙砖粘贴时每面除弹纵横线外，每条纵线宜挂铅线，四周全部对线后，再将砖压实固定。

在弹线时，可按密缝和离缝进行粘贴。为了取得装饰效果，在离缝排列中，同一墙面排砖也可采用齐缝排列和错缝排列，如图 4-74 所示。

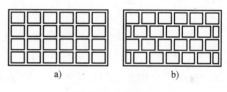

a)　　　　　　　　b)

图 4-74　离缝粘贴
a）齐缝粘贴　b）错缝粘贴

5. 饰面砖的粘贴

（1）将选好的面砖放入净水中浸泡 2h 以上，取出晾干表面水分后方可进行粘贴。

（2）外墙饰面砖应分段从上至下进行，每段内由下向上粘贴。

（3）粘贴时，1:2 水泥砂浆粘结层的厚度为 4~8mm；1:1 水泥砂浆 3~4mm。

（4）粘贴外墙面饰面砖，当室外气温高于 35℃ 时应采取遮挡阳光的措施。

（5）粘结层终凝后可按照样板墙确定的勾缝材料、缝的深度、颜色进行勾缝。饰面砖缝要在一个水平面上，应达到连续、平直、深浅一致，表面压光。

（6）当粘贴的砖分别为三种颜色组合砖时，可采用有序排列或无序两种方式。

（7）在阳角处，两纵横墙上的砖应为整块砖，如对砖不进行加工时，应为纵墙砖压住横墙砖，并且也可采用玫瑰式的粘贴方法，也就是每面砖均以墙角为准线，两砖不相交，墙角凹进。如果采用全包角的方法，砖的长边内侧磨成 45° 角。这样粘贴出来的效果最为理想，如图 4-75 所示。

（8）对于凸出墙面的窗台、腰线等，应按图 4-76 所示的粘贴方法。对于粘贴的正面面砖要向下凸出 3~5mm，底面面砖要留有流水坡度。

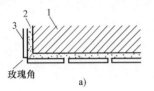
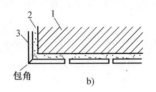

玫瑰角　　　　　　　a)　　　　包角　　　　　　　b)

图 4-75　阳角的粘贴方式

a）玫瑰角　b）全包角

1—基体　2—砂浆　3—面砖

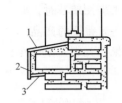

图 4-76　窗台的粘贴

1—压面砖　2—正面砖　3—底面砖

二、陶瓷壁画施工

在农房建筑中，陶瓷壁画多镶嵌在进门的影壁或院内的房屋墙壁之上，并且已成为不可缺少的建筑装饰品。

陶瓷壁画是以陶瓷面砖、陶板、锦砖等为原料而制作的具有较高艺术价值的现代建筑装饰材料，如图 4-77 所示。

在镶嵌壁画施工前，需将房屋墙面用1:3水泥砂浆打底搓平，厚度为 7～8mm，养护 1～2 天。

从包装箱中取出壁画，先在地面进行按序拼图，如果出厂时编有顺序号则应按出厂顺序号镶嵌；如果没有顺序号，应重新排序，并将顺序号写于砖片的背面。

图 4-77　陶瓷壁画

一般情况下，壁画底框边距离地面 1～1.1m。施工时，先用水平管测出壁画框的底边，并弹出墨线。然后根据壁画的长度，由墙中向两边分出壁画的长度线。采用线坠吊出两边垂线，再依壁画的高度，从底边线向上量出上边线。

壁画施工前，应将瓷砖在清水中浸泡 2～3h，然后阴干备用。

胶粘剂应采用水泥浆或 107 胶水泥浆。107 胶水泥浆的配合比为水泥:107 胶:水等于10:0.5:2.6。

镶嵌时必须挂线，应从下向上、由左向右镶嵌。并要求水泥浆饱满、勾缝平实，不得产生空鼓现象。

边框四角的竖向与横向相交的瓷片应裁割成 45°角，裁缝要严密、标准。

第十节　大理石与花岗岩的施工

大理石和花岗岩是建筑装修中常用的一种装饰材料。天然大理石质地坚硬，材质细腻，色调柔和，纹理丰富，光泽艳丽；而花岗岩结构致密，质地坚硬，具有耐候性强，耐久性好，力学强度高等特点，但是价格较高。一般来说，由于这两种材料价格较贵，多用在门口或柱体。但是在沿海地区的农村，由于大理石容易产生褪色、褪光，尽量不要采用。

在选购大理石时，要选择光洁度高，色泽美观，棱角整齐，表面平整，色调纯正，无缺棱掉角、无裂纹的产品。更要注意大理石的色差。另外还要判断是人造大理石还是天然石材。判断的方法，就是在大理石的碎片上滴上几滴稀盐酸，如果不起泡或起泡很弱的则是人造石，而起泡剧烈的是天然石。

一、石材的铺贴

（一）铺石前的基层处理

（1）处理基层时，不同的基层应采用不同的方法。对于混凝土基层，应采用水泥细砂掺界面剂进行毛化处理。毛化处理时应用 1:1 水泥细砂浆内掺界面剂，喷到墙面上，其喷点要均匀，毛刺长度不大于 8mm。

（2）如果是光滑基层表面，则应全部凿毛，其深度为 5～15mm。

基层不需要抹灰时，对于缺棱掉角和凹凸不平处可先刷掺有界面剂的水泥砂浆，然后用 1:3 水泥砂浆或水泥腻子修补平整。

（3）若为砖基层，应将墙面残余砂浆清理干净。

（4）基层清理后应浇水湿润，但粘贴前基层含水率以 15%～25% 为宜。

（二）干挂石材安装

1. 弹线

在墙或柱面上分块弹出水平线和垂直线，并在地面上顺墙柱弹出板材外廓尺寸线，在外廓尺寸线上再弹出每块石材的就位线，每块板间留 1mm 间隙。

2. 网架的固定

在墙面上，根据石材的分块线和石板开槽或打孔位置弹出纵横向钢筋网片位置线。干挂石材应采用墙面预埋铁件的办法。

将钢筋网片焊接在预埋件上，焊接时应焊竖向网片，检查符合要求后，按分块线位置焊接水平网片。水平网片焊接前应根据石板尺寸、挂件位置提前进行打孔，孔一般应大于固定挂件螺栓的 1～2mm，并最好打成椭圆孔，如图 4-78 所示。

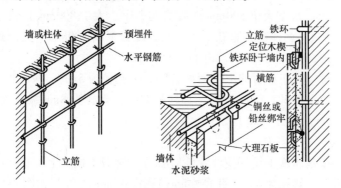

图 4-78　钢筋网片的绑扎

焊接固定完成后，应进行防腐处理，室内钢材刷 2 遍防锈漆，室外焊缝涂刷一遍富锌底漆，干燥后再涂刷防锈漆 1～2 遍。

3. 挂件安装

安装前，应对石板开槽打孔。

（1）短槽式的开槽及安装。将石板临时固定，在石板的上下边各开两个短平槽，长度不应小于100mm，槽深不小于15mm，开槽宽度6~7mm，弧形槽的有效长度不应小于80mm。不锈钢支撑板厚不小于3mm，铝合金支撑板厚度不小于4mm。两挂件间的距离不应大于600mm。两短槽距两端部的距离不应小于石板厚度的3倍，且不应小于85mm，也不得大于180mm。

安装首层短石槽板时，将石板下的槽内抹满环氧树脂专用胶，然后将石板插入。然后顺次调整石板的位置、垂直度，方正后补填石板上槽内环氧树脂专用胶。

将上部的挂件支撑板插入抹胶后的石板槽，并拧紧固定挂件的螺母，用靠尺检查其变形情况。等环氧树脂胶凝固后以同样的方法按石板的编号依次进行石板的安装。

按上述方法进行第二层及以上各层的石板安装。

（2）钢针式打孔与安装。对石板进行打孔，打孔深度为22mm左右，孔径为8mm，孔位距离边端不得小于石板厚度的3倍，也不得大于180mm，钢销钉间距不宜大于600mm。边长不大于1m时每边应设两个销钉，边长大于1m时应复合连接。

安装首层时，先将石板下的孔内抹满环氧树脂胶并插入钢针，然后将石板插入，调整石板合格后，再将石板上孔内抹满环氧树脂胶。将石板上部固定不锈钢舌板的螺母拧紧，将钢针穿过不锈钢舌板孔并插入石板孔底。待环氧树脂胶凝固后以同样方法按石板的编号进行石板块的安装。

首层板安装合格后，按上述方法安装第二层和第二层以上的石板材。

4. 注胶擦缝

注胶前先将石板表面擦干净，在石板的缝隙内放入与缝大小相适应的泡沫棒，使其凹进石板表面3~5mm，并均匀直顺，然后用注胶枪注入耐候胶，使缝隙密实、均匀、干净，颜色一致，接头处光滑。

（三）石板的湿挂安装

1. 钻孔剔槽与穿丝

对于湿挂安装的板材应进行钻孔处理。就是在每块板的上下面钻孔，孔位应距板宽两端的1/4处，每个面各打两个孔，孔径为5~6mm，深度为35~40mm。板宽小于或等于500mm的打直孔2个；板宽大于500mm时打直孔3个；大于800mm的打直孔4个。然后将板材旋转90°，再在板另两侧各打直孔1个，孔位距板下端100mm，孔径孔深同上。上下直孔都要进行剔槽处理，槽深为7mm，如图4-79所示。

对于花岗岩板材，应于板材的上下两面各钻2个孔径为5mm、深度为18mm的直孔，以便连接固定件，并要在板材背面再钻2个135°的斜孔，孔径为8mm，孔深为6mm左右，孔底距板材磨光面9mm，如图4-80所示。

2. 基体上钻孔

板材钻孔后，按基体施工线分块位置临时就位，对应于板材上下直孔的基体位置钻出与板材孔数相等的斜孔，斜孔为45°，孔径6mm，孔深45mm左右，如图4-81所示。

3. 板材安装

基体孔成型后，将板材安装就位。

依据板材与基体相距的孔距，将专用不锈钢Π形钉一端勾进板材的直孔内，并随时用木楔塞紧。另一端勾进基体的斜孔内，并拉直线或用水平尺校正板面的垂直度和平整度，然后固定牢固，如图4-82所示。

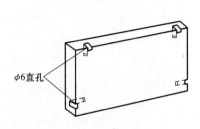

图 4-79　直孔示意图

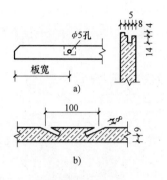

图 4-80　钻孔示意
a）直孔　b）斜孔

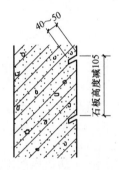

图 4-81　基体上的斜孔

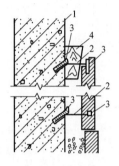

图 4-82　就位固定示意
1—基体　2—Π形钉　3—木楔　4—大头木楔

花岗岩板材安装时，先把金属夹安装在135°的斜孔孔内，用粘结胶固定，并用钢丝网连接牢固，如图4-83所示。

4. 灌浆

灌浆时可用稠度为 80～120mm 的 1:3 水泥浆分层灌入。第一层灌入的高度为板高的 1/3。待第一层稍静1～2h，再灌第二层，其高度应为板材高度的1/2。第三层灌浆只灌到低于板材上口 50mm 止，余量作为上层板材灌浆的接缝。

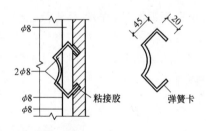

图 4-83　花岗岩固定示意

二、墙体的其他装饰

墙体的装饰除了上边介绍的之外，还有墙体的砖细装饰、墙头装饰、双檐装饰和门口装饰等多种，这是我国建筑的特色之处。

（一）双檐

双檐又称重檐，是在屋檐的门窗上部再建一层屋檐，如图4-84所示。这种双檐在江南和云南大理比较普遍。

从双层屋檐来看，它不但改观了房屋的造型，增加了房屋的装饰效果，而且还具有对门窗的保护功能。

图 4-84　双檐结构实例

现在双檐结构多用钢筋混凝土进行现浇处理，上面也同屋面一样进行铺瓦叠脊。一般伸出的长度不得超出屋面的檐口宽度。

（二）门口的装饰

当前乡村中代步汽车和农用车辆已开始进入农村的千家万户，大门也必须适应这些变化。

同其他建筑一样，大门也有一定的名称，如广亮大门、金柱大门、如意大门、独立式大门等。从门口的形态和装饰上就可以直接反映出当地民居的民族性、艺术性和经济状况。从全国来看，白族门楼建筑不仅富有民族特色，而且在建筑结构技巧上也独具风格。它通常使用泥雕、木雕、大理石屏、石刻、彩绘、凸花砖和青砖等材料组成一座串角飞檐，雄厚稳重的综合性艺术建筑。其造型之优美，结构之严谨，实为乡村建筑之首。许多门扇是由花、鸟、虫、鱼、人物等以及浮雕图案所组成，显得玲珑剔透、精巧优美。所有这些，都充分体现了白族人民具有的较高建筑艺术水平。图 4-85 就是白族大门的建筑实例。

在河南等地区，一般将大门同街房建在一起，形成了缩头门楼的格局，如图 4-86 所示。在门口的墙体装饰上，除了粘贴饰面砖面砖、板外，还在大门上部悬挂各种吉祥如意的刻字石匾。

图 4-85　白族门头装饰

（三）垂鱼的装饰

在山墙的山尖处，不论是封山还是不封山，设有一个向下垂挂的装饰品，这就是山尖悬鱼，有的也称为垂鱼，如图 4-87 所示。

山尖垂鱼实际上是掩映博风板在山尖处交接缝的装饰结构，它所使用的材料一般与博风

图 4-86 门头装饰

悬鱼

图 4-87 山尖垂鱼

板所用材料相同，现在以用瓦质和木质的为多。垂鱼不但有效地对博风板接缝进行了掩饰，也为房屋的整体装饰起到了良好的点缀作用。垂鱼的图案也是多种多样，别具风格，其做法一般以雕刻者为多。

第**五**章

建筑地面施工技术

人们在上面行走的地表面称为建筑地面。它包含有游园地面、广场地面和房屋建筑中的楼面。

建筑地面既是建筑空间的水平分隔构件，同时又是建筑结构的承重构件。结合不同功能的使用要求，建筑地面应具有耐磨、防水、防潮、防滑和易于清扫等特点。并且还要有足够的强度、耐腐蚀性、保温性和具有阻燃性。

第一节 建筑地面的用料做法

随着瓷砖、大理石、木地板、塑料板、地毯等材料的发展，建筑地面的结构类型有多种多样，满足了人们的各种生活和生产需要。

一、地面的类型及构造

（一）地面的类型

地面是依据面层所用的材料来命名的。根据面层所用材料及施工方法的不同，常用地面分为三大类型，即整体面层、板块面层和木、竹面层。

（1）整体面层。包括水泥砂浆面层、细石混凝土面层、水磨石面层等。

（2）板块面层。包括水泥花砖、陶瓷锦砖、人造石板、天然石板、塑料地板、地毡面层等。

（3）木竹面层。包括实木地板面层、实木复合地板面层、中密度强化复合地板面层、竹地板面层等。

（二）地面的做法

1. 整体面层

用现场浇筑的方法做成整片的地面称为整体面层。

（1）水泥砂浆面层。水泥砂浆面层通常是用水泥砂浆抹压而成的，简称水泥面层。它原料供应充足方便、坚固耐磨、造价低且耐水，是目前应用最广泛的一种低档面层做法，其构造如图5-1所示。

（2）水磨石面层。水磨石面层是用大理石或白云石等中等硬度石料的石屑作骨料，以水泥作胶结材料，混拌铺压硬结后，经磨光打蜡而成。其性能与水泥砂浆面层相似，但耐磨性更好、表面光洁、不易起灰。水磨石面层的结构如图5-2所示。

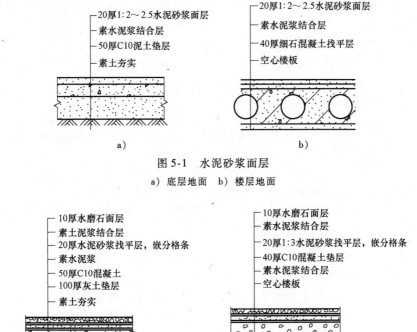

图 5-1　水泥砂浆面层

a）底层地面　b）楼层地面

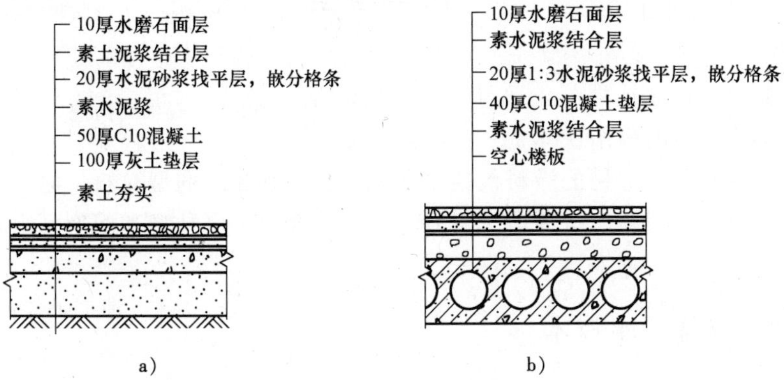

图 5-2　水磨石楼面层结构

a）水磨石地面面层　b）水磨石楼面面层

2. 板块面层

板块类地面是指利用各种块状材料铺贴而成的地面。

（1）砖块地面，是指由普通黏土砖或大方青砖铺砌的地面，大方青砖也系黏土烧制而成，可直接铺在素土夯实的地基上，但为了铺砌方便和易于找平，常用砂做结合层。普通黏土砖可平铺，也可侧铺，砖缝之间用水泥砂浆或石灰砂浆嵌缝。这种地面在经济收入较低的农村房屋建筑中使用较为普遍。

（2）陶瓷板块地面。陶瓷板块有陶瓷锦砖、釉面陶瓷地砖、瓷土无釉砖等。这类地面的特点是表面致密光洁、耐磨、耐腐蚀、吸水率低、不变色。一般适用于客厅、内走道、卧室，以及水用量比较多的房间。但这种地面用拖把拖地后有鱼腥味，并且拖后干燥较慢。

（3）石板地面。石板地面包括天然石地面和人造石地面。天然石板有大理石、花岗石等，质地坚硬、色泽艳丽、美观。是比较高档的地面用材。这种地面适用于客厅、卧室、楼梯间等。

这些石板尺寸较大，一般为 300mm×300mm～600mm×600mm，铺设前应预先试铺，合适后再正式粘贴。表面平整度要求很高，其构造做法是在混凝土垫层上先用 20～30mm 厚 1:3～1:4 干硬性水泥砂浆找平，再用 5～10mm 厚 1:1 水泥砂浆铺贴石板，缝中灌稀水泥浆擦缝。

（4）木地面。木地面是当前卧室最豪华高档的地面用材。木地面的主要特点是有弹性、不起灰、不返潮、易清洁、保温性好，但耐火性差，保养不善时易腐朽，且造价较高。

木地面按构造方式有空铺式和实铺式两种。

空铺木地面。常用于底层地面，其做法是将木地板架空，使地板下有足够的通风空间，以防木地板受潮腐烂。

实铺木地面有铺钉式和粘贴式两种做法。铺钉式实铺木地面有单层和双层做法。另外，还应在踢脚板处设置通风口，使地板下的空气畅通，以保持干燥。粘贴式实铺木地面是将木地面用粘结材料直接粘贴在钢筋混凝土楼板或垫层的砂浆找平层上。

在地面与墙面交接处，称为踢脚线或踢脚板。用以防止碰撞而损坏或清洗时弄脏墙面。踢脚线的高度一般为 100～150mm，材料与地面基本一致，分层制作，通常比墙面抹灰高出 4～6mm，其构造如图 5-3 所示。

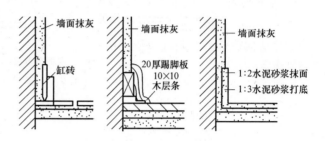

图 5-3　踢脚线构造

3. 涂料地面

涂料地面是水泥砂浆或混凝土地面的表面处理形式，可有效解决水泥地面易起灰及美观问题，常见的涂料包括水乳型、水溶型和溶剂型涂料。涂料与水泥表面的粘结力强，具有良好的耐磨、抗冲击、耐酸、耐碱等性能，水乳型和溶剂型涂料还具有良好的防水性能。

二、楼地面防潮防水技术

（一）地面防潮

在长江以南或地下水位较高的地区，因地下水位较高、室内通风不畅，房间湿度增大，引起地面受潮，造成地面、墙面甚至家具、衣服及粮食的霉变，还会影响结构的耐久性、美观和人体健康。

1. 防潮层的设置

防潮层的具体做法是在混凝土垫层上，刚性整体面层下，先刷一道冷底子油，然后铺憎水的热沥青或防水涂料，形成防潮层，以防止潮气上升到地面。也可在垫层下铺一层粒径均匀的卵石或碎石、粗砂等，以切断毛细水的上升通路，如图 5-4 所示。

2. 保温层设置

室内潮气大多是因室内与地层温差引起，设保温层可以降低温差。设保温层有两种做法：一种是在地下水位低、土壤较干燥的地面，可在垫层下铺一层 1:3 水泥炉渣或其他工业废料做保温层；第二种是在地下水位较高的地区，可在面层与混凝土垫层间设保温层，并在保温层下做防水层，如图 5-5 所示。

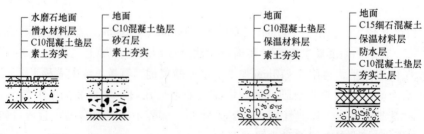

图 5-4　防潮层　　　　　　　　　　图 5-5　保温层构造

另外，在江南农村房屋中，也可将地层底板搁置在地垄墙上，将地层架空，使地层与土壤之间形成通风层，以带走地下潮气。

（二）楼地面防水

在厨房、淋浴室、卫生间等用水的房间中，由于地面的积水渗入，会对楼层和墙体的装饰层造成霉变和泛碱，所以必须做好楼地面的排水和防水结构。

1. 地面排水

为保证排水通畅，房间内不产生积水，地面一般应有1%～1.5%的坡度，并坡向地漏。地漏应比地面略低些，并且地漏安装时，四周必须嵌填防水材料，如图5-6所示；为防止积水外溢到其他房间，用水房间的地面应比相邻的非用水房间的地面低20～30mm，如图5-7所示。

图5-6　室内排水

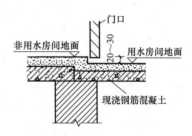

图5-7　地面层设置

2. 地面防水

对于常用水房间的楼板，不得采用装配式楼板，而采用现浇钢筋混凝土楼板，面层材料通常为整体现浇水泥砂浆、水磨石或瓷砖等防水性较好的材料。并且还应在楼板与面层之间设置防水层。常见的防水材料有卷材、防水砂浆和防水涂料。为防止房间四周墙脚受水，应将防水层沿周边向上泛起至少150mm。当遇到门洞时，应将防水层向外延伸250mm以上，如图5-8所示。

竖向管道穿越的地方是防水最为薄弱的地方。遇到管道穿越楼层时，一般采用两种处理方法。一是在穿越管道的四周用C10细石混凝土嵌填密实，再用卷材或涂料做密封处理；对于热水管道，为防止温度变化引起的热胀冷缩现象，常在管道穿越的楼层处预埋套管，并高出地面30mm左右，在缝隙内填塞弹性防水材料，如图5-9所示。

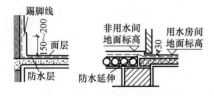

图5-8　建筑地面防水构造

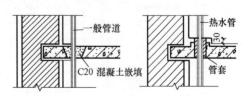

图5-9　管道防水构造

三、楼地面用料做法

1. 房屋的楼地面做法，可参考表5-1中的要求。

2. 房屋的楼面做法，可参考表5-2中的要求。

表 5-1 建筑地面用料做法

编号	名称	内容	备注
地 1	水泥砂浆地面	。20mm 厚 1:2 水泥砂浆抹面压光 。100mm 厚 1:2:4 石灰、砂、碎砖三合土 。素土夯实	
地 2	水泥砂浆地面	。20mm 厚 1:2 水泥经砂浆抹面压光 。素水泥浆结合层一遍 。60mm 厚 C15 混凝土 。素土夯实	
地 3	水泥砂浆防水地面	。20mm 厚 1:2 水泥砂浆抹面压光 。素水泥浆结合层一遍 。50mm 厚 C15 细石混凝土防水层找坡不小于 0.5%，最薄处不小于 20mm 厚 。60mm 厚 C15 混凝土 。素土夯实	适用于厨房、卫生间、阳台。 细石混凝土宜掺入水泥用量 3% 的硅质密实剂
地 4	大理石及花岗岩地面	。20mm 厚大理石或花岗岩铺实拍平，水泥砂浆擦缝 。30mm 厚 1:4 干硬性水泥砂浆 。素水泥浆结合层一遍 。80mm 厚 C15 混凝土 。素土夯实	
地 5	陶瓷地砖防水地面	。8~10mm 厚地砖铺实拍平，水泥砂浆擦缝 。20mm 厚 1:4 干硬性水泥砂浆 。1.5mm 厚聚氨酯防水涂料，四周上翻 150mm 高 。刷基层处理剂一遍 。15mm 1:3 水泥砂浆找平 。50mm 厚 C15 细石混凝土防水层找坡不小于 0.5%，最薄处不小于 20mm 厚 。60mm 厚 C15 混凝土 。素土夯实	适用于卫生间、阳台。 防水涂料可另选

表 5-2 建筑楼面用料做法

编号	名称	内容	备注
楼 1	水泥砂浆楼面	。20mm 厚 1:2 水泥经砂浆抹面压光 。素水泥浆结合层一遍 。钢筋混凝土楼板	
楼 2	陶瓷地砖楼面	。8~10mm 厚地砖铺实拍平，水泥砂浆擦缝 。20mm 厚 1:4 干硬性水泥砂浆 。素水泥砂浆结合层一遍 。钢筋混凝土楼板	
楼 3	大理石、花岗岩楼面	。20mm 厚大理石或花岗岩铺实拍平，水泥砂浆擦缝 。30mm 厚 1:4 干硬性水泥砂浆 。素水泥浆结合层一遍 。钢筋混凝土楼板	

（续）

编号	名称	内容	备注
楼4	水泥砂浆防水层楼面	。20mm 厚 1:2 水泥砂浆抹面压光 。素水泥浆结合层一遍 。50mm 厚 C15 细石混凝土防水层找坡不小于 0.5%，最薄处不小于 20mm 厚 。钢筋混凝土楼板	适用于卫生间、阳台。 细石混凝土宜掺入水泥用量 3% 的硅质密实剂
楼5	马赛克防水楼面	。45mm 厚马赛克铺实拍平，水泥砂浆擦缝 。20mm 厚 1:4 干硬性水泥砂浆 。素水泥浆结合层一遍 。50mm 厚 C15 细石混凝土防水层找坡不小于 0.5%，最薄处不小于 20mm 厚 。钢筋混凝土楼板	适用于卫生间。 细石混凝土宜掺入水泥用量 3% 的硅质密实剂
楼6	陶瓷地砖防水地面	。8~10mm 厚地砖铺实拍平，水泥砂浆擦缝 。20mm 厚 1:4 干硬性水泥砂浆 。1.5mm 厚聚氨酯防水涂料，四周上翻150mm 高 。刷基层处理剂一遍 。15mm1:3 水泥砂浆找平 。50mm 厚 C15 细石混凝土防水层找坡不小于 0.5%，最薄处不小于 20mm 厚 。钢筋混凝土楼板	适用于卫生间、阳台。 防水涂料可另选

第二节　阳台和雨篷

在房屋建筑中，阳台是楼房建筑中不可缺少的室内外过度空间，可为人们提供休息、晾晒和从事家务活动的平台，从而改善楼房的居住环境。而雨篷是建筑物入口处和顶层阳台上部用以遮挡雨水、保护外门免受雨水侵蚀的水平构件。

一、阳台施工

1. 阳台的构造形式

阳台按施工方式分为现浇阳台和预制阳台，农村房屋建筑的阳台还有凸阳台、凹阳台和转角阳台之分。根据阳台的形式不同主要结构有搁板式、挑板式和挑梁式三种。

凸阳台大体可分为挑梁式和挑板式两种类型。当出挑长度在 1200mm 以内时，可采用挑板式；大于 1200mm 时可采用挑梁式。凹阳台作为楼板层的一部分，常采用搁板式布板方法。

（1）搁板式。在凹阳台中，将阳台板搁置于阳台两侧凸出来的墙上，即形成搁板式阳台。阳台板型和尺寸与楼板一致，施工方便。

（2）挑板式。一种做法是利用楼板从室内向外延伸，形成挑板式阳台。这种阳台简单，施工方便，但预制板的类型增多，在寒冷地区对保温不利。在纵墙承重的住宅阳台中常用，阳台的长宽不受房屋开间的限制，可按需要调整。

另一种做法是将阳台板与墙梁整浇在一起。这种形式的阳台底部平整，长度可调整，但须注意阳台板的稳定，一般可通过增加墙梁的支承长度，借助梁自重保证稳定；也可利用楼板的重力或其他措施来平衡。

（3）挑梁式。即从横墙内向外伸挑梁，其上搁置预制楼板，阳台荷载通过挑梁传给纵横墙。挑梁压在墙中的长度应不小于 2 倍的挑出长度，以抵抗阳台的倾覆力矩。为了避免看到梁头，可在挑梁端头设置边梁，既可以遮挡梁头，又可承受阳台栏杆的重力，并加强阳台的整体性。

2. 阳台的构造

（1）阳台的栏杆和扶手

1）栏杆。栏杆是在阳台外围设置的竖向构件，其作用有：一方面可承担人们推倚的侧向力，以保证人的安全；另一方面对建筑物起装饰作用。栏杆的高度应高于人体的重心，一般在 1.05 ~ 1.2m。

栏杆有空花栏杆、实心栏杆以及由空花栏杆和实心栏板组合而成的组合式栏杆三种。在空花栏杆中，各垂直杆件之间的净距不大于 130mm。

栏杆按使用材料不同，有砖砌栏板、钢筋混凝土栏杆（板）、金属栏杆等。

2）扶手。扶手有金属、钢筋混凝土两种。金属扶手一般为 ϕ50 钢管或不锈钢管与金属栏杆焊接。钢筋混凝土扶手应用广泛，形式多样，一般直接用作栏杆压顶，宽度有 80mm、120mm、160mm。

（2）阳台的排水。由于阳台为室外构件，下雨时的雨水可能会进入阳台内。所以阳台地面的设计标高应比室内地面低 30 ~ 50mm，以防止雨水流入室内，并以 1% ~ 2% 的坡度坡向排水口。阳台排水有外排水和内排水两种；在农村一般采用的是外排水。外排水是在阳台外侧设置溢水管将水排出，溢水管一般用 ϕ40 ~ 50 镀锌铁管或塑料管水舌，外挑长度不少于 80mm，以防雨水溅到下层阳台，如图 5-10 所示。

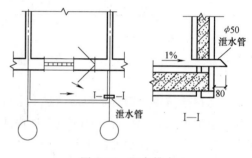

图 5-10　阳台排水

（3）阳台的保温。由于农村房间保温设施和保温条件较差，所以利用阳台保温也是室内保温的一种有效措施。

阳台保温的主要措施就是对阳台的封闭，这样在北方寒冷地区就可直接地阻挡冷风向室内流通，改善阳台空间及其相邻房间的热环境，有利于建筑节能。当然为了热天通风排气，封闭阳台应设一定数量的可开启门窗。封闭阳台的栏板应砌筑成实体式，高度可按窗台处理。

封闭阳台的材料现在多为铝合金或塑钢型材，有的也采用木材做封闭框。玻璃多为5mm 厚的浮法玻璃，有条件的地区多采用中空玻璃。

二、雨篷施工

建筑雨篷多为小型的钢筋混凝土悬挑构件。较小的雨篷常为挑板式，由雨篷悬挑雨篷板，雨篷梁兼做过梁。雨篷板悬挑长度一般为 800 ~ 1500mm。挑出长度较大时一般做成挑梁式，为使底板平整，可将挑梁上翻，做成倒梁式，梁端留出泄水孔，并且泄水孔应留在雨篷的侧面，不要留在门口过人的正面，如图 5-11 所示。

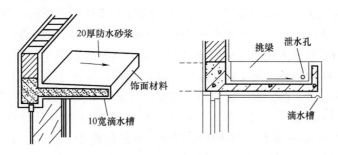

挑板式自由落水雨篷　　　挑梁式有组织排水雨篷

图 5-11　雨篷构造

雨篷在构造上应注意两个事项：一是防倾覆，保证雨篷梁上有足够的压重；二是板面上要做好排水和防水。雨篷顶面用防水砂浆抹面，厚度一般为 20mm，并以 1% 的坡度坡向排水口，防水砂浆应顺墙上抹至少 300mm。另外在农村雨篷板的施工中，其配筋位置容易被反放，造成雨篷板倾覆破坏的现象经常发生，所以应引起施工人员的高度重视。

常见雨篷的配筋如图 5-12 所示。

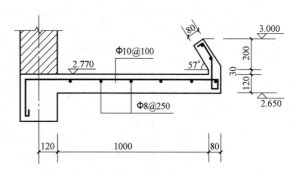

图 5-12　某雨篷配筋详图

第三节　现浇楼板与装配式楼板的施工

当前全国各地的房屋建筑中，不论是现浇混凝土楼板或装配式楼板，均是建筑楼面、地面的结构层和承重层。

一、现浇钢筋混凝土构件

现浇混凝土构件，是在施工现场对相应的结构构件进行混凝土浇筑成型的构件，这种构件具有整体性好之特点。但是这种方法需要大量的支撑和模板。

下面仅对钢筋混凝土梁及板的现浇施工进行介绍，其他小型构件可根据讲述的内容进行相应操作。

（一）钢筋混凝土梁的施工

梁是建筑楼面的承重构件。在施工过程中，梁可以是单独体，也可同板连成一体进行施工。对单独梁进行施工时，必须按施工图样或标准图集的要求进行配筋，然后形成梁的骨架，支模后才能浇筑成型。下面我们通过一个实例来说明。

图 5-13 是一个常用的钢筋混凝土梁的结构详图，通过详图可以看到，梁全长是 8480mm，悬挑部分长 1740mm，梁高为 200mm。梁内共有五种不同类型的钢筋，其中①号

筋是 2 根 25mm 的 HRB335 级钢筋，其形状如图 5-14（1）所示。②号筋是 2 根 22mm 的 HRB335 级钢筋，是梁下部的弯起筋，如图 5-14（2）所示。③号筋是 2 根 16mm 的 HPB300 级钢筋，是梁的架立钢筋，放在梁的上部，其右端与④号钢筋相搭接，搭接长度为 150mm，其形状如图 5-14（3）所示。④号钢筋是 2 根 22mm 的 HRB335 级钢筋，安放在挑出的悬臂梁上部两侧，同②号筋同共组成悬臂梁的受力主筋，其形状如图 5-14（4）所示。⑤号筋 2 根 12mm 的 HPB300 级钢筋，放在悬臂梁的下边，其形状如图 5-14（5）所示。⑥号筋是 1 根 20mm 的 HRB335 级钢筋，称为元宝筋，放在悬臂梁和简支梁结合的中部，用以承受墙体支座上部产生的集中荷载，形状如图 5-14（6）所示。⑦号和⑧号筋分别是简支梁和悬臂梁的箍筋，所用的材料为 6mm 的 HPB300 级钢筋，箍筋间距为 200mm，末端有 135°的弯钩，其形状和尺寸分别如图 5-14（7）和（8）所示。

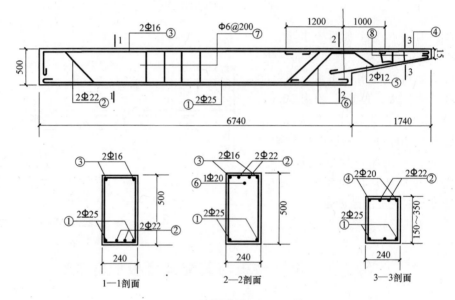

图 5-13　钢筋混凝土梁的配筋

按图 5-14 所示钢筋形状进行加工，然后绑扎骨架。

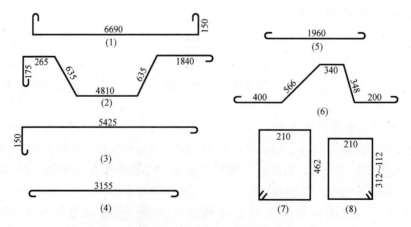

图 5-14　钢筋的形状与尺寸

当梁的底模板与支撑全部安装结束后，把绑扎好的钢筋骨架安放到底模上，垫好混凝土垫块，再将梁的侧模板安装固定。完毕后，再次检查梁的轴线和标高是否正确，检查无误后，方可浇筑混凝土。

当梁和圈梁相连时，最好圈梁能放到主梁的下边。如果没有圈梁，梁的两端应加设梁垫，梁垫的长度应不小于500mm，厚度为180~240mm。这样可有效地防止梁下墙体因强度不足而产生竖向裂缝。

各类厚度钢筋保护层垫块可以提前在现场进行制作。制作时，应先选择一块地面进行修平，然后按所需保护层的厚度尺寸安装好边模，再将拌和好的砂浆摊铺到边模内，进行拍打密实，刮去模上边的多余砂浆。稍吸水后，用直尺将砂浆分条分块，再用绑丝插到砂浆块中，24h后浇水养护。凝固后收起备用。当然在有条件的地方，也可购买成品垫块。

（二）梁和板的现浇

在房屋建筑施工中，随着施工技术的提高和防震级别的提高，一般都要将梁和板一起进行浇筑。下面介绍一个梁板现浇的典型例子。

梁板一起现浇的顺序是：

1. 模板的安装

现浇混凝土施工前，必须先安装模板。

2. 钢筋的绑扎

钢筋一般是集中加工，现场绑扎。钢筋在现浇混凝土中的布置如图5-15所示。

当梁底的模板安装合格后，在底板上先绑扎好钢筋再立两边侧模，也可将两边侧模板全部安装，再将绑扎好的骨架放入模内。

绑扎板的钢筋网片时，应先在模板上弹出钢筋位置线，把受力钢筋摆在位置线上，再把分布筋摆在受力钢筋上，沿网的四周最外两行钢筋和负弯钢筋的钢筋交叉点都要绑扎，其余的可隔点绑扎。绑扎时可用一面顺扣绑扎法。

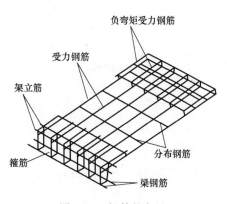

图5-15　钢筋的布局

钢筋绑扎结束后，一定要在钢筋网片下垫放相应的钢筋保护层垫块。一般情况下梁为20mm，板不得小于15mm。

当钢筋搭接时，搭接接头的长度应符合技术规范要求的规定。

下面结合图5-16来说明钢筋的绑扎。

从图中可以看出，轴线③~⑥为现浇混凝土楼板结构。该图中的③~⑤轴线上底层钢筋有顺向钢筋和横向钢筋组成的钢筋网片，这是主要的板面配筋。顺向钢筋和横向钢筋均是直径为10mm的HPB300级钢筋，间距为150mm，顺向钢筋长度是ⓒ~ⓔ之间的长度，横向钢筋长度是③~⑤轴线间的长度，这两根钢筋的弯钩均朝上。在③轴线，ⓒ、ⓔ轴线上分别布置有④号负弯矩钢筋，钢筋直径为8mm的HPB300级钢筋，钢筋间距为200mm，长度为1150mm，钢筋的弯钩均朝下。

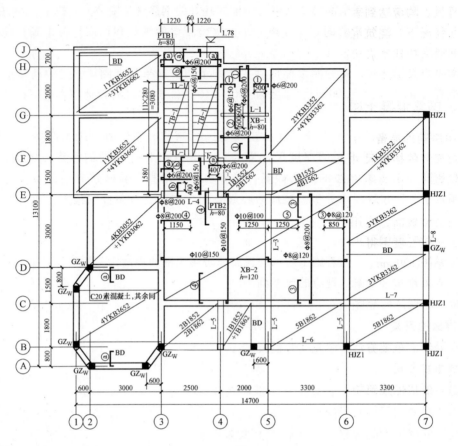

图 5-16　结构平面图

而在⑤～⑥轴线间，均配置有顺向横向钢筋网片，顺向钢筋和横向钢筋均是直径为 8mm 的 HPB300 级钢筋，顺向钢筋间距为 200mm，横向钢筋间距为 120mm，顺向长度是ⓒ～ⓔ之间的长度，横向钢筋的长度是⑤～⑥轴线间的长度，这两根钢筋的弯钩均朝上。并且同样在⑥轴线和ⓒ～ⓔ轴线上设有③号负弯矩钢筋，其直径为 8mm 的 HPB300 级钢筋，间距为 200mm，长度为 850mm，绑扎时，这种钢筋的弯钩应朝下。在⑤轴线上，还布置有⑤号负弯矩钢筋，这根钢筋以每边伸出 1250mm 跨中于⑤轴线的墙上，该钢筋为直径 10mm 的 HPB300 级钢筋，间距为 100mm，钢筋弯钩应朝下绑扎。

其余的钢筋读者可按图进行分析。

（三）混凝土浇筑

浇筑混凝土时，应用水管将模板上的杂质冲洗干净，但模板上不得有明水。

梁和板应同时浇筑，如果梁的截面较大，必须对梁进行振捣密实，不得随意留置施工缝。当混凝土顺着次梁方向浇筑时，施工缝留在次梁跨度的中间 1/3 范围内；当混凝土顺着主梁方向浇筑时，施工缝留在主梁的同时，亦应为板跨度的中间 2/4 范围内，如图 5-17 所示。

在继续浇筑混凝土时，应先用水泥素浆或与所用混凝土相同的水泥砂浆作为接合层，然后再铺设混凝土。

对混凝土进行捣实时，必须采用振动设备，一般是采用振动棒或平板振动器。但不论采用哪种机械，均应达到表面平整密实，并且表面粗糙。

一般情况下，浇筑混凝土的厚度为100mm，当浇筑卫生间时，应比正常房间地面低20mm。

混凝土浇筑完毕后，应对混凝土进行覆盖和养护。

二、钢筋混凝土楼板的吊装

1. 吊装前的准备

要对安装的楼板尺寸进行复核，并对支承楼板的墙体或梁之间的中心距进行测量，看其是否符合设计要求的跨度。

在吊装楼板前，应用混凝土堵头将楼板的圆孔进行嵌填，嵌填长度不得小于楼板在支座上的支承长度，一般不得小于120mm。

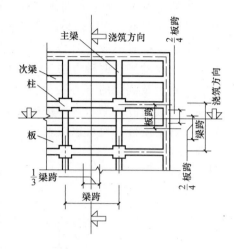

图5-17　施工缝的留置

对于支承楼板的墙体上表面应用水准仪或水平管进行测平，并将不平处用水泥砂浆抹平。当厚度超过20mm时，应用C20细石混凝土找平。

2. 楼板的吊装

这里介绍的吊装方法，是施工现场没有安装塔式起重机或龙门式起重机式起重设备，而采用简单吊装方式。

在乡村的房屋建筑施工中，楼板吊装的方式，各地均是根据当地的情况来决定，在四川、云南等山区，采用外搭斜面脚手架，直接将楼板抬放到安装位置，另外是采用人工或电动式的独脚拔杆，将楼板起吊至安装位置，如图5-18所示。

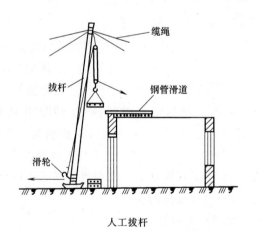

人工拔杆

电动拔杆

图5-18　楼板吊装

人工拔杆吊装楼板，是在距拔杆较远的地方安一绞车，人工推动绞车，将楼板升起。这种方法速度较慢，起吊安全，速度容易控制；电动拔杆速度较快，但安全性差，必须由熟练的人员来操作。

3. 楼板安装

如果楼板是安装于钢筋混凝土梁上时，混凝土的抗压强度必须达到设计强度的75%后方可安装。

安装楼板前，先要对墙体的标高进行复测，防止有"螺纹墙"的产生，或者墙体上面有高低不平现象，这样就必须采用细石混凝土进行找平。

安装楼板时一般是从房屋的一端开始向另一端逐间安装。在安装屋面上，空心板的水平方向移动采用两种方法：一是自制的小型滑车；另一种是人力推运。采用小滑车移动时，是将吊装到位的空心板下落到小滑车上，然后将板运到安装位置。人力推运是利用下挂式的推板胶轮车，直接将板推运到安装位置，如图 5-19 所示。人力推运可以顺着板的长度方向安装，也可以横着板向安装。顺板安装时，必须用一根 10 号槽钢当做一个车轮的走道。

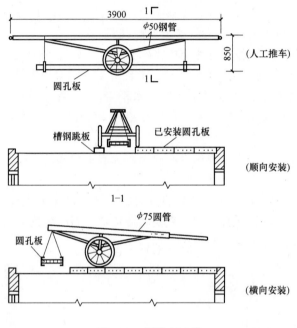

图 5-19　圆孔板安装

安装的每块板，应在支座上铺垫砂浆，然后将板安放到支座上，在砖墙上时，板的最小支承长度不得少于 110mm，在梁上不得少于 80mm，安装就位的板不得产生翘曲不平现象。

安装圆孔板时，不得将板的一长边支放于墙体之上，板与板之间的下边缝应留出 20mm的缝隙。当每间安装的圆孔板不符合开间尺寸要求时，严禁采用填砖的办法来弥补，必须使用细石混凝土来嵌填密实。当板与板之间缝隙较宽时，还必须按要求加配板缝钢筋。加筋时，先根据板的纵向长度加工一定数量的 S 形吊筋，吊筋的长度应比预制楼板的厚度少 40mm。然后将 2φ12 的钢筋穿在 S 形吊筋的上下弯钩中绑扎牢固，S 形吊筋的间跨一般为 200mm。将骨架放入两板缝之间后，下面用托板托住，再在板缝的上边浇筑 C20 混凝土，如图 5-20 所示。

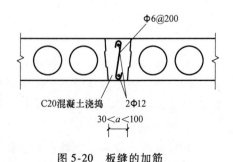

图 5-20　板缝的加筋

第四节 整体面层的施工

整体面层是指每个单元房间的面层结构为一个整体，不出现其他分格缝或缝隙。这种面层主要有水泥砂浆和混凝土面层，以及水磨石面层。

一、水泥混凝土面层

（一）混凝土配合比

1. 水泥

选用的水泥应为普通硅酸盐、矿渣硅酸盐水泥，水泥的强度等级不低于32.5级。

2. 骨料

应采用人造砂或天然砂，但应为中砂或粗砂。

石子宜采用碎石，如无碎石时可采用洁净的卵石。其粒径不应大于15mm，并不得大于面层厚度的2/3。使用前必须筛除泥块草根等杂物，并用水进行冲洗，砂的含泥量应控制在2%以下。

3. 配合比

混凝土面层多用细石混凝土，常用配合比可按表5-3的规定。

表5-3 细石混凝土配合比

体积配合比 水泥:砂:石子	水泥（kg/m³）	砂（m³/m³）	石子（m³/m³）
1:1:2	450	0.38	0.76
1:2:3.5	350	0.48	0.82
1:2:4	260	0.45	0.88

（二）基层处理

处理基层前，应根据±0.000的标高线向上量测500mm，并用墨线弹在各个房间的四周墙壁上。

当为地面时，则应对室内地面的基层进行处理。如地面为回填土，必须分层进行夯实，夯实可用人工打夯或机械夯实。夯平后，依据墙壁上的50线，将基层铲修平整。

在对基层处理中，好多地方均采用一种"灌水塌土"的错误做法，这种做法必须禁止。

（三）垫层施工

1. 炉渣垫层

为了防潮，有的地方多采用炉渣垫层，这种垫层的厚度不得小于60mm。

炉渣垫层可采用水泥炉渣或水泥石灰炉渣两种配比材料。当用水泥炉渣材料时，体积配合比为1:8；当为水泥石灰炉渣时，其体积配合比为1:1:8。

在施工时，炉渣和水泥炉渣垫层所使用的炉渣应浇水闷透。水泥石灰炉渣垫层所用的炉渣在使用前必须先用石灰浆同炉渣拌和或用石灰粉同炉渣相拌并浇水闷透。闷透时间均不得小于5天。

炉渣垫层所用的混合料要拌制均匀，水量要严格控制，铺设混合料时不得产生泌水现象。

炉渣混合料铺设后应用木板拍实或滚筒压实。压实后要注意养护，避免受水浸湿。常温条件下，水泥炉渣垫层压实后养护时间不得少于2天；水泥石灰炉渣养护时间至少为7天。

2. 混凝土垫层

用作垫层的混凝土，应用C15强度等级的混凝土铺设，其厚度不得小于60mm。

铺设混凝土垫层前，如果基土为干燥的非黏性土，则应用水湿润表面。

铺设混凝土前，在四周墙壁，依50线向下量出所铺混凝土厚度，并依此设置小木桩，小木桩高出基层的高度应为混凝土垫层厚度。一般来讲，小木桩的行距与间距为1.5m。

所铺混凝土应平整，然后用平板振动器或滚筒压实。

当垫层混凝土的强度达到12MPa时，方可在其上做面层施工。

3. 砂和砂石垫层或粉煤灰垫层

在砂石或粉煤灰资源比较丰富的地区，可以采用砂、石或粉煤灰材料做垫层。砂垫层或粉煤灰垫层不得小于60mm；砂石垫层不得小于100mm。

砂石垫层所用石子的最大粒径不得大于垫层厚度的2/3。砂、石子必须清洁，并要筛除泥块、草根等杂物。

粉煤灰中应加拌些水泥或石灰粉，充分拌和均匀后铺设。

当用人工打夯夯实时，每层虚铺厚度为150mm，最佳含水量为10%～15%；当用平板振动器振捣时，虚铺厚度为200mm，最佳含水量为8%～12%。

（四）面层施工

施工前，应根据房间墙壁上的50线，确定面层的厚度线，并在房间四周根据标高做出灰饼、泛水坡度。灰饼和冲筋应采用细石混凝土。

浇筑混凝土的前一天，应对楼板表面进行浇水湿润，但不得有积水现象。

浇筑水泥混凝土面层时应一次完成，不得留置施工缝。浇筑混凝土前，应先在已湿润的基层表面均匀地刷一道1:0.4～0.45（水泥:水）的素水泥浆。如施工间隔超过允许时间规定，继续浇筑混凝土时，应对已凝结的混凝土接槎处刷一层水灰比为0.4～0.5的水泥浆，再浇筑混凝土并捣实压平。

浇筑钢筋混凝土楼板或水泥混凝土垫层兼做面层时，应采用随捣随抹的方法，当表面产生泌水时，可用干拌的水泥砂撒在泌水处，并应抹平和压光。但所用干砂必须过筛处理。

有分格缝的面层，在撒1:1水泥砂浆后，用木杠刮平和木抹子搓平，然后在地面上弹好线，用铁抹子在弹线的两侧各200mm宽范围内抹压一遍，再用抹子开缝；大面积压光时沿分格缝用抹子抹压两遍。

二、水泥砂浆面层

垫层的施工可参照混凝土面层的施工。

面层的施工应按下面进行：

水泥砂浆面层所用的水泥品种应为硅酸盐水泥、普通硅酸盐水泥，其强度等级不应小于32.5级。不同品种、不同强度等级的水泥严禁混用。

采用的砂应为中砂或粗砂，其含泥量不应大于3%。

根据50标高水平线，用1:2干硬性水泥砂浆在基层上做灰饼，大小约50mm见方，纵横间距约 1.5m 左右。对于有地漏和有坡度要求的地面应按要求设置坡度。

水泥砂浆面层的厚度不应小于 20mm。水泥砂浆体积比宜为 1:2，其稠度不大于 35mm（坍落度），强度等级不应小于 M15。水泥砂浆应拌和均匀，施工时应随铺随拍实；抹光应在水泥初凝前完成，压光应在水泥终凝前完成。

当采用石屑代替砂铺设水泥石屑面层时，石屑粒径宜为 3 ~ 5mm，含粉量不大于 3%。水泥与石屑的体积比为 1:2，水灰比宜控制在 0.4。水泥砂浆面层的压光不应小于两次。

三、水磨石面层

水磨石垫层施工可参照混凝土垫层的做法。

（一）材料

1. 水泥及颜料

白色或浅色的水磨石面层，应用白水泥作胶结材料；深色的水磨石面层，应采用强度等级不低于 32.5 级的硅酸盐、普通硅酸盐及矿渣硅酸盐水泥。水泥中掺入的颜料应采用耐光、耐碱的矿物颜料，不准使用酸性颜料。颜料的掺用量应为水泥重量的 3% ~ 6%。

2. 石粒

水磨石面层所用的石粒，应采用坚硬可磨的白云石、大理石加工而成的石粒，石粒中无有风化石和杂物，粒径一般为 6 ~ 12mm。

（二）施工操作

1. 基层处理

水磨石基层应平整，对于超高的部位应进行处理。清除杂物后，应在抹灰前一天将基层浇水湿润，并在铺灰前在基层上刷一道 1:0.5 素水泥浆。

2. 抹灰饼

根据预先弹好的房间 50 线，向下反量至面层所需厚度，沿墙边拉线做灰饼，并用干硬性砂浆冲筋，冲筋的间距最大不超过 1.5m。有地漏的地面还应按要求找出 0.5% ~ 1.0% 的泛水坡度。

在做灰饼的同时，应对踢脚板墙面找方。找方时应根据墙面的抹灰厚度在阴阳角处拉线套方，确定出踢脚板厚度，按底灰的厚度冲筋，冲筋间距为 1.5m。

3. 铺底灰

底灰应用 1:3 的水泥砂浆打底，厚度应在 12mm 左右。铺灰时先用铁抹子将灰摊平在冲筋的间格中，并用木刮杆刮平，用木抹子搓平搓毛。

4. 镶分格条

在铺设水磨石面层前，应在基层上按设计要求进行分格或图案设置。分格或图案设置用铜条、玻璃、彩色塑料条等材料。分格条应采用水泥砂浆固定，水泥浆顶部应低于分格条顶面 4 ~ 6mm，并做成 45°。分格条的十字交叉处，每边各留 40 ~ 50mm 不抹水泥砂浆。分格条应平直、牢固、接头严密；分格条为曲线时，应弯曲自然流畅。分格条的粘结如图 5-21 所示。

镶条后 12h 开始浇水养护 2 天时间，期间禁止人员在上面踏踩。然后涂刷与面层颜色相同的水泥浆结合层，水灰比为 0.4 ~ 0.5，亦可在水泥浆中掺胶粘剂，随刷随铺拌合料。

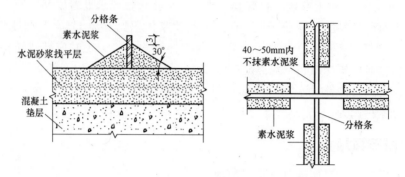

图 5-21　分格条粘结

5. 铺设面层石浆

面层石浆配合比为：水泥:石粒为 1:2 ~ 2:2.5（体积比）；踢脚板配合比为 1:1 ~ 1:1.5 之间。必须计量准确，拌和均匀。厚度在 15mm 左右。

所铺的水磨石拌合料宜高出分格条 2mm，并应抹光、滚压密实。铺水磨石拌合料的顺序一般为：先铺有色处，后铺无色处；先铺深色处，后铺浅色处；先铺大面，再铺镶边。并且应在前一种色浆凝结后再铺另一色浆。

石浆面层铺设后，应进行滚压。滚压时应从横竖两个方向交替进行。直到表面平整、泛浆为止。

6. 磨光

当面层石料经试磨不松动方可开磨。面层表面呈现的细水孔隙和凹痕，应用同色水泥浆涂抹；脱落的石料应补齐，养护后再磨。开磨时间可参考表 5-4。

表 5-4　开磨参考时间

平均气温/℃	开磨时间/天	
	机 械 磨	手 工 磨
20 ~ 30	2 ~ 3	1 ~ 2
10 ~ 20	3 ~ 4	1.5 ~ 2.5
5 ~ 10	5 ~ 6	2 ~ 3

打磨分粗磨、细磨、磨光。粗磨时用 60 ~ 70 号油石，并要满涂一道与面层色浆相同的水泥浆；细磨时用 90 ~ 120 号油石，并在粗磨结束后待第一遍水泥浆养护 2 ~ 3 天后进行，磨光后再涂一道同色水泥浆并养护 3 天；第三遍磨光时用 180 ~ 220 号油石，直至磨到表面平整光滑，石子显露，无磨痕为止。边角之处，应用手工磨光。

7. 清洗抛光

当面层磨光后，应对水磨石面层擦草酸清洗。用热水将草酸溶化，热水与草酸的重量比应为 1:0.35，待溶液冷却后洒于面层上，用 240 号油石打磨一遍，磨亮后用清水冲洗干净并擦干。

打蜡抛光时，可采用成品地板蜡。打蜡时用布沾蜡，均匀地涂在水磨石面上，待蜡干后用包有麻布或细帆布的木块进行抛光。

第五节 板块与竹木面层的施工技术

板块面层是采用板块状材料进行铺设的一种面层。由于板块状材料的表面积较小，所以容易产生空鼓，板块与板块则会产生高低不平的现象。并且，对于屋面保温不良的楼层，所粘贴的板块面层还会产生大面积起鼓脱落等质量问题。

一、陶瓷地砖的铺贴技术

1. 材料质量

砖面层所用的陶瓷地砖的质量应符合产品标准的要求。其长、宽、厚尺寸偏差不得超过±1mm，平整度用直尺检查不得超过±0.5mm。

所用的水泥应为32.5强度等级的普通硅酸盐水泥；砂为干净的中砂或粗砂。

结合层采用水泥砂浆铺设时，厚度为10~15mm，采用沥青胶结材料铺设时厚度为2~5mm；采用胶粘剂时为2~3mm。

2. 基层处理

对基层表面进行清扫，并洒水湿润。

3. 选砖

应先对砖的规格尺寸、外观质量、色泽等进行预选，浸水湿润后晾干待用。

4. 弹线

根据房间地面的具体尺寸和砖的规格大小，在地面上弹出纵横方格控制的基准线，方格线尺寸以四块砖加上灰缝宽度的尺寸为标准，接缝的宽度一般取1mm。当房间净宽范围内所铺砖行数为偶数时，纵向基准线应位于房间正中央；当为奇数行时，纵向基准线应位于房间正中偏离1/2砖的位置。并应在墙上标出面砖的标高线或标志。

如果房间的对角误差较大，则应重新进行找方。

5. 铺贴

铺贴时，应先依照基准线铺贴纵长一行标准砖，并依此行为标准，从房间里边开始向门口后退铺贴。

采用水泥浆作为粘结材料时，先在垫层上刷一道素水泥浆，所用水泥应同所拌砂浆的水泥相同。然后铺设1:4干硬性水泥砂浆20~25mm，并要用木刮尺将砂浆表面刮平，用木抹子拍实；随后在砖背面满挂素水泥浆或108胶水泥浆，然后按基准线铺贴，当全方位找平、找正后，用橡胶锤拍实至面层标高。

用水泥砂浆铺贴时，先将干硬性水泥砂浆面层刮平拍实，并在其上摊铺1:2水泥砂浆，摊铺范围略大于砖的面积，然后将砖对准位置铺贴在砂浆层上，用橡胶锤压平击实。

每铺完一行砖后，在砖行的两端拉直线，检查每行砖缝的平直度和砖块间的表面平整度，如有不符合的则应及时调整。

对于用水房间的地面，铺贴时应有1:500的泛水坡度。

面层铺贴应在24h内进行擦缝、勾缝和压缝。擦缝和勾缝应采用同品种、同强度等级、同颜色的水泥。

粘贴踢脚板时，其立缝应与地砖缝相对齐。粘贴时，先在房间两端头阴角处各粘贴一块作为标准，以此砖上边楞挂线，然后在粘贴砖的背面满挂1:2水泥砂浆，将砖依线粘贴到墙面上，上楞贴线，上下找正后拍实，并将砖缝处的余浆刮净，稍干后擦去砖表面的残灰。

二、石材面层的施工

1. 材料质量

天然大理石、花岗岩板材表面应光洁明亮、色泽鲜明无刀痕、旋痕；其长度、宽度的允许偏差值为+0、−1mm，平整度最大偏差值：长度≥400mm时为0.6mm，长度≥800mm时为0.8mm；花岗岩板材厚度的偏差为±2mm，大理石板材厚度为+1mm、−2mm。

铺设前，板材应根据颜色、花纹、图案、纹理等试拼编号；当有裂缝、掉角、翘曲和表面有缺陷时，应予以剔除，品种不同的板材不得混杂使用。

2. 施工操作

（1）地面石材的做法。在素土夯实的基础上做垫层。垫层可采用100mm厚三七灰土，并在其上用C10混凝土浇筑50mm厚。垫层结硬后，用1:4干硬性水泥砂浆铺设30mm厚的结合层。

（2）在楼面上的做法。先在现浇混凝土楼板或预制钢筋混凝土楼板上刷一道水泥浆结合层，然后在结合层上做垫层。垫层可用C10细石混凝土，厚度为60mm。垫层结硬后，在其上铺设30mm厚1:4干硬性水泥砂浆作为面层的结合层。

结合层的厚度根据结合层的材料确定。当为干拌水泥砂浆时，为20~30mm（水泥:砂的体积比为1:4~1:6）；当采用的体积比与上边相同时，水泥砂浆的厚度为10~15mm。

3. 弹线

为了检查和控制石材的位置，在房间的主要部位弹出相互垂直的十字控制线，然后将此线引至墙面底部。并依据墙面的50线找出面层标高后弹出水平线。在找平弹线时，要与楼道地面标高相一致。

4. 面板的铺设

在正式铺设前，应按石材图案、纹理和颜色进行试拼，并进行编号。试排时，确定板与墙、洞口等部位的相对位置和饰面板之间的接缝宽度。当饰面板与地漏、排水口、立管等部位接触时，应按其形状套割板材，使之与结合物相吻合。

在铺筑大理石、花岗岩面层时，板材应先用水浸湿，待擦干或表面晾干后方可铺设。

试排无误后，洒水湿润基层表面，刷一道素水泥浆，并随刷随铺1:4干硬性水泥砂浆，厚度应超出面层标高3~4mm。铺设后用木刮尺将其刮平、拍实搓平。

镶贴饰面板时，依据控制线、标高从里向外，按照试拼编号依次镶贴。

镶贴时，应先试镶后实镶。即先将板材铺在已搓平的干硬性水泥砂浆面层上，再用橡胶锤锤击板材垫板，振实至标高处后，将板材掀起放在一边，检查板与砂浆的接触印痕，如有空虚处，用砂浆填补后拍实。

在板材背面刷水灰比为0.4~0.5的素水泥浆。并做到随刷随镶贴，留准接缝宽度，用橡胶锤轻击振实，并随时用水平尺找平。

板材镶贴一昼夜后用素水泥浆灌缝，再用与板面颜色相近的水泥色浆进行擦缝。

三、木、竹板面层施工

木、竹板面层，在经济条件好的农村已大量使用。这种面层主要包括实木板面层、复合板面层和竹地板面层。

木、竹地板施工前，墙面、顶面的抹灰作业应完成，并已弹好房间中的 50 水平线。

凡是与混凝土或砖墙基体接触的木、竹材料，均应涂刷防腐材料。

实木地板面层施工时，应采用空铺或实铺方法。

空铺时，先在砖砌基础墙挑沿上和地垄墙上垫放通长的压沿木，用预埋的铁丝将其固定。然后在其表面标出各搁栅的中位线，将搁栅按线摆好、垫平、钉牢，端头应离开墙面 30mm。

实铺时，应先在楼板上弹出各木搁栅的安装线和标高线，间距应在 400mm。将梯形搁栅的大面朝下放平，并找好标高，用预埋的铁丝将其扎牢。如果没有预埋铁丝，也可采用膨胀螺钉固定。完成后将保温材料填充于搁栅间。

铺钉拼花木地板时，硬木地板下层一般钉毛地板，毛地板可采用纯棱料，其宽度不宜大于 120mm。铺设毛地板时，应与搁栅成 30°或 45°并应斜向钉牢，使髓心向上；其板间缝隙不应大于 3mm。毛地板应与墙之间留 10~20mm 缝隙，每块毛地板应在每根搁栅上各钉两个钉子固定，钉子的长度应为板厚的 2.5 倍。

铺装竹地板的下层毛地板，多采用 18mm 厚的细木工板。每块毛地板应在其下的每根搁栅上用钉子钉牢，钉长应为毛地板厚度的 1 倍。毛地板完成后，应铺设一层防潮油毡。

铺钉长条木地板面层时，应从墙的一边开始，靠墙的一块板应离开墙面 20mm，用钉子从板侧凹角处斜向钉入，钉的长度应为 2.5 倍板厚。

铺钉竹地板面层时，铺在毛地板上的第一行应与墙面间有 10mm 的缝隙。竹地板长度在 1.5m 时，固定点不得少于 5 点。接缝处，接缝间隔应错开，划接深度不小于 300mm，板缝宽度不得大于 0.3mm。

铺钉木、竹踢脚板时，均应提前刨光，在靠墙的一面开出一凹槽，并每隔 1m 钻一直径 6mm 的通风孔，在山墙面应每隔 750mm 砌一防腐木砖，在防腐木砖的上面钉防腐木块，再将踢脚板钉在防腐木块上。在踢脚与地板相交处，钉三角木条，以盖住细缝。在阴阳角交接处应切割成 45°的接角后再进行拼接，踢脚板的接头应留在防腐木块上。

面层铺装完成后，应进行净面细刨、磨光。刨光时应采用地板刨光机顺着木、竹纹进行，然后用地板磨光机进行磨光。

第六节　楼梯构造与施工技术

建筑中的楼梯是连接上下层的垂直交通设施，它的主要功能就是满足人和物的正常运行，并满足防火、防烟、防滑、采光和通风等要求。大多数楼梯对建筑具有装饰作用，因此，应考虑楼梯对建筑整体空间效果的影响。

楼梯的平面形式是根据其使用要求、建筑功能、平面和空间的特点以及楼梯在建筑中的位置等因素确定的。楼梯通常由梯段、平台和栏杆三部分组成，房屋建筑中经常采用的有直上式单跑楼梯、转角楼梯、平行双跑楼梯。

一、楼梯的组成

（一）楼梯梯段

楼梯段是连接两个不同标高平台的倾斜结构，它由若干个踏步构成。每个踏步一般由两个相互垂直的踏面和踢面组成。踏面和踢面之间的尺寸决定了楼梯的坡度。为使人们上下楼梯时不致过度疲劳及适应人行的习惯，每个梯段的踏步数量最多不超过 18 步，最少不少于 3 步。两面楼梯之间的空隙称为楼梯井，其宽度一般在 100mm 左右。

楼梯的坡度决定了踏步高宽比。在实际应用中，踏步的宽度和高度可利用下面的经验公式算出：

$$2h + b = 600 \sim 620\text{mm}$$

式中 h——踏步高度；

               b——踏步宽度；

$600 \sim 620\text{mm}$——人的平均步距。

根据计算公式和经验，一般踏步的高度为 150 ~ 175mm，宽度为 250 ~ 300mm。但在实际的操作中，踏步的宽度由于受楼梯间进深的限制而尺寸较小。这时，可在踏步的细部采用加做踏步檐或将踢面上部向外倾斜来增加踏面的尺寸，踏步檐的挑出尺寸一般为 20 ~ 25mm，如图 5-22 所示。当尺寸过大时踏步檐容易被损坏，并且行走时容易磕碰脚尖。

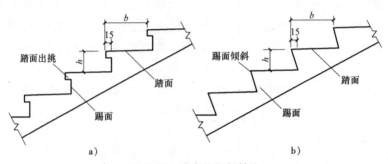

图 5-22 踏步的细部做法
a）踏面出挑 b）踢面倾斜

在乡镇建筑中，因楼梯均为独家使用，人数少，所以楼梯的宽度一般在 900mm，但不得低于 850mm。为了搬运粮食等物品，也可加宽到 1000mm。楼梯的允许坡度范围在 23° ~ 45°之间，一般情况下应当把楼梯坡度控制在 30° ~ 35°以内。为了向楼上搬运物品时不费力，应把楼梯坡度控制在 30°最为理想。

（二）楼梯平台

平台是楼梯转角处或楼梯交替处连接两个楼梯段的水平构件，供使用时的稍作休息。平台往往分成两种，与楼层标高一致的平台通常称为楼层平台，位于两个楼层之间的平台称为中间平台。

农村建筑的楼梯平台必须大于或等于梯段宽度，一般情况下取 1000 ~ 1100mm。

在楼梯平台下，为了存放其他农用物资，或作为通行过道时，平台下净高最小为 2000mm。

（三）栏杆和扶手

大多数楼梯段至少有一侧临空，为了确保使用安全，应在楼梯段的临空边缘和梯段边设置栏杆或栏板。栏杆、栏板上部供人们用手扶持的连续斜向配件称为扶手。在保证安全的情况下，扶手高度一般取 900 ~ 1000mm。

楼梯栏杆应用坚固、耐久的材料制作，并具有一定的强度和抵抗侧向推力的能力。同时应充分考虑到栏杆对建筑室内空间的装饰效果,具有美观的形象。

扶手应用坚固、耐磨、光滑、美观的材料制作。

二、钢筋混凝土楼梯的构造

钢筋混凝土楼梯具有防火性能好、坚固耐用等优点,因此已在农村建筑中得到广泛应用。根据施工方法的不同,钢筋混凝土楼梯可分为整体现浇式和预制件装配式。

现浇钢筋混凝土楼梯的楼梯段和平台整体浇筑在一起,其整体性好、刚度大、抗震性能好。但施工进度慢、施工程序较复杂、耗费模板多。预制装配钢筋混凝土楼梯施工进度快,受气候影响小,构件由工厂生产,质量容易保证。

(一)现浇钢筋混凝土楼梯构造

现浇钢筋混凝土楼梯可以根据楼梯段的传力结构形式的不同,分成板式和梁板式楼梯两种。

1. 板式楼梯

板式楼梯的梯段为板式结构,其传力关系一种是荷载由梯段板传给平台,由梁再传到墙上;另一种是不设平台梁,将平台板和梯段板连接在一起,形成折板式楼梯,荷载直接传到墙上,如图5-23所示。

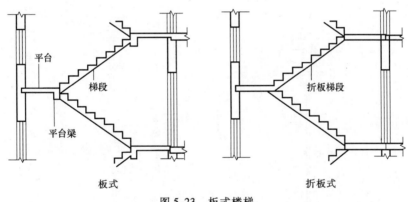

图5-23 板式楼梯

板式楼梯底面光洁平整,外形简单,支模容易。但由于不设梯梁,板的厚度较大,混凝土和钢材用量也较大,所以它适用于梯段的水平投影不大于3m时使用。

2. 梁板式楼梯

梁板式楼梯由踏步板、楼梯斜梁、平台梁和平台板组成。踏步板由斜梁支承,斜梁由两端的平台梁支承;踏步板的跨度就是梯段的宽度,平台梁的间距即为斜梁的跨度。梁板式楼梯适用于荷载较大、建筑层高较大的情况和梯段的水平投影长度大于3m的结构,如图5-24所示。

楼梯斜梁一般为两根,布设在踏步的两边。当楼梯间的一侧有承重墙体时,为节省材料,可在梯段靠墙一侧不设斜梁,由墙体支承踏步板,此时踏步板一端搁置在斜梁上,另一端搁置在墙上,成为单斜梁楼梯。

在实际工程中,一种结构形式的楼梯梁在踏步板的下面,踏

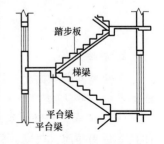

图5-24 梁板式楼梯

步从侧面可以看到，通称是明步楼梯；另一种结构形式的梯梁在踏步板的上面，下面平整，踏步包在梁的中部，则称为暗步楼梯，如图 5-25 所示。

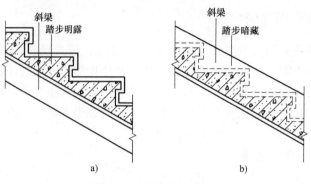

图 5-25　踏步设置形式

a）明步楼梯　b）暗步楼梯

（二）现浇楼梯的施工

1. 模板安装形式

现浇的梁式与板式楼梯支模的方法基本相同，其模板的构造如图 5-26 所示。

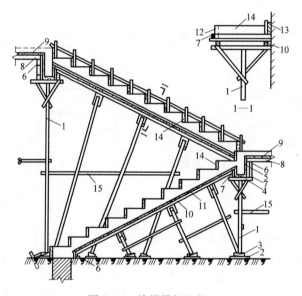

图 5-26　楼梯模板安装

1—顶撑　2—垫板　3—木楔　4—梁底板　5—侧板　6—托板　7—夹板　8—平台木楞

9—平台底板　10—斜木楞　11—踏步底板　12—帮板　13—吊档　14—踏步侧板　15—牵杠

2. 放样

在楼梯间的墙面上，按照施工图标注的尺寸，放出 1:1 大样，按大样配制模板。放样方法如下：

（1）定标高。以起步标高为准，用水平尺在两侧墙体上画线，弹出水平基线，并测出休息平台和楼面台口梁面的标高。

（2）定梁位。按墙的轴线量出基础梁、平台梁、台口梁的位置，弹出梁的断面和平台板断面线。

（3）弹斜线与底板线。在平台或平台口梁面的边线上往下量取踏步高度点，再与踏步起步角点连结弹斜线。制作踏步三角，使三角板斜线面与楼梯斜线面相吻合，逐一划出踏步。

按踏步板厚或斜梁高度，弹出踏步底板或斜梁底板线，如图5-27所示。

有的时候，因为空间的限制或实际需要，楼梯形式为螺旋式，这时，不论是内螺旋还是外螺旋，则应按照图5-28进行放样。

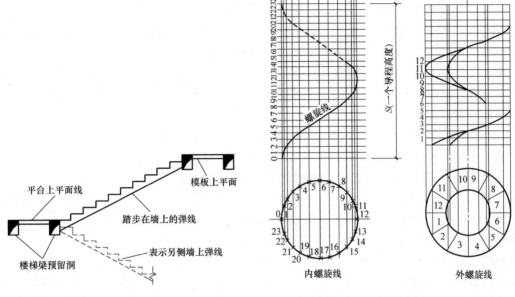

图 5-27 楼梯放样　　　　　　　　　图 5-28 螺旋楼梯放样

内旋楼梯放样时，把楼梯的第一个踏步起点作为0点，根据内圆直径大小分成12、24或48等分，同时在一个导程高度上也分成相同等分，然后从圆周各分点向导程高度上的水平等分线对应引垂线，再把各交点连接起来，就是它的螺旋线。

外螺旋楼梯放样与内螺旋完全一样，导程的高度不变，水平等分线也不变，这时应把内圆直径加上2倍楼梯宽度就是外圆直径。再把外圆周分成与内圆周同样的等分，然后从外圆周的各分点，向导程高度上的水平线引垂线，把各交点连接起来就是外螺旋线。

对于螺旋楼梯踏步放样，应依据楼梯要求的踏步数，先在内螺旋线上分好，再分外螺旋线，然后将两螺旋线上的踏步等分点连接，即是所要的斜形踏步线，再依此线安装踏步板。

3. 支模步骤

（1）在平台梁下立顶撑，下边安放垫板及木楔。

（2）在顶撑上面钉平台梁底板、立侧板、钉夹板和托板。

（3）在贴近墙体处立顶撑，顶撑上钉横杆，搁放木楞，铺设平台底板。

（4）在底层楼梯基础侧板上钉托板，将楼梯斜面木楞钉牢在此托板和平台梁侧板外的托板上。

（5）在斜面木楞上面钉踏步底板，在下面支放斜向顶撑，下加垫板。

（6）在踏步底模板上弹出楼梯段边线，立外帮板。钉平板夹住，再在外帮板上钉踏步三角木。

（7）贴墙体钉反三角板与外帮板上的三角木相对应，并在每步三角侧面钉踏步侧板。

（8）反三角板的下端应钉牢在基础侧板和平台梁的侧板上。

4. 钢筋绑扎和浇筑混凝土

（1）钢筋绑扎按下列要求：绑扎钢筋时，在楼梯底板上划出主筋和分布筋的位置线。

根据设计图中主筋、分布筋的方向，先绑扎主筋、后绑扎分布筋，每个交叉点均应绑扎。如果有楼梯梁，先绑扎梁钢筋再绑扎板钢筋。板钢筋要锚固于梁内。

底板钢筋绑完再绑扎踏步钢筋，并垫好保护层垫块。

绑扎板式楼梯钢筋时，板中受力钢筋应符合设计要求或标准图集，并应有弯起钢筋。踏步板内横向分布筋，每踏步至少有 1 根直径为 6mm 的热轧钢筋。

绑扎梁式楼梯钢筋时，踏步板内横向分布钢筋要求每个踏步范围内不少于 2 根，且沿垂直于纵向受力钢筋方向布置，间距小于或等于 300mm。楼梯段梁的纵向受力筋在平台梁中应有足够的锚固长度。

（2）楼梯混凝土浇筑应按下列要求：楼梯段混凝土自下而上浇筑，先振实底板混凝土达到踏步位置时，再与踏步混凝土一起浇筑。不断连续地向上推进，随时用抹子将踏步上表面抹平。

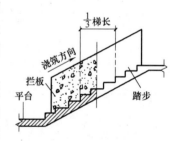
图 5-29 施工缝留置

浇筑楼梯混凝土时应连续浇筑，多层楼梯的施工缝应留置在楼梯段 1/3 的部位或休息平台跨中 1/3 范围内，并注意 1/2 梁及梁端应采用泡沫塑料嵌填，以便控制支座接头宽度。施工缝的留置如图 5-29 所示。

（三）预制装配式钢筋混凝土楼梯

装配式楼梯是乡村房房结构中常用的一种。它的构造形式较多，但在乡村房屋建筑中，应用最多的是小型构件装配式楼梯。

小型构件装配式楼梯的构件尺寸小、重量轻、数量多，一般把踏步板作为基本构件。具有构件生产、运输、安装方便的优点，小型构件装配式楼梯主要有悬挑式和组砌式。

1. 预制踏步的形状

钢筋混凝土预制踏步的断面形状，一般有一字形、L 形和三角形三种，如图 5-30 所示。

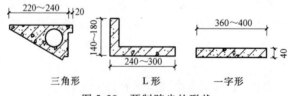
图 5-30 预制踏步的形状

一字形踏步制作简单方便，踏步的宽度较自由，简支和悬挑均能使用，但板厚稍大，配筋量也较多。装配时，踢面可做成露空式，也可以用块材砌成踢面。

在 L 形踏步中，有正 L 形和倒 L 形之分。当肋面向下，接缝在踢面下，踏步高度可在接缝处做小范围的调整。肋面向上时，接缝在踏面下，平板端部可伸出下面踏步的肋边，形成踏口，踏面和踢面看上去较完整。下面的肋可做上面板的支承，这种断面的梯板可以做成悬挑式楼梯。

在 L 形预制板中，为了加强板的悬挑能力，在板的一端做成实体，其长度一般为 240mm，如图 5-31 所示形状。

三角形踏步最大的特点是安装后底面平整，但踏步尺寸较难调整。采用这种踏步时，一定要把踏步尺寸计算准确。

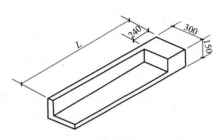

图 5-31　L 形预制踏板的形状

2. 悬挑式楼梯

悬挑式楼梯又称悬臂踏板楼梯。它由单个踏步板组成楼梯段，踏步板一端嵌入墙内，另一端形成悬挑，由墙体承担楼梯的荷载，梯段与平台之间没有传力关系，因此可以取消平台梁。悬挑楼梯是把预制的踏步板，根据设计依次将一字形、正 L 形、倒 L 形或三角形预制踏步砌入楼梯间侧墙，组成楼梯段。

悬挑楼梯的悬臂长度一般不超过 1.5m，完全可以满足农村民用建筑对楼梯的要求，但在地震区不宜采用。楼梯的平台板可以采用钢筋混凝土实心板、空心板或槽形板，搁置在楼梯间两侧墙体上。

三、楼梯的细部做法

面层施工

楼梯踏步面层的做法与楼地面相同。对踏步面层的要求是：耐磨、防滑、美观、整齐，并便于清扫和清洗。常见的踏步面层有水泥砂浆、水磨石、地面砖、各种天然石材等。

1. 水泥砂浆楼梯面层施工

（1）在清理面层的基础上弹控制线。依据水平标高，量出楼面标高、平台标高，以此上下两头踏步口弹一斜线作为分步的标准，并弹出踏步的宽度和高度控制线。

（2）抹水泥砂浆。按控制线在基层表面上刷素水泥浆，随刷随涂抹 1:3 水泥砂浆，厚度为 10～15mm。抹水泥砂浆时应先抹立面，再抹平面，并逐步由上向下施工。

抹砂浆时，先用尺杆压在上面，并按尺寸留出灰口，依尺杆用木抹子搓平，再把尺杆支在立面上抹平面，依尺杆用木抹子搓平，并做出楞角，然后将砂浆面划毛，第二天罩面。

（3）抹罩面灰。罩面灰应用 1:2 水泥砂浆，厚 8mm。罩面时，应结合砂浆的稠度先抹几个踏步，然后再去压光，并用阴阳角抹子将阴阳角抹光。24h 后浇水养护，时间不得少于 7d。

（4）底板应做滴水线。对楼梯底板的抹灰要平整，侧面应抹出滴水线，所有线条要交圈。

2. 板块楼梯面层施工

（1）板材加工。踏步立板和踏步平板应按踏步的实际尺寸进行事先加工，尺寸要准确。

（2）弹控制线。具体做法见水泥砂浆面层的施工。

（3）粘贴踢脚板。粘踢脚板时，应按两步进行：一是先粘贴加工好的立面与平面组成的三角形板，再粘贴其上面的长条板。

（4）粘贴踏步立板。按照踏步控制线，在基层立面上刷素水泥浆，然后用 1:2.5 水泥砂浆粘贴立板。粘贴的立板要垂直，上口要平齐，外楞要符线。也可采用石膏固定，用砂浆灌缝的方法。

（5）铺贴踏步平板。按控制线在基层表面上刷素水泥浆，然后铺 1:3 干硬性水泥砂浆，放上踏步板，用橡胶锤振实，符合要求后，将板掀起，在板的背面满挂素水泥浆，平稳地放到砂浆上，用橡胶锤振实，用水平尺校正。一般情况下，所铺贴的踏步平板与立板接触处，要比外棱高 1~2mm。

3. 踏步的防滑

踏步前缘也是磨损最厉害的部位，同时也容易受到其他硬物的破坏。并且为了有效地控制面层的防滑，通常在踏步口做防滑条，这样，不但可以提高踏步前缘的耐磨程度，而且还能起到保护及点缀美化作用。防滑条的长度一般按踏步长度每边减去 150mm。防滑材料可采用金属铜条、橡胶条、金刚砂等。常见的几种做法如图 5-32 所示。

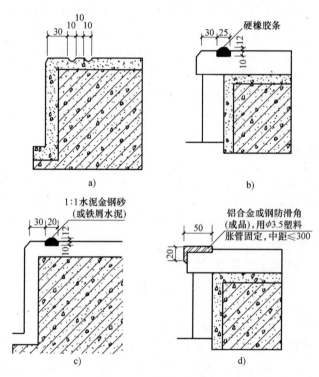

图 5-32 踏步的防滑做法
a）防滑凹槽 b）橡胶防滑条 c）金刚砂防滑条 d）金属包角

4. 栏杆和扶手

为保证楼梯的使用安全，应在楼梯段临空一侧设置栏杆或栏板，并在上部设置扶手。

栏杆在楼梯中应用较多，多采用金属材料制作，如不锈钢材、铝材、铁艺花饰等，但也有采用木栏杆和人造大理石栏杆等，如图 5-33 所示。

采用金属材料时，用相同或不同规格的金属型材拼接、组合成不同的图案，使之在确保安全的同时，又能起到装饰作用。栏杆应有足够的强度，能够保证使用安全。栏杆的垂直构件必须与楼梯段连接牢固、可靠，并根据工程实际情况和施工能力选择合理的连接方式。栏杆的垂直构件之间的净间距不应大于 110mm，为保证安全，栏杆的分格应为儿童不易攀登的结构形式。

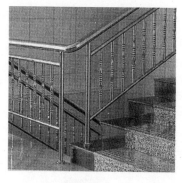
不锈钢扶手

实木扶手

铁艺扶手

图 5-33 楼梯扶手

栏板是用实体材料制作而成。常用材料有钢筋混凝土、加设钢筋网的砖砌体、木材、玻璃等，栏板的表面应光滑平整、便于清洗。栏板可直接与梯面相连，也可安装在垂直构件上。

扶手可以用优质硬木、铁管、不锈钢、铝合金等金属型材、工程塑料及水泥砂浆抹灰、水磨石、天然石材制作。室外楼梯不宜使用木扶手，以免淋雨后变形和开裂。不论何种材料的扶手，其表面必须光滑、圆顺，以便于扶持。绝大多数扶手是连续设置的，接头处应当仔细处理，使之平滑过渡。

楼梯扶手与栏杆应可靠连接。金属扶手通常与栏杆焊接，抹灰类扶手在栏板上端直接饰面。木及塑料扶手在安装之前应事先在栏杆顶部设置通长扁铁，扁铁上预留安装钉孔，然后把扶手安放在扁铁上，并用螺钉固定好。

在双跑楼梯平台转折处，上行和下行梯段的第一个踏步口常设在一条竖线上。如果平台栏杆紧靠踏步口设置扶手，顶部高度则突然变化，扶手须做成一个较大的弯曲线，这种方法费工费料，使用不便，应尽量避免。常用方法：一是将平台处栏杆内移至距踏步口约半步的地方；二是将上下行梯段错开一步。但是，不论采用哪种方法，扶手连接均应顺畅。

四、台阶与坡道施工

由于建筑室内外地坪存在高差，需要在大门入口处或进屋门入口处设置台阶或坡道作为建筑室外的过渡。有时把台阶和坡道合在一起使用。在一般情况下台阶和踏步数不多，坡道长度也不大。但是，由于台阶和坡道与建筑入口关系密切，具有相当的装饰作用，因此对美观要求较高。

（一）台阶

1. 台阶的形式和尺寸

台阶的平面形式多种多样，应当与建筑的级别、功能及周围的环境相适应。比较常见的台阶形式有：单面踏步、两面踏步、三面踏步等。

台阶顶部平台的宽度应大于所连通的门洞口宽度，一般每边至少宽出 500mm，室外台阶顶部平台的深度不应小于 1.0m。由于室外台阶受雨、雪的影响较大，为确保人身安全，台阶的坡度宜平缓些。通常踏步的踏面宽度不应小于 300mm，踢面高度不应大于 150mm。台阶应采用耐久性、抗冻性好并比较耐磨的材料，常见的几种台阶的做法见图 5-34。北方地区由于冬季室外地面较滑，台阶表面应处理粗糙一些。

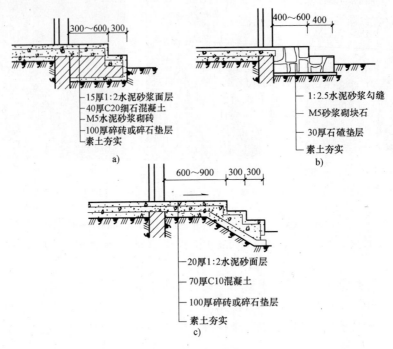

图 5-34　台阶做法

a）砖砌台阶　b）石砌台阶　c）混凝土台阶

2. 台阶的构造

台阶构造分实铺和架空两种，在农村中大多数台阶采用实铺。实铺台阶的构造与室内地坪的构造类似。基层是原土夯实；垫层多采用混凝土，碎砖混凝土或砌砖，其强度和厚度应当根据台阶的尺寸相应调整；面层有整体和铺贴两大类，如水泥砂浆、水磨石、剁斧石、缸砖、天然石材等。在严寒地区，为保证台阶不受土壤冻胀影响，应把台阶下部一定深度范围内的土换掉，改设砂垫层，如图 5-35 的构造示意图。

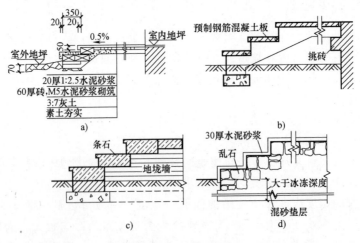

图 5-35　各类台阶做法

a）实铺台阶　b）预制构件架空台阶　c）支承在地垅墙上的架空台阶　d）具有冻胀影响的地基换土台阶

当台阶尺度较大或土壤冻胀严重时，为保证台阶不开裂和塌陷，往往选用架空台阶。架空台阶的平台和跳步板均为预制钢筋混凝土板，分别搁置在梁上或砖砌地垄墙上。

因为大多数台阶在结构上是与建筑主体分开的单独结构，并且是在建筑主体工程完成后再进行施工。所以，在进行台阶施工时，应注意如下问题：

（1）处理好台阶与建筑之间的沉降。常见的做法是在台阶与建筑之间设 20mm 宽的沉降缝，并嵌填防水沥青砂浆。也可在接缝处挤入一根 10mm 厚，经过防腐处理的木条。

（2）为保证台阶向外排水，台阶应向外侧做 0.5% ~ 1% 的排水坡。

（二）坡道

1. 坡道的分类

坡道按照其用途的不同，可以分成行车坡道和人行坡道两类。

在大多的农村家庭中，一般都有农用车、面包车甚至轿车等，所以设置行车坡道是农村建设的一个趋势。在农村，行车坡道一般只有普通行车坡道。它设置在车辆进出的建筑入口处，如车库、库房等。

人行坡道一般是在大门入口处，它同台阶共同形成双重作用，具体做法是中间做成坡道，坡道两边做成台阶式。这样也便于摩托车或行人通过。

2. 坡道的尺寸和坡度

普通行车坡道的宽度应大于所连通的门洞口宽度，一般每边至少≥500mm。坡道的坡度与建筑的室内外高差及坡道的面层处理方法有关。光滑材料坡道≤1:12；粗糙材料坡道和设置有防滑条的坡道≤1:6；带防滑齿坡道≤1:4。

3. 坡道的做法

坡道一般采用实铺，构造与台阶基本相同。垫层的强度和厚度应根据坡道的长度及上部荷载的大小进行选择，严寒地区垫层下部需要设置砂垫层。

第七节 厨厕间防水层施工技术

厨、厕间地面，由于与水有关系，所以必须针对不同的地面结构，进行不同的防水施工，以保障正常的生活环境。

一、材料要求

厕浴间楼面防水施工的防水材料主要有单组分的聚氨酯防水涂料、聚合物水泥防水涂料，以及抗渗堵漏材料等。

1. 单组分聚氨酯防水涂料

聚氨酯防水涂料及所形成的防水膜质量必须符合下列要求：

固体含量不得小于 94%；拉伸强度不小于 $1.65N/mm^2$；断裂延伸率不小于 300%；在 $-30℃$ 下进行弯折应无裂纹。

2. 聚合物水泥防水涂料

固体含量不得小于 65%；拉伸强度不小于（Ⅰ型）$1.2N/mm^2$，（Ⅱ型）$1.8N/mm^2$；断裂延伸率（Ⅰ型）不小于 200%，（Ⅱ型）不小 80%；在 $-10℃$ 下进行弯折应无裂纹。

3. 无机抗渗堵漏材料

凝结时间：初凝不得小于 5min，终凝不得超过 90min；粘结力应大于 1.4N/mm²。

4. 辅助材料

水泥：应采用不低于 32.5N/mm² 的普通硅酸盐、硅酸盐或矿渣硅酸盐水泥。

无纺布：应由聚酯纤维加工制作，规格 60~80g/m²，拉力 100N/50mm，横向伸长率在 20% 以上。

二、施工条件

做防水层前，凡是穿越厕浴间楼板结构层的所有立管应安装完毕，管四周缝隙用 1:3 水泥防水砂浆或细石混凝土堵塞严密。

如果厨、厕间采用的是预制空心板，板与板之间的缝隙应用防水砂浆堵严，缝的上表面应留出 20mm 深的缝沟，此沟用沥青基密封材料嵌填；也可在其缝上铺贴 100mm 宽的玻璃纤维布一层，再在其上涂两道厚度不小于 2mm 的沥青基涂料。

在做找坡层时，应注意泛水坡度，地面上坡向地漏、排水口应有 2% 的排水坡度。凡是靠墙的管根部应抹出 5% 的坡度，避免此处积水。下水管及其转角墙体防水构造做法应按图 5-36 的要求。如果找坡层的厚度小于 30mm 时，可用水泥:石灰:砂等于 1:1.5:8 的混合砂浆找坡。

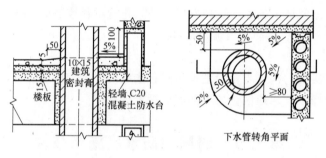

图 5-36　下水管及转角墙体防水做法

在做找平层时，应先清理基层并浇水湿润，然后用 1:2.5~1:3 水泥砂浆找平，水泥砂浆中应根据水泥用量掺入防水剂。在铺找平砂浆时，先用水泥浆做结合层，做到边刷水泥浆，边铺防水砂浆。

在厕浴间做防水层时，其墙面的防水层高度不得低于 1.8m，然后做装饰面层。

凡是穿越楼板的立管四周，应按图 5-37 所示的做法用密封膏封堵严密。

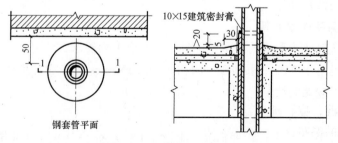

图 5-37　立管穿板的防水

套管与立管交接处，应按图 5-38 所示的做法进行防水施工。

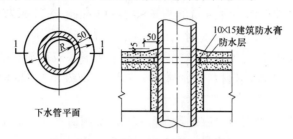

下水管平面

图 5-38　套管与立管间的防水

大便器与立管接口处的防水应按图 5-39 所示的做法进行防水处理。

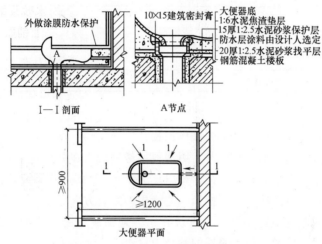

Ⅰ—Ⅰ 剖面　　　　　A 节点

大便器平面

图 5-39　大便器与立管接口处防水处理

地漏上口四周等部位，应按图 5-40 用密封膏封堵严密。

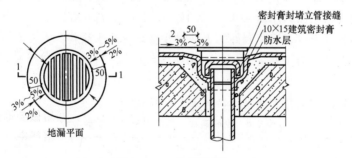

地漏平面

图 5-40　地漏防水做法

三、施工操作

1. 基层处理

在涂刷防水层前，应将基层表面清理干净。当表面有凹陷时，应用 1:3 水泥砂浆找平，最后基层要用干净的湿布擦拭一遍。

基层处理结束后，应对厕浴间的地漏、管子根部、阴阳角处用防水材料做一道附加层。

地面四周与墙体连接处，以及管根处，平面涂膜防水层宽度和平面拐角应向上返250mm高。地漏口周边平面涂膜防水层宽度和进入地漏下口下返40mm。

当用聚合物水泥防水涂料时，应对地漏、阴阳角、管根部进行密封和加强处理。处理时，一是先在管根部中的凹陷处嵌填密封膏，不得有开裂、鼓泡和下塌现象。二是在上述结构薄弱部位，可做一胎体增强材料的加强层，其宽度不得小于300mm，搭接宽度不得小于100mm。

如用聚合物水泥防水涂料时，应按表5-5的规定配制防水涂料。配制时，按表中所给数字分别称出配料所用相应材料的重量，装在搅拌筒内，用手携式搅拌器将粉料搅拌均匀。

表5-5　防水涂料配合比参考值

涂料类型		配合比
Ⅰ型	底层涂料	液料:粉料:水 = 10:10:14
	中、面层涂料	液料:粉料:水 = 10:10:(0～2)
Ⅱ型	底层涂料	液料:粉料:水 = 10:10:14
	中、面层涂料	液料:粉料:水 = 10:10:(0.5～3)

2. 涂膜施工

聚氨酯防水涂料的施工应符合下列操作流程：

施工第一遍聚氨酯防水涂料膜层时，用塑料或橡胶刮板在基层表面涂刮均匀，厚度应保持一致，不得有漏涂、鼓泡等缺陷。刮涂量以0.7kg/m²为宜，经24h实干后可刮涂第二遍。

在第一遍涂膜固化后的涂层上，按第一遍涂层的垂直方向涂刷第二遍，固化后再涂刷第三遍。三遍刮涂后的厚度不得小于1.5mm。在第三遍涂膜没有固化前，在其表面均匀地撒上少量干净的粗砂层，以增加与上表层的粘结力度。

（1）采用聚合物水泥涂料应按下列程序进行施工：

采用聚合物水泥涂料涂刷底层时，应用滚刷或漆刷蘸所配的底层涂料，均匀地涂刷基层，不得有漏底现象。涂料用量为0.3～0.4kg/m²，待涂层不粘脚时方可涂下道。

根据要求的涂层厚度，将配制好的Ⅰ型或Ⅱ型复合防水涂料，垂直上道涂层均匀地涂刷在已固化的涂层上，每遍涂刷量以0.8～1.0kg/m²为好。当涂刷厚度达不到要求时，则可增加涂刷的遍数。

基层涂膜防水涂刷遍数和厚度可参考表5-6的规定。

表5-6　涂刷遍数、厚度及材料用量参考

涂料型号	遍数	涂膜厚度/mm	粉料、液料用量/（kg/m²）
Ⅰ型	4	1.5	3.2
Ⅱ型	4	1.5	2.8

（2）抗渗堵漏材料的施工应按下面操作：

基层表面清理结束后，首先应对地漏、阴阳角、管根处做附加层。附加层应用无机抗渗堵漏材料嵌填、压实、刮平，阴阳角处应涂刷2遍。

做刚性防水层时，按照防渗堵漏材料的产品使用说明书的规定比例配制成均匀无团块的浆料，用刮板均匀地涂刷在基层表面上，要求顺序往返刮涂，不得有气孔和砂眼，用料为

$1.2 \sim 1.5 \mathrm{kg/m^2}$。每遍施工结束后，手指轻压无手印时洒水养护，不得使涂层失水干燥。

施工柔性防水层时，应待刚性防水层表干后进行。然后按照附加层的施工方法对地漏、管根、阴阳角处进行施工处理。大面积刮涂时每遍用料为 $0.8 \mathrm{kg/m^2}$，刮涂 3 遍。

最后一遍涂层未固化前，将粗砂均匀地撒在其表面。

对于淋浴设施的厕浴间，室内墙体满高和顶棚均应按涂膜施工的方法做防水层，以防渗漏。

3. 蓄水试验

待防水层施结束 48h 后，应做蓄水试验。蓄水高度为 40mm 左右，蓄水 24h，并且待地面的饰面层施工完毕后，还应再做一次蓄水试验，不渗不漏为合格。

第六章

建筑屋面施工技术

屋面是房屋最上面的结构层，一般有平屋面和坡屋面之分。每种屋面形式一般由当地的地理地势和自然条件来确定。在乡村的房屋屋面多为平屋面、双坡屋面和多坡屋面。这些形式组成了乡村民居的特色，适应了人们的生活需要。

第一节　平屋面施工技术

平屋面大部分分布在华北平原地区。平屋面按屋面防水层的不同有刚性防水、卷材防水、涂料防水屋面等多种。

一、卷材防水屋面做法

卷材防水屋面是用防水卷材与胶粘剂结合在一起，形成连续致密的构造层，从而达到防水的目的。按卷材的常见类型有沥青类卷材防水屋面、高聚物改性沥青类防水卷材屋面、高分子类卷材防水屋面。卷材防水屋面由于防水层具有一定的伸长性和适应变形的能力，因而又称为柔性防水屋面。

卷材防水屋面较能适应湿度、振动、不均匀沉陷等因素的变化，能承受一定的水压，整体性好，不易渗漏。严格遵守施工操作规程时则能较好地保证防水质量，但施工操作较复杂，技术要求较高。卷材防水屋面适用于防水等级为Ⅰ～Ⅳ级的屋面防水。

（一）卷材防水屋面的结构

卷材防水屋面由多层材料叠合而成，按各层的作用分别为：结构层、找平层、结合层、防水层和保护层。卷材防水屋面构造如图6-1所示。

1. 构造层

（1）结构层。通常为预制或现浇钢筋混凝土屋面板，要求具有足够的强度和刚度。

（2）找坡层。如果平屋顶在安装空心板或现浇钢筋混凝土时就已经形成了屋面坡度，则不需

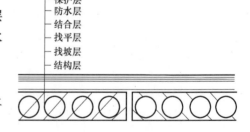

图6-1　柔性屋面构造层

要设找坡层。否则必须采用材料做出所需的排水坡度。材料找坡时，通常是在结构层上铺1:6～1:8的水泥焦砟或水泥膨胀蛭石等。

（3）找平层。卷材防水层要求铺贴在坚固而平整的基层上，以防止卷材凹陷或断裂，因而应设找平层；找平层一般采用20mm厚1:3水泥砂浆，也可采用1:8沥青砂浆等进行找

平。找平层宜设分格缝,缝宽一般为20mm,纵横间距一般不宜大于6m,屋面板为预制时,分格缝应设在预制板的端缝处。分格缝上应附加400~500mm宽的卷材。

(4)结合层。结合层的作用是使卷材防水层与基层之间粘结牢固。结合层所用材料应根据卷材防水层材料的不同而选择相应的胶粘剂。

(5)防水层。防水层就是将所选用的防水材料进行铺设。在现代防水材料中,为了防止环境污染,常采用胶粘剂、自粘法、现场边加热边铺设的施工方法,应根据不同的施工要求进行施工,并要注意其铺设的方向和搭接的长度。

(6)保护层。设置保护层的目的是保护防水层,使卷材在阳光和大气的作用下不致迅速老化,延长防水层的使用年限。

保护层的材料及做法,应根据防水层所用材料和屋面的利用情况而定。不上人屋面保护层的做法:沥青油毡防水层屋面一般在防水层上撒粒径为5mm以下的绿豆砂作为保护层,绿豆砂要求耐风化、颗粒均匀、色浅;有些高分子卷材表面已敷有铝箔层,所以不需另加保护层。

乡村屋面因有乘凉和晒物等功能,所以屋面保护层应满足耐水、平整、耐磨的要求。其构造做法通常采用水泥砂浆或沥青砂浆铺贴缸砖、混凝土板等;也可现浇40mm厚C20强度等级的细石混凝土。

2. 柔性防水屋面细部构造

屋顶细部是指屋面上的泛水、天沟、雨水口、檐口、变形缝等部位。

(1)泛水构造。泛水将屋面防水层与女儿墙、变形缝、检修孔、立管等垂直体交接处的防水层延伸到这些垂直面上,形成立铺的防水层,称为泛水,其做法及构造如图6-2所示。

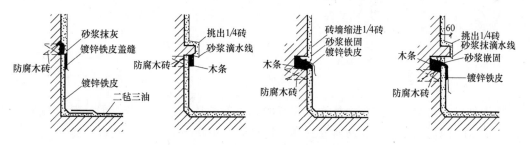

图6-2 卷材防水屋面泛水构造

屋面与垂直面交接处应将卷材下的砂浆找平层抹成直径不小于150mm的圆弧形或45°斜面,上刷卷材粘结剂,使卷材粘贴牢实,以免卷材架空或折断。

将屋面的卷材防水层继续铺至垂直面上,形成卷材泛水,其上再加铺一层附加卷材,泛水高度不得小于250mm。

在垂直墙中预留或凿出通长凹槽,将卷材的收头压入槽内,用防水压条钉压后再用密封材料嵌填封严,再抹水泥砂浆保护。凹槽上部的墙体则用防水砂浆抹面。

(2)檐口构造。檐口按照排水形式可分为无组织排水和檐沟外排水两种。其防水构造的要点是做好卷材的收头固定,使屋顶四周的卷材封闭,避免雨水渗入。在做挑檐檐口时,卷材防水层在檐口的收头构造处理十分关键,这个部位也极容易开裂和渗水。檐口防水各地做法各异,比较通用的做法如图6-3所示。

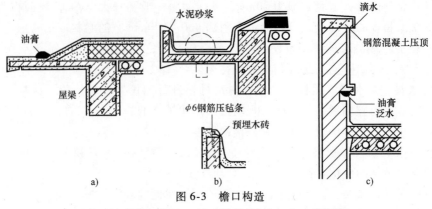

图 6-3　檐口构造

a）无组织排水挑檐　　b）檐沟卷材收头　　c）女儿墙檐口

（3）雨水口构造。雨水口是将屋面雨水排至水落管的连通构件。要求排水通畅，不得渗漏和堵塞。有组织外排水最常用的有檐沟及女儿墙雨水口两种构造形式，如图 6-4 所示。

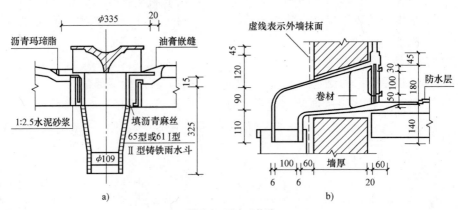

图 6-4　雨水口构造

a）直管式　b）弯管式

檐沟外排水雨水口构造。在檐沟板预留的孔中安装铸铁或塑料连接管，就形成雨水口。为防止雨水口四周漏水，应将防水卷材塞入连接管内 100mm，周围用油膏嵌缝。

雨水口连接管的固定形式常见的有两种：一种是采用喇叭形连接管卡在檐沟板上，再用普通管箍固定在墙上；另一种则是用带挂钩的圆形管箍将其悬吊在檐沟板上。雨水口过去一般用铸铁制作，易锈不美观。现在多改为硬质聚氯乙烯塑料 PVC 管，具有质轻、不锈、色彩多样等优点，已逐渐取代铸铁管。

有女儿墙的外排水雨水口构造，是在女儿墙上的预留孔洞中安装雨水口构件，使屋面雨水穿过女儿墙排至墙外的雨水口中。为防止雨水口与屋面交接处发生渗漏，也需将屋面卷材铺入雨水口内 100mm，并安装铁篦子以防杂物流入造成堵塞。

（二）卷材防水屋面的做法

1. 卷材铺设方向

卷材铺设方向应符合下列规定：

（1）屋面坡度小于 3% 时，卷材宜平行屋脊铺贴。

（2）屋面坡度在 3% ～15% 之间时，卷材可平行或垂直屋脊铺贴。

（3）屋面坡度大于 15% 或屋面受震动时，沥青防水卷材应垂直屋脊铺贴；高聚物改性沥青防水卷材和合成高分子防水卷材可平行或垂直屋脊铺贴。

（4）卷材上下层不得相互垂直铺贴。

2. 卷材的搭接

铺贴卷材采用搭接法搭接时，上下层及相邻两幅卷材的搭接缝应错开。平行于屋脊的搭接缝应顺流水方向；垂直于屋脊的搭接缝应顺年最大频率风向搭接。各种卷材搭接宽度应符合表 6-1 的规定。

表 6-1　各种卷材搭接宽度　　　　　（单位：mm）

卷材种类	铺贴方法	短边搭接		长边搭接	
		满粘法	空铺、点粘、条粘法	满粘法	空铺、点粘、条粘法
沥青防水卷材		100	150	70	100
高聚物改性沥青防水卷材		80	100	80	100
合成高分子防水卷材	胶粘剂	80	100	80	100
	胶粘带	50	60	50	60
	单缝焊	60，有效焊接宽度不小于 25			
	双缝焊	80，有效焊接宽度 10×2 + 空腔宽			

3. 冷粘法铺贴卷材

胶粘剂涂刷应均匀，不露底、不堆积。

根据胶粘剂的性能，应控制胶粘剂涂刷与卷材铺贴的间隔时间。

铺贴卷材时，卷材下面的空气应全部排尽，并经辊压粘结牢固。

铺贴卷材应平整顺直，搭接尺寸准确，不得扭曲、皱折。接缝口应用密封材料封严，宽度不应小于 10mm。

4. 热熔法、热风焊接铺贴卷材

当采用喷灯火焰加热器加热卷材时，加热卷材应均匀，不得过分加热或烧穿卷材。厚度小于 3mm 的高聚物改性沥青防水卷材严禁采用热熔法施工。

卷材表面热熔后应立即辊铺卷材，卷材下面的空气应排出排尽，并辊压粘结牢固，不得产生空鼓。卷材接缝部位必须溢出热熔的改性沥青胶。铺贴的卷材应平整顺直，搭接尺寸准确，不得扭曲、皱折。

采用热风焊接卷材前，卷材的铺设应平整顺直，搭接尺寸准确，不得扭曲、皱折。卷材的焊接面应清扫干净，无水滴、油污及附着物。

焊接时应先焊长边搭接缝，后焊短边搭接缝。在此工艺中，主要应控制热风加热温度和时间，焊缝处不得有漏焊、跳焊、焊焦或焊接不牢等缺陷。

5. 自粘法铺贴卷材

铺贴卷材前基层表面应均匀涂刷基层处理剂，干燥后及时铺贴卷材。铺贴卷材时，应将自粘胶底面的隔离纸全部撕去。接缝口应用密封材料封严，宽度不小于 10mm。搭接部位宜采用热风加热，随即粘贴牢固。

6. 保护层

（1）绿豆砂应清洁、预热100℃左右、铺撒均匀，并使其与沥青胶粘结牢固，不得残留未粘结的绿豆砂。

（2）用云母和蛭石作保护层时，不得有粉料，撒铺均匀，不得露底。

（3）用水泥砂浆作保护层时，表面应抹平压光，并应按每格1m²设表面分格缝。

（4）用细石混凝土作保护层时，混凝土应振捣密实，表面抹平压光，并留设分格缝。分格面积不宜大于36m²。

（5）用块状材料作保护层时，宜留设分格缝。分格面积不大于100m²，分格线宽不应小于20mm。

（6）浅色涂料保护层应与卷材粘结牢固，厚薄均匀，不得漏涂。

（7）刚性保护层与女儿墙之间应留宽度为30mm的空隙，并填嵌密封材料。

二、刚性防水屋面做法

刚性防水屋面是指用细石混凝土作防水层的屋面，因混凝土属于脆性材料，抗拉强度较低，故而称为刚性防水屋面。刚性防水屋面的主要优点是构造简单、施工方便、造价较低，适合农村使用。

（一）刚性防水屋面的结构层

刚性防水屋面一般由结构层、找平层、隔离层和防水层组成。

（1）结构层。采用现浇或预制装配的钢筋混凝土屋面板，并在结构层现浇或铺板时形成屋面的排水坡度。

（2）找平层。为保证防水层厚薄均匀，通常应在结构层上用20mm厚1:3水泥砂浆找平。若采用现浇钢筋混凝土屋面板时，也可不设找平层。

（3）隔离层。为减少结构层对防水层的不利影响，宜在防水层和结构层之间设置隔离层。隔离层可采用纸筋灰、低强度等级砂浆或薄砂层上干铺一层油毡等。

如防水层中加有膨胀剂类材料时，其抗裂性得到保证的条件下，也可不做隔离层。

（4）防水层。常用不低于C20强度等级的钢筋细石防水混凝土铺设，其厚度不小于40mm，并配置φ4～φ6钢筋、间距为100～200mm的双向钢筋网片。为提高防水层的抗渗性能，应在细石混凝土内掺入适量的膨胀剂、减水剂、防水剂等，以提高其密实性能。

（二）刚性防水屋面细部构造

刚性防水屋面的细部构造包括屋面防水层的分格缝、泛水、檐口、雨水口等部位的构造处理。

（1）屋面分格缝。分格缝是一种设置在刚性防水层中的变形缝，一方面可减少其变形，有效地防止和限制裂缝的产生。二是可有效地防止混凝土防水层开裂。

设置分格时，应设置在结构屋面板的支承端、屋面转折处、刚性防水层与立墙的交接处，并应与板缝对齐。分格缝间距不宜大于6m。在横墙承重的民用建筑中，屋脊是屋面转折处，故设有一纵向分格缝；横向分格线开间设一条，并与装配式屋面板的板缝对齐；因为刚性防水层与女儿墙的变形不一致，所以刚性防水层不能紧贴在女儿墙上，它们之间应做柔性封缝处理，以防女儿墙或刚性防水层开裂引起渗漏。其他凸出屋面的结构物四周都应设置分格缝。

分格缝的构造可按图 6-5 所示设置。

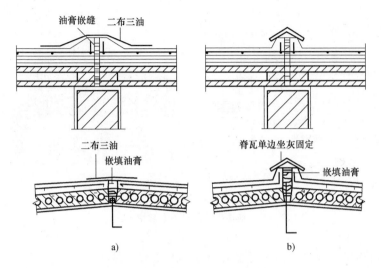

图 6-5　刚性防水屋面分格缝做法

a）横向分格缝之一　b）横向分格缝之二

（2）泛水构造。刚性防水屋面的泛水构造要点与卷材屋面相同的地方是：泛水应有足够高度，一般不小于 250mm；泛水应嵌入立墙上的凹槽内并用压条及水泥钉固定。不同的地方是：刚性防水层与屋面凸出的女儿墙、烟囱等须留分格缝，另铺贴附加卷材盖缝形成泛水，如图 6-6 所示。

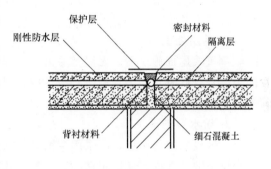

图 6-6　泛水构造

（3）檐口构造。刚性防水屋面檐口的形式一般有自由落水挑檐口、挑檐沟外排水檐口处女儿墙外排水口、坡檐口等。

自由落水挑檐口，应根据挑檐挑出的长度，直接利用混凝土防水层悬挑和在增设的现浇或预制钢筋混凝土挑檐板上做防水层等做法。

外排水檐口檐沟构件一般采用现浇或预制的钢筋混凝土槽形天沟板，在沟底用低强度等级的混凝土或水泥炉渣等材料垫置成纵向排水坡度，铺好隔离层后再浇筑防水层，防水层应挑出屋面并做好滴水槽或滴水线。

当有女儿墙外排水檐口时，通常是在檐口处做成三角形断面天沟，其构造处理与女儿墙泛水做法基本相同，天沟内需设有纵向排水坡度，其构造如图 6-7 所示。

（4）坡檐口。随着屋面装饰材料三曲瓦的问世，常在出檐板的上部做成斜面式，然后在其上铺砌三曲瓦，形成如图 6-8a 所示的

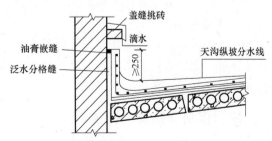

图 6-7　女儿墙外排水檐口

坡檐口构造。由于在挑檐的端部加大了荷载，结构和构造都应特别注意悬挑构件的倾覆问题，要处理好构件的拉结锚固。

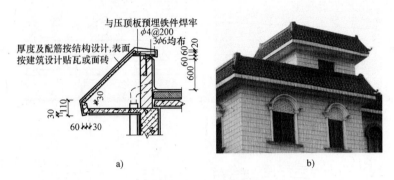

图 6-8　平屋面屋檐构造

a）坡檐构造　b）平屋顶坡檐实物

（5）雨水口构造。雨水口构造可参阅柔性防水屋面的做法。

三、倒置式屋面的施工

前面已经讲过，所谓倒置式，就是将保温材料设在防水层的上面，这样的屋面最适应农村屋面晒粮和乘凉之用。

1. 基层处理

倒置式屋面施工前，先对基层进行处理。如果基层为现浇钢筋混凝土结构层，应对所有的裂缝进行修补；如为预制空心板结构，则应沿板的端缝干铺一层附加卷材条，每边的宽度不应小于 100mm。

2. 防水层铺设

在铺设卷材防水层，应采用空铺法或点粘法。但是在檐口、屋脊和屋面的转角处，以及凸出屋面的连接处，应采用粘贴法粘牢，其宽度不得少于 800mm。

3. 保温层铺设

保温材料应采用聚苯乙烯泡沫塑料板或压缩的聚苯乙烯泡沫塑料板。铺设时应平整，拼缝应严密。如保温层厚度要求较厚时，可铺成两层，这时接缝应错开。

铺设保温层时可采用干铺法或胶粘法均行，可根据当地的材料供应和施工条件来确定。

4. 保护层施工

对于保护层，可采用预制好的混凝土块体材料和砖质块体材料，也可直接采用细石混凝土和水泥砂浆进行抹面处理，做法如图 6-9 所示。

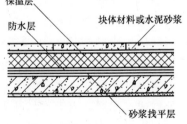

图 6-9　倒置式层面保护层

四、保温隔热层的施工

保温隔热层是一种功能性的屋面结构，它具有保温隔热双重功效，适应于各个地区的平屋面结构。下面根据农村的实际情况，只介绍架空屋面和种植屋面的施工方法。

（一）架空屋面

架空材料一般为烧结砖块和预制的混凝土方块，厚度为40mm。

施工时，应将基层打扫干净，根据架空板的尺寸弹出支座中心线。

铺设架空板时不要采用干铺法，应在板与支座间加抹砂浆。并应随时将落在屋面上的砂浆打扫干净。

当有女儿墙时，架空板应离开女儿墙250mm以上，不得将架空板紧贴女儿墙，如图6-10所示。

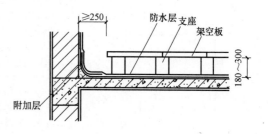

图 6-10　架空板的铺设

（二）种植屋面

种植屋面在有的地方应用较广，它一方面可以起到保温隔热的效果，另一方面还可利用屋面收获些菜类、果类，或者种植些花卉来美化环境。

种植屋面上所使用的防水材料和介质（土壤）不能对种植蔬菜、果树品种和花卉等植物产生任何危害。

在种植屋面施工时，应在做好屋面防水的基础上砌筑种植挡土墙或者用钢筋混凝土浇筑挡土墙。

为保证下雨期不对植物产生水害，应在挡土墙上留设泄水孔，孔的位置应准确，并不能有堵塞现象，如图6-11所示。

当种植屋面防水层施工结束后，在没有填充介质前，应进行蓄水试验，蓄水时间不得少于24h。

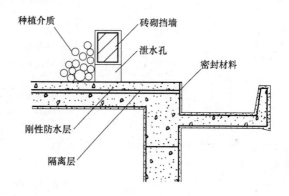

图 6-11　种植屋面的泄水孔

蓄水试验后，应及时装填所用介质和种植相应的植物。

五、平屋面用料及做法

农村平屋面的具体做法及用料可参考表6-2。

表6-2　平屋面用料及做法

编号	名　称	内　容	备注
平屋1	预制混凝土楼板上人屋面（无保温层）	。250mm×250mm×30mm，C20预制混凝土板，缝隙宽3～5mm，1:1水泥砂浆填缝 。铺25mm粗砂 。3mm厚高聚物改性沥青涂料 。刷基层处理剂一遍 。20mm厚1:3水泥砂浆找平层 。1:6水泥焦渣找2%坡，最薄处不得小于20mm厚 。钢筋混凝土屋面板	

（续）

编号	名　称	内　　容	备注
平屋 2	细石混凝土上人屋面 （无保温层）	。40mm 厚 C20 细石防水混凝土,表面压光,混凝土内配 4mm、双向、中距为 150mm 钢筋网片 。铺 10mm 厚黄砂 。20mm 厚 1:3 水泥砂浆找平层 。1:6 水泥焦渣找 2% 坡,最薄处不得小于 20mm 厚 。钢筋混凝土屋面板	
平屋 3	预制混凝土楼板上人屋面 （有保温层）	。250mm × 250mm × 30mm,C20 预制混凝土板,缝隙宽 3 ~ 5mm,1:1 水泥砂浆填缝 。铺 25mm 厚粗砂 。3mm 厚高聚物改性沥青涂料 。刷基层处理剂一遍 。20mm 厚 1:3 水泥砂浆找平层 。干铺 100mm 厚加气混凝土砌块 。1:8 水泥加气混凝土找 2% 坡 。钢筋混凝土屋面板	
平屋 4	细石混凝土上人屋面 （有保温层）	。40mm 厚 C20 细石防水混凝土,表面压光,混凝土内配 4mm、双向、中距为 150mm 钢筋网片 。铺 10mm 厚黄砂 。20mm1:3 水泥砂浆找平层 。干铺 100mm 厚加气混凝土砌块 。1:8 水泥加气混凝土找 2% 坡 。钢筋混凝土屋面板	

第二节　木屋架的制作与安装技术

坡屋面的施工包括了木屋架的制作、安装和屋顶面的青瓦、平瓦的铺设等内容。

一、木屋架的制作

图 6-12 是当前农村房屋建筑中常用的屋架形式，一种是桁架结构，称为豪式屋架，另一种是双梁结构屋架，也有称作立字形屋架。

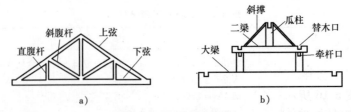

图 6-12　木屋架形式

（一）豪式屋架的制作

这种屋架有木桁架和钢木组合桁架。一般情况下，多用木质桁架。这种桁架的上下弦斜杆用方木或圆木制作，适用于 6 ~ 18m 的跨度，其制作方法如下：

1. 放大样

当屋架全部对称时，可在地面上按照设计的尺寸放出半榀屋架的大样，各节点均按设计要求绘出足尺实样。

（1）弹出杆件轴线。先弹出一条水平线，截取 1/2 的跨度长，同右端点作该线的垂直线，并截取长度为屋架的高度，加起拱后的总和，在垂线上量出起拱高度，此点与水平线的左端点连线即得下弦轴线。在下弦上分出节点长度，并由各点作垂线得竖杆轴线，连相邻两竖杆的上下点，得腹杆轴线，如图 6-13 所示。

（2）弹杆件边线。按上弦断面高，由上弦轴线分中得上弦上下边线；按下弦断面高减去端节点齿深后的净截面高，由下弦轴线分中得上下边线，中竖杆、斜腹杆按圆木截面分中得两边线，如图 6-14 所示。

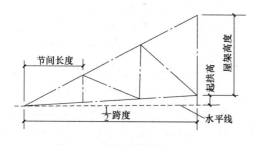

图 6-13　杆件轴线的弹法

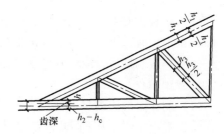

图 6-14　杆件边线弹法

2. 画节点大样

（1）端节点大样。在下弦端头按齿槽深 h_c 及 h'_c 画出齿深线，由上弦上边及下弦上边的交点 a 作垂直上弦轴线的短线，与齿深 h'_c 交于 b，这时连接 b 与上弦轴线和下弦上边线的交点 c，由 c 作垂直上弦轴线的短线与第二齿深线交于 d，连接 d 和上弦下边线与下弦上边线的交点 e，即得端节点，如图 6-15 所示。

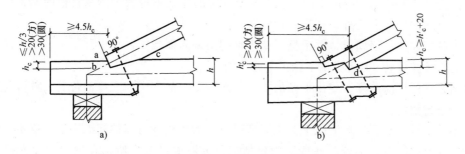

图 6-15　端节点

a）单齿榫节点　b）双齿榫节点

（2）其他节点大样。两边上弦中线与中间杆件相交于中间杆件的两边线，这就是上弦中央节点，如图 6-16 所示；承压面与斜腹杆轴线垂直，中间杆件刻入下弦20mm，形成下弦中央节点，如图 6-17 所示。

3. 套样板

在地面放大样后，就可以采用样板进行套样，套样应按下列要求。

（1）样板要用木纹平直、不易变形、干燥的木材制作。

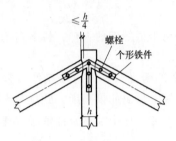

图 6-16　上弦中央节点

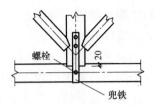

图 6-17　下弦中央节点

（2）套样板时，要先按照各杆件的高度或宽度和细部结构分别将样板开好，两边刨光，然后放于大样上，将杆件的榫齿、榫槽等位置及形状画到样板上。按形状正确锯割后再修光。

（3）样板配好后，放于大样上进行试拼，与大样一致，样板与大样的允许偏差在±1mm 范围内时，再在样板上弹出轴线。

（4）样板制好后，应将杆件名称标注在样板之上，并依次编号，妥善保管。

4. 屋架制作

（1）制作时的防湿材措施。当选用的木材为湿材时，最好采用钢木屋架，以控制木材干燥的收缩。并且，为了防止端节点处不沿剪切面裂开，可在下弦端头下面 500mm 的长度内锯开一条深 20mm 的竖向锯口，使其沿此口开裂，而不降低剪切面的承载能力。

（2）画线及下料。采用样板画线时，对方木杆件应先弹出杆件轴线，对圆木杆件，先砍平找正后弹十字线及中心线。

将已套好样板上的轴线与杆件上的轴线对准，然后按样板画出长度、齿及齿槽等。

（3）锯榫与开眼。节点处的承压面应平整、严密。锯榫肩时，应比样板长出 50mm，以备拼装时修整。上下弦杆之间在支座节点处的非承压面宜留空隙，一般为 10mm；腹杆与上下弦杆结合处，亦应留 10mm 空隙。在下弦上开眼的深度不得大于下弦直径的 1/3。

除了上面放样的方法外，还有一种做法：

将下弦弯起的一面朝上，并根据下弦木料的两端断面找中，按中弹出上弦上下面的中心线。然后将下弦翻转 90°后弹出下弦上下两边线。

依据设计的房间跨度，定出下弦的长度，然后分中确定中间支撑的位置，并可确定两端节点，画出齿槽深度。

将中间支撑下部开榫后装入下弦中间榫眼内，然后根据房屋的起架高度，确定中间支撑的长度。这时应注意，起架的高度因为包括檩条的断面高度，所以在确定中间支撑的高度时，则应减去檩条的断面高度。

中间支撑确定后，就可在中间支撑上部加工出上弦的齿槽，然后将上弦斜放于地面之上，将中间支撑平放于上弦之上，调整上弦两端分别跨于中间支撑齿槽和下弦齿槽，根据齿槽形状在上弦两端画线，然后每端按线平行外移 40mm 后将上弦多余端头锯去。

将加工好的上弦拼装于下弦与中间支撑上。

根据下弦上分出的竖向杆件位置，进行加工拼装。

（二）双梁屋架的制作

双梁式屋架在农村房屋中应用比较普遍，是传统式的屋架结构。这个屋架适用于 6m 以下跨度的房间。

由于大梁与二梁的两端头直径不是相等的，所以该屋架是采用瓜柱的高低来调整梁头直径的大小，最终达到平行。

1. 梁的弹线及画线

在截取二梁长度时，二梁的长度应为大梁长度的 1/2 并加 300mm。

对于大梁或二梁，经划方取圆后，在梁的上面和下面弹出中心，并依线均分瓜柱位置。大梁上两瓜柱的位置一般在梁两边的 1/4 处；二梁上的脊瓜柱在梁的中间。

确定瓜柱位置后，应结合瓜柱的直径，从位置线中间向两边量出瓜柱眼边线。

量取大梁两端在墙上的支座中心，画出替木口边线，替木口一般为 80mm。口深应与大梁的上口线齐，如图 6-18 所示。

对于二梁的画线应按图 6-19 所示。

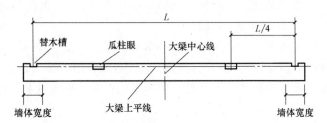

图 6-18　大梁的画线

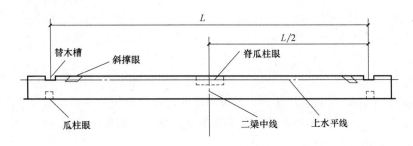

图 6-19　二梁画线

2. 梁的起架

梁的起架，也就是坡屋顶的高度。在一般情况下，屋顶高等于梁长的 28% ~ 30%，也就是农村匠人常说的 28 起架或 30 起架。

起架的高度，就是确定瓜柱高度的依据。按道理来讲，大梁上的两根瓜柱的高度应同脊瓜柱的高度相同。但是，由于檐檩、平檩和脊檩的直径不同，檐檩直径小、脊檩直径大，如按平分高度，就可能产生坡面中间凸起。在这种情况下，大梁上的瓜柱比脊瓜柱低些，一般为总高度的 45%。

在制作瓜柱时，先将脊瓜柱下边开短榫后插入梁上的瓜柱眼内，经吊线垂直后，用木杠将其稳固，然后用一薄木板，贴着瓜柱，并在木板的上边用笔进行岔口画线，如图 6-20 所示。

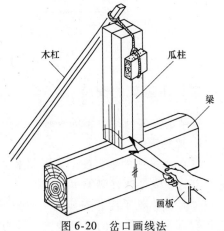

图 6-20　岔口画线法

当岔口画线后按线锯去，然后将瓜柱打入瓜柱眼内，再按梁的上平线向上量取所需高度，对瓜柱圈线后锯去多余部分，再在瓜柱顶部画出瓜柱榫头和开出牵杆眼，牵杆眼为燕尾状眼。

3. 檩条的加工

乡村匠人中有句俗语："檩条丈三，不断就弯"。也就是说，建房时的檩条不能大于4m。

檩条的加工，农村匠人称做是"续檩条"，也就是将檩条按每间的尺寸进行续接。檩条续接是采用榫槽连接的。

将檩条加工成两端截面基本相同时，弹出中线和上下水平线。并依上下中线圈出标准长度线。但是应注意：凡是有榫头的檩条应加上榫头的长度100mm。榫头应留在檩条的小头端，榫眼在檩条的大头端。檩条上的榫头、榫槽和替木眼，参见图6-21所示。

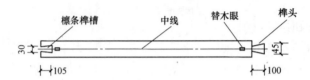

图 6-21　檩条的画线与加工

4. 其他配件

在这种屋架中，梁与梁之间的连接是采用牵杆作为稳定配件的。一般脊牵杆比较讲究，多为圆木取方刨光后在其上写建房的时间。其他牵杆用圆木加工出榫头即可，一般直径均在80～100mm。

檩条之间的联结一方面是自身的榫头和榫槽连接，另一方面采用替木联结。替木长度一般为600mm的方木，在其两端开有一寸多长的楔眼，并安装两个木楔，木楔外露30mm，放在梁头的替木槽内。木楔向上插入檩条的木楔眼中，这样就把檩条连成了一个整体，增加了檩条的稳定性。替木的形状如图6-22所示。

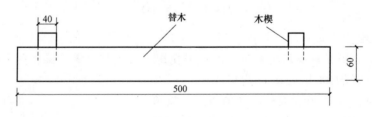

图 6-22　替木

二、木屋架的安装

屋架的安装包括有梁的安装、檩条安装、木椽的安装以及挂瓦板的安装等。

1. 梁的安装

（1）垂吊梁的垂直度。当梁吊装到支座上后，应使梁在支座上座中，然后根据梁两端截面上的垂线来调整梁的垂直度。

（2）调整水平度。安装豪式屋架或双梁屋架时，梁的大头应在前檐墙，并且，不论梁的大小头直径如何，均以梁的上平线为水平线。所以当梁吊放到支座上后，应用尺杆测量梁的上平线，使所有梁的上平线同在一个水平范围内。

当梁的垂直度和水平度全部调整结束后，应进行固定。对于豪式屋架，可在两榀梁上先安装一根檩条，使梁联结成为一个整体。对于双梁屋架可安装牵杆，将两梁进行联结。

2. 檩条的安装

农村建房中檩条安装比较讲究。凡是坐北朝南或坐南面北的房屋，除西边一间檩条小头放在山墙外，其余各间的檩条小头均应朝向东边。而坐东向西或坐西面东的南北方向的房屋，除北边一间檩条小头放在山墙外，其余各间的檩条小头均朝向南方。这样形成了檩条小头均放在山墙之上的结构布局。这样的布置，是因为檩条小头在墙体支座上的支承长度较长，有利于檩条的受力。

檩条安装时，一般先安装脊檩，再安装平木檩，后安装檐檩。当在豪式屋架上安装檩条时，檩条与屋架相交处，需用三角檩托托住，每个檩托至少用2个钉子钉牢，檩托的高度不得小于檩条高度的2/3。

安装双梁屋架檩条时，应先将替木的木楔安入檩条的楔眼中，然后再将檩条与替木安放于梁端的替木槽中，纵向必须在同一轴线上。

安装后的檩条，所有的上表面应在同一平面上。但平木檩条可根据坡面的长短稍向下低50～100mm。如果平木檩条高于脊檩或檐檩，应用截面较高的替木取代檐檩上的替木。

3. 木椽的安装

木椽安装有两种情况，一种是封檐，一种是不封檐。封檐用的椽短，不封檐用的椽长。

在安装木椽前，先在平木檩上号出每根木椽的位置。木椽的间距与上面所铺材料的长度有关。号线时，一般上坡木椽在下坡木椽的左边。木椽的位置确定后，先钉装房屋两边端的边椽。如果是出檐的话，应留出挑檐的长度。然后依两边椽的下端为标准挂准线，如果线绳较长，下坠时，则应在中间再钉一根木椽将线支平。

钉椽时如果使用方铁钉，则应先号钉眼，钻孔后再将椽钉上；如果使用圆钉，则可不钻眼。

一般情况下，木椽的大头朝下，小头钉在檩条上。钉过的木椽上表面应在同一平面上。

4. 其他配件安装

对于屋架上铺设小青瓦的，如是椽头挑出檐口，则应铺钉连檐和连檐板以及挡瓦条。

（1）连檐的钉装。连檐是将木椽连接成整体的一种杆件。连檐的截面形状基本上是三角形，其宽度一般为100～120mm，高度为50～60mm。当有接头时，应开成楔形企口榫，并应搭接在木椽上。

钉装连檐时，首先在两端边椽上面挂通线，该线应距椽头10mm，然后将连檐按线钉在木椽上。每根木椽上最少要有2颗钉。为了防止木椽的振动，应用木杆支承在木椽的下边。

（2）连檐板的钉装。离连檐50mm处，还应钉装连檐板。钉装连檐板的目的，就是要减轻前檐的重量，并使木椽的整体性得到加强。

连檐板一般厚20～25mm，宽度可在250～300mm范围内。钉装连檐板时，每根木椽上可按2个钉或3个钉交错进行。

（3）挡瓦条。挡瓦条是阻挡木椽上合瓦的一种方木配件，挡瓦条一般钉装在连檐上和中间平木檩上。它的宽度有35mm，高度有25mm左右。钉装在连檐上时，应距连檐边5～8mm。

第三节　平瓦屋面的施工技术

从全国农村情况来看，由于瓦屋面不渗漏、保温性好，所以瓦屋面的应用还占着相当的比重。

瓦屋面主要有平瓦屋面和青瓦屋面两种。青瓦屋面中有阴阳瓦屋面和仰瓦屋面之分；在阴阳瓦屋面中还有青瓦盖瓦和筒瓦盖瓦，如图6-23所示。这节主要介绍平瓦屋面的施工。

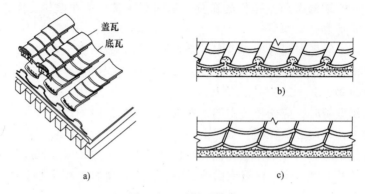

图6-23　瓦屋面形式

a）青瓦盖式阴阳瓦屋面　b）筒瓦盖式阴阳瓦屋面　c）仰瓦屋面

一、黏土平瓦与水泥平瓦施工

平瓦根据材质的不同可分为黏土平瓦和水泥平瓦；根据安装位置和形式的不同可分为平瓦和脊瓦，如图6-24所示。对于坡度较陡的现浇混凝土的屋顶还可采用陶瓷三曲瓦进行铺贴。

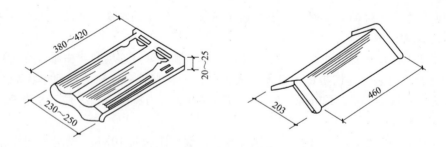

图6-24　平瓦与脊瓦

1. 屋面板、挂瓦条（图6-25）的安装

屋面板宽度不宜大于150mm，可根据情况采用密铺或稀铺。铺钉时，应在屋脊两侧对称进行。屋面板接头不得全部钉于一根檩条上，每段接头的长度不得超过1.5m，面板要与檩条或木椽钉牢。

全部屋面板铺钉结束后，应顺着檐口弹线，待钉完三角条后锯割齐整。

2. 防水层的铺设

防水卷材应由檐口向屋脊铺设，其搭接长度不得少于100mm。

3. 顺水条的安装

屋面顺水条应垂直屋脊钉在卷材上,一般间距为 400 ~ 500mm,顺水条的规格为 25mm × 25mm。

4. 挂瓦条的安装

挂瓦条应根据所用平瓦的长度及屋面坡度进行分档、弹线。但屋脊处不得留 1/2 瓦,檐口的三角木,应钉在顺水条上面。

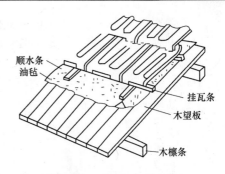

图 6-25　屋面板与挂瓦条

檐口第一根瓦条应较一般瓦条高出一片瓦的厚度,第一排瓦应挑出檐口 50mm 左右。上下排平瓦的瓦头和瓦尾的搭扣长度为 50 ~ 70mm;屋脊处两个坡面上最上两根挂瓦条,要保证挂瓦后,两个瓦尾的间距被脊瓦搭盖每边不小于 40mm。

挂瓦条须用 50mm 长的钉子钉在顺水条上,不能直接钉在卷材之上,如不符合顺水条档子时,在接头处加顺水条一根,接头须锯整齐。

5. 封檐板安装

封檐板的宽度大于 300mm 时,背面应穿木带,宽度小于 300mm 时,背面刻槽两道,以防扭曲。

6. 挂瓦

为保证屋面达到三线标齐,屋檐第一排瓦和屋脊最后一排瓦正式挂瓦施工前应进行预铺瓦,大面积屋面利用平瓦搭接的 3mm 调整间隙来调整瓦片。

摆瓦分为“条摆”和“堆摆”两种方式。条摆时要求隔三根挂瓦条摆一条瓦;堆摆要求一堆 9 块瓦,左右隔两块瓦宽,上下隔两根挂瓦条,均匀错开。

现浇混凝土坡度大于 50% 的陡屋面挂瓦时,需用铜丝穿过瓦孔系于预埋的钢钉上。平瓦在现浇混凝土屋面或钢筋混凝土挂瓦板屋面上铺设时,檐口第一排的瓦头应出檐或超出封檐板 50 ~ 70mm,并应全部进行固定处理,如图 6-26 所示。

在木屋面板上挂瓦时,应按檐口由下到上、自左至右的方向进行。檐口瓦要挑出檐口 50 ~ 70mm,瓦后的瓦爪均应搭挂在挂瓦条上,与左边、下面两块瓦落槽密合,随时注意瓦面、瓦楞平直,如图 6-27 所示。

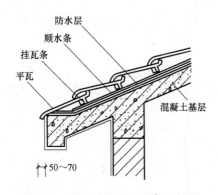

图 6-26　平瓦在混凝土屋面上铺设

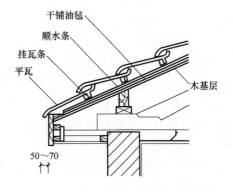

图 6-27　平瓦在木屋面上安装

7. 脊瓦的安装

脊瓦安装时必须挂线铺设。

为了装饰和防风，应在房屋的坡面四边设斜脊和在屋脊处设平脊来固定。斜脊是在山檐边的瓦片上砌一皮普通砖，再用砂浆粉刷平整；屋脊处的平脊是利用脊瓦进行压接，脊瓦的接头口要顺着当地的主导风向。安装脊瓦时，应用混合砂浆铺底，脊瓦与两坡面瓦之间的缝隙用1:3水泥砂浆填实抹平。

在河南等地，两坡四边的斜脊和屋脊处的平脊多采用小青瓦和脊筒叠砌，如图6-28所示。

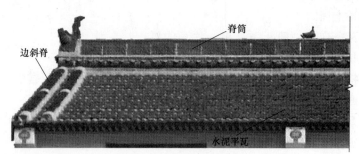

图6-28　脊瓦的安装形式

8. 陶瓷三曲瓦的铺贴

陶瓷三曲瓦是现代建筑材料的装饰用瓦，特别适用于现浇混凝土陡屋面的铺贴。

铺贴陶瓷三曲瓦时，以现浇混凝土板为基层，在现浇板上抹20mm厚防水砂浆找平层，然后用1:3水泥砂浆作为粘结层。

铺贴陶瓷三曲瓦时应挂线作业，并从檐口向上铺贴。铺贴时有两种方法，一种是叠合法，另一种是平接法。

叠合法时，上片瓦应压住下片瓦，叠合长度为瓦长的1/4～1/3。铺贴时，砂浆应摊铺平整，瓦片放到砂浆面上后，用手将瓦片向下压挤，并且瓦片后端用力要稍大，铺贴合格后，将瓦片上的砂浆刮除掉，然后将第二片瓦压在第一片瓦上，并将瓦片压入砂浆固定。叠合法铺贴适用于坡面中间稍微下凹的屋面。

平接时，瓦片与瓦片头尾相接，每片瓦的上表面均在一条直线上。

二、油毡瓦的铺钉

油毡瓦是一种新型的屋面建筑材料，具有施工简单、防水性好的特点。

（一）主要材料

1. 油毡瓦质量要求

（1）油毡瓦的规格。油毡瓦的常用规格为 1000mm×333mm×3.5mm 和 1000mm×333mm×4.5mm。外观尺寸允许偏差：优等品 ±3mm，合格品为 ±5mm。

（2）外表质量。油毡瓦应边缘整齐、切槽清晰，厚薄均匀；表面无孔洞、折皱、裂纹和起泡等质量缺陷。

油毡瓦所用的矿物粒料的颜色和粒度必须均匀，覆盖密实。

2. 保温板

保温板采用压缩型的聚苯乙烯泡沫塑料板，并且应符合防火要求的自熄型产品。

（二）油毡瓦的铺钉

油毡瓦屋面可适用于木屋面板和现浇混凝土屋面板结构。这里仅对现浇混凝土屋面板结构作一介绍，木屋面板结构可参阅前面内容。

1. 保温垫层的施工

保温垫层是在现浇混凝土板上的一个结构层。在农村，可采用粒径均匀的炉渣，同水泥、白灰混拌均匀后摊铺于现浇混凝土结构层上。有条件的话，最好采用膨胀珍珠岩作为保温材料。不论采用炉渣或膨胀珍珠岩，其厚度不得小于 200mm。

2. 细石混凝土结合层

当保温层施工结束后，采用 C15 的细石混凝土作 30～40mm 厚的结合层，铺设结合层时，应保证表面平整，并用木抹子搓毛。

3. 钉保温板

水泥砂浆表面结硬后，将压缩的 2～2.5mm 厚的聚苯乙烯泡沫塑料板全面覆盖于结合层上，每块板均用水泥钉钉入砂浆层中。

4. 铺油毡瓦基层

油毡瓦基层采用 1:2.5 水泥砂浆，均匀地铺设在保温板上，用 2m 靠尺在任何方向上检查，误差不得大于 3mm。

5. 铺钉油毡瓦

铺钉油毡瓦前，先在基层上铺一层防水卷材作为油毡瓦的垫毡。铺钉时，应从檐口往上用油毡专用钉铺钉，其搭接宽度不应小于 50mm。所钉钉帽应打入垫毡层内。

油毡瓦也应从檐口向上铺钉，檐沟油毡瓦与卷材之间，应采用满粘法铺钉，如图 6-29 所示。第一层瓦应与檐口平行，切槽向上指向屋脊，并用油毡钉固定。第二层油毡瓦应与第一层油毡瓦叠合，但切槽应指向檐口。第三层油毡瓦压在第二层上，并露出切槽 100mm，相邻两层油毡瓦之间的对缝上下层不应重合。

铺钉时，每片油毡瓦应钉 5 个油毡钉；当屋面坡度大于 150% 时应增加 1～2 个或采用沥青胶粘。

铺钉脊瓦时，应将油毡瓦沿槽切开，分成四块作为脊瓦，并用两个油毡钉固定，脊瓦应顺年最大频率风向搭接，并应搭盖住两坡面油毡瓦接缝的 1/3，并不小于 150mm。脊瓦与脊瓦的压盖面不小于脊瓦面积的 1/2，并不应少于 100mm，如图 6-30 所示。

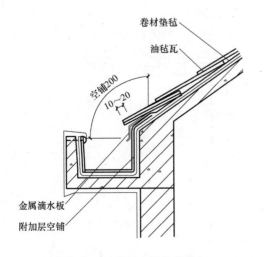

图 6-29 油毡瓦在檐沟的铺钉

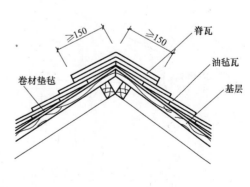

图 6-30 脊瓦的铺钉

三、平瓦屋面的细部做法

1. 女儿墙包檐口做法

这种构造中，檐口在女儿墙的后面，女儿墙与檐口是用檐沟进行过渡连接。如果是现浇混凝土屋面，檐沟可直接现浇，若是木屋面板或是钢筋混凝土挂瓦，则应用预制混凝土檐沟。沟内应铺设防水卷材，并将卷材直接铺到女儿墙上不低于 250mm 高度形成泛水，如图6-31 所示做法。

2. 山墙檐口做法

山墙檐口按屋顶形式分为硬山与悬山两种。硬山檐口是山墙高于屋面而包住了檐口，这时，墙与屋面交接处应做泛水处理，泛水处理有两种方法：一种是采用水泥砂浆粘贴小青瓦，另一种是用麻刀砂抹面，如图6-32 所示。

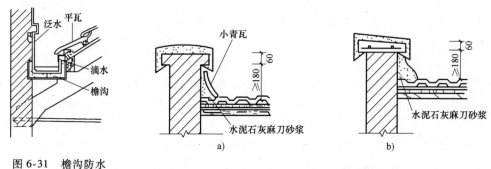

图 6-31　檐沟防水

图 6-32　硬山檐口做法

a）青瓦泛水　b）砂浆抹面泛水

悬山是檩条头外露于山墙之外，为了保护檩条头不受雨淋或日晒，垂直于檩条采用不小于 300mm 博风板进行封挡。沿山墙挑出的一行瓦，用 1:2.5 的水泥砂浆做出披水线，将瓦封固，如图6-33 所示。

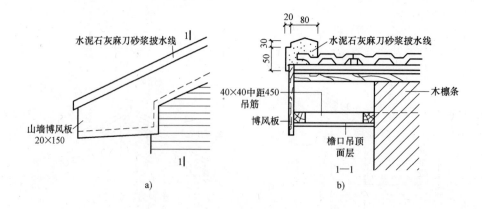

图 6-33　悬山檐口做法

a）悬山山墙封檐　b）1—1 剖面图

3. 对于油毡瓦屋面的檐口应设金属滴水板，如图 **6-34** 所示。

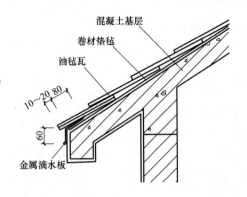

图 6-34　油毡瓦檐口处理

第四节　青瓦屋面的施工

小青瓦屋面的施工，具有较强的技术性。从全国的分布情况来看，南方地区青瓦屋面同北方地区截然不同。南方基本上是采用阴阳瓦屋面，而北方基本采用无灰埂的仰瓦屋面。

一、底瓦的铺法

所谓底瓦，就是木椽上边所铺放的瓦。南方铺放时，是将仰瓦铺放在两根木椽的中间位置，瓦背朝向房间内；而北方则是将底瓦凹面朝下搭放在两根木椽的上面。

铺设时，均是由檐口的连檐板开始向上铺设。如在铺设中，瓦在木椽上不平稳，则应对瓦进行处理，一般是用瓦刀将高出的瓦角砍去一点。

在北方，铺放底瓦从山墙檐口的一边向另一边后退铺放。铺放四垅或五垅时，随时用麦草泥摊铺于底瓦之上，厚度一般在 80 ~ 100mm。

二、叠脊与分边

叠脊与分边是屋面建筑的精华，是确定建筑造型、体现建筑艺术的重要部位。

全国各地，屋脊的形式多种多样，难以数计，在这里以采用脊筒的屋脊为例来介绍脊的叠放。

1. 选瓦

"一瓦四样"是对青瓦尺寸的综合评价。如何能保证装出的脊瓦与所铺大面的瓦相符，不出现插垅，就要对瓦进行挑选。特别是改建房屋时所用的旧瓦，更应注意选择。选瓦，就是将大头尺寸相同的瓦挑选出来，供装脊瓦时分别使用。选瓦时，应用一个木板，依据瓦口的相应尺寸在两边钉上两颗钉子，每瓦都从这两钉间紧紧通过，不能通过的应换一个较大瓦口，然后将每个瓦口选出的瓦叠放在一起，作为一个尺寸，如图 6-35 所示。

2. 分边

所谓分边，就是根据房屋屋面的纵长，在两坡面的山墙檐口边确定边瓦的位置。这个

"边"在其他地方也称为斜脊。

分边时，先用钢卷尺通量屋脊处、檐口处的长度，看其尺寸是否相同，也就是检测屋面的方正程度，如有误差，则从分边中给予修正。

分边时，在屋面的麦草泥基层上面铺一层麻刀灰，然后将如图6-36的博风板依准线铺贴于每坡的两边，一垂面封盖住挑出的檩条头。如为封山时，则不铺设博风板。

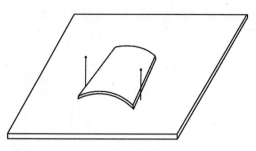

图6-35　选瓦的方法

博风板

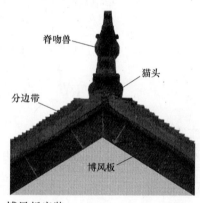

图6-36　博风板安装

用麦草泥铺于博风板上，先在檐口挂一个如图6-37所示的滴水瓦，然后用小青瓦从檐口向上依准线铺放至屋脊处，瓦的凹面向上。这四边的第一垅瓦就叫做分边瓦。

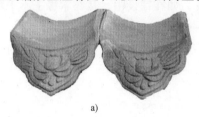

a)

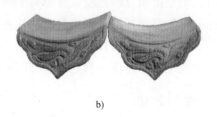

b)

图6-37　滴水瓦

a) 菊花形滴水　b) 飞凤滴水

3. 叠脊

叠脊也称为装垅叠脊，所用的材料主要有脊吻兽、脊筒、小筒瓦、猫头、云瓦等构件。

叠脊有先叠脊和后叠脊之分，先叠脊是未开始铺瓦前先将屋脊做好；后叠脊是待屋面瓦全部铺完后再砌脊。前者的最优点是脊边瓦不容易退出，后者是瓦的宽度不一致时容易施工。

叠脊时可在屋脊的两边坡面开始试摆瓦，查看装瓦的垅数和确定两边的斜脊宽度。试摆正确后，用麦草泥铺底将试摆的瓦按照试摆位置进行铺放，每边铺放5~6片瓦。然后再在其上顺着脊背砌一层普通砖或斜面放的青瓦，其外面用包口瓦坐灰包住。屋脊的结构如图图6-38所示。

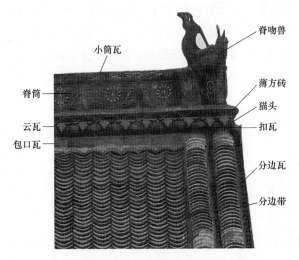

图 6-38　屋脊构造做法

当然，屋脊的结构也不尽相同。有的不用包口瓦，而是用麻刀灰进行抹面。四边的分边带一方面可以作为屋面的装饰，另一方面也起到了压住边瓦的作用。

在南方，一般屋脊不用脊筒，而是用青瓦组合成各种形状的图形，如图 6-39 所示；脊的两端也不用脊吻兽，而是采用青瓦叠砌成蝎子尾，如图 6-40 所示。蝎子尾叠砌的角度以 30°～45°为宜，并且伸出的长度不得超出分边瓦。

a)

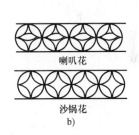

喇叭花

沙锅花

b)

图 6-39　屋脊上的花瓦脊

a) 花瓦应用实例　b) 花瓦形式

4. 铺瓦

当屋脊和屋面两边的分边带全部完成后，就可以对屋面中间部位进行铺瓦。铺瓦时，瓦的大头朝下，小头向上。铺瓦时宜从右边向左边后退进行，每次可铺四垅瓦。铺瓦时，应用尺杆按屋脊所装瓦垅的宽度在檐口的连檐上进行分档画线，然后拉准线摊泥铺瓦。铺瓦时，先在檐口处每垅瓦的前边安放滴水瓦，并在两行瓦垅间安放勾檐瓦，如图 6-41 所示。安放滴水瓦时，应将瓦的后边稍向下压，使滴水尖稍微上翘，避免下雨时产生"尿檐"。

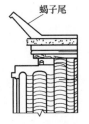

蝎子尾

图 6-40　屋脊上的蝎子尾

铺贴檐口边的四片瓦，应用麻刀灰铺底，其余的全部用麦草泥作为结合层。铺瓦时，一般是先铺第 1 垅，再铺第 3 垅，然后铺第 2 垅和第 4 垅瓦，但第 2 垅和第 4 垅的瓦应向后退40mm 左右。每垅瓦的瓦翘应相互啮合，四角平稳，瓦的阴面圆弧应与压在上面瓦的瓦翘相平，如图 6-42 所示。在正常铺放时，大多采用"一搭三"的搭接方式，也就是在搭接的部位有三片瓦头是错位搭接在一起的，但不论搭接数量如何，瓦的后部应比前部高些，否则会产生倒流水，形成屋面渗露。

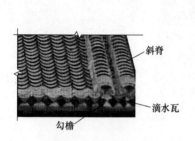

图 6-41　滴水与勾檐

图 6-42　瓦的铺设

当铺放到脊边的装瓦时，应先将瓦松松地插入到装瓦的底面，然后用撞杆将瓦逐一地紧紧打入。

阴阳瓦屋面的底瓦和盖瓦每边搭接宽度不小于 40mm。铺瓦时，要先铺底瓦（阴瓦），后铺盖瓦（阳瓦）。

仰瓦屋面铺瓦时，如果做灰埂，应先将两楞仰瓦之间的空隙用草泥堵塞饱满，然后用麻刀灰做出灰埂，再在灰埂上涂刷青灰浆，并压实抹光；如果不做灰埂，应挑选外形整齐一致的青瓦，瓦楞边缘应相互咬接紧密，坐灰（或草泥）饱满、牢靠。

第七章
门窗制作与安装技术

门和窗既是房间温度的调节器，又是建筑造型的组成部分，它的外形、尺寸、比例、排列对建筑内外造型影响极大，所以被作为重要的装饰构件来处理。随着美丽乡村建设的不断深入，新材料新技术的推广应用，对于乡村房屋外立面，如何选用门窗的造型、五金的质感、颜色等已经成为建房户比较关注的重要内容。

第一节　木门窗配料与加工

木门窗制作，是一种细致的木工营作技术。木门窗制作的操作程序是：放样、配料、刨料、画线、打眼开榫与拉肩、裁口和起线、拼装。

一、木门窗的节点构造

1. 门框
（1）门框的冒头和框梃割角榫头与不割角榫头的节点如图7-1所示。
（2）框子冒头和框子梃双榫榫头如图7-2所示；框子梃与中贯档结合的榫头如图7-3所示。

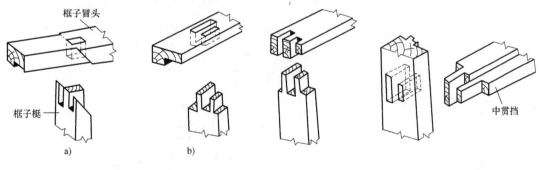

图 7-1　割角与未割角榫头　　　　图 7-2　双榫头　　图 7-3　中贯档榫头
a) 割角榫头　b) 未割角榫头

2. 门扇
门扇中各结构部位的节点如图7-4所示。

3. 窗扇
窗扇中各结构部位的节点如图7-5所示。

4. 常用的画线符号
木工在制作各类构件时，画线是木工进行沟通的语言，是进行加工制作的主要依据。所以必对线条代表的含义应有所了解和掌握。

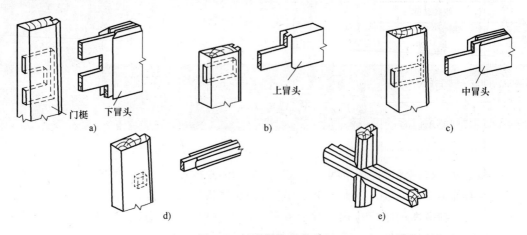

图7-4 门扇部位的节点

a）下冒头与门桯结合 b）上冒头与门桯结合 c）中冒头与门桯结合

d）棂子与门桯结合 e）棂子与棂子的十字结合

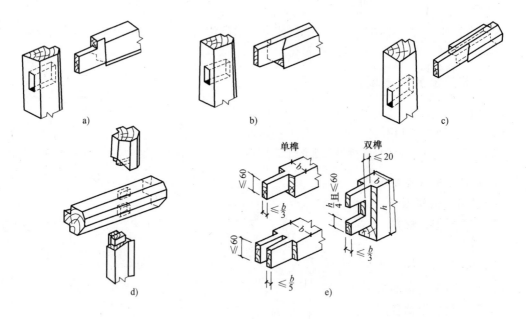

图7-5 窗扇中的榫头

a）上冒头与窗桯结合 b）下冒头与窗桯结合 c）窗棂与窗桯结合

d）窗棂与十字交叉结合 e）单双榫的构造

常用画线符号见表7-1的规定。

表7-1 常用画线符号

序号	线条名称	符 号	说 明
1	下料线		平行于木纹方向的纵线
			当有两条直线时，则应按本线下料

（续）

序号	线条名称	符 号	说 明
2	中心线	——N——或——□——	表示中心位置
3	作废线		指已经作废的线,不能按此线制作
4	截料线		指垂直于木纹的线
5	正副线		正线为榫肩位置线,副线为榫顶位置线,下料时应在副线外侧下锯截断
6	基准面线		利用此面作为制作依据
7	通眼符号		表示通眼两面
8	半眼符号		表面只有一面上眼
9	榫头符号		开榫的符号

二、木门窗的制作

1. 基本要求

木门窗制作的基本要求是：画线要正确，线条须平直、光滑、粗细分明、符号准确。刨面不得有刨痕、戗槎及毛刺。开榫要饱满，打眼要方正，半榫的长度可比半眼的长度少2mm。割角要严密、整齐，拉肩不能伤榫。成活干净整洁。

2. 放样

放样，就是将详图上的各部件尺寸足尺画在样杆上。每根样杆可画两面，一面画门窗的纵剖面，另一面画门窗的横剖面。放样时，应先画出门窗的总高及总宽，再定出中贯档到门窗顶的距离，然后根据各剖面尺寸依次画各部件的断面形状及相互关系。

样杆是配料、截料和画线的主要依据，必须仔细校核后才能正式使用。一般的情况下，由于农村中的门窗制作量不是很大，所以也可不做样杆，直接根据详图上的尺寸制作。

3. 配料与截料

配料时，可根据样杆或详图上的尺寸计算所需毛料的尺寸。配料时要根据板材的具体情况配套下料。

在乡村，有这样一句话："长木匠、短铁匠"。所以在截料时，考虑到毛料在刨削、拼装等方面的损耗时，各部件的毛料尺寸一定要比净料尺寸大一些，具体增加的尺寸参见下列要求。

（1）长度尺寸。长度方向的加大量应可参考表7-2中的数据。

表 7-2　门窗构件长度加工余量

构 件 名 称	加 工 余 量
门框立梃	根据图样尺寸加长 70mm
门窗框冒头	根据图样尺寸加长 200mm；无走头时加长 40mm
门窗框中冒头、窗框中竖梃、门窗扇冒头、玻璃棂条	根据图样加长 10mm
门窗扇边框	根据图样规格加长 40mm
门扇中冒头	有 5 根以上者，有 1 根可考虑做半榫
门心板	根据冒头及扇框内净距长、宽可加长 50mm

（2）断面尺寸。当成品料为一面刨光的，宽度和厚度应增加 3mm，两面全为光面时，宽度和厚度则应加大 5mm。

4. 刨料

如果用人工刨料，应先用中刨刨削。刨料时，应将纹理清晰的材面作为正面。对于门窗框料可任选一个小面为正面；对于门窗扇料，可选一个宽面作正面。一般应在料的正面上打上画线符号。

在刨料时，有的料面可不进行刨削。门、窗框的梃及冒头可刨削三面，不刨削与墙体接触的一面；门、窗的上冒头和梃边也只刨削三面，靠梃子的一面等到安装时再刨削。

5. 画线

画线操作应在画线架上进行。将门或窗料整齐地排放在画线架上，用角尺找方。当确定了各结构尺寸后，可按照先画外皮横线，再画分格线，最后画顺线的顺序，将所有料的横线一次画出，然后画出逐根的榫、眼线，同时用方尺画两端头线、冒头线、棂子线。并要注清是全榫还是半榫。

门窗棂及厚度大于 50mm 的门窗扇应采用双榫连接。冒头料宽度大于 180mm 时，一般画双排榫，榫眼厚度一般为料厚的 1/5～1/3；中冒头大面宽度大于 100mm 者，榫头必须是大进小出。门窗棂子榫头厚度为料厚的 1/3。半榫眼深度一般大于料宽度的 1/3，冒头拉肩应和榫吻合。

不论采用什么画线，线条的宽度不得超过 0.3mm，务求均匀、清晰。对于不用的废线应立即废除，避免混淆。

6. 打眼

打眼的基本要领是"前凿后跟，越凿越深"。打眼用的凿刃应和榫的厚薄相一致，凿刃要锋利。打眼的顺序是先打全眼，后打半眼。全眼要先打背面，凿到一半时，翻转工件再打正面，直到贯通。眼的正面要留半条墨线，反面不留线，但比正面略宽。这样榫头装入时，以免挤裂眼口四周或将眼两端边的板面顶裂。

7. 开榫与拉肩

开榫就是按照榫头线纵向锯开；拉肩有的也称抹肩，就是将开榫时锯开的两边外皮锯掉，露出榫的榫边的台肩。开出的榫头要方正，不得成为一边薄一边厚的楔形。并且开榫时，属于正面的榫线要留半线。

8. 裁口、起线

裁口要用裁口刨，要求刨得平直、深浅宽窄一致，不得凸凹不平；阴角处要清理干净，并成直角。

起线是在框边用线型刨刨出一条带有装饰性的线条。要求所刨线条通直、棱角整齐、表面光洁、立体感强。

9. 拼装

拼装前，所有割角应完成，并用净面刨将构件表面的墨线条或其他戗槎、结疤处刨光。

拼装时，应将有眼的构件放于地上，下面用方木垫平；手拿带榫件，榫眼对正入眼后，用斧头敲击，使榫头全部进入眼中至台肩。

拼装门、窗框时，应先将中贯档与框桄拼好，再装上、下冒头；拼装门扇时，应将一根门桄放平，把冒头逐个插装上去，再将门芯板嵌装于冒头及门桄之间的阴槽内，但应注意门芯板在冒头及门桄之间的槽底应有一定的间隙，然后再将另一根门桄对眼装上。

为了保证榫眼的紧密结合，防止使用期间榫头退出，将拼装好的框或扇再用木楔打紧，打楔时必须沾胶，然后将木楔打入眼内榫头的小面与眼壁间，并且要用角尺放于框的外边，尺梢与所拼件平行，边打楔边校正拼装的方正，如图7-6所示做法。当木楔打过时，使框或扇产生翘曲的，则应把木楔钻出后再打。

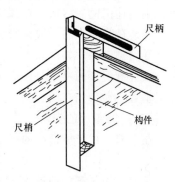

图7-6　拼装件方正校正法

木楔全部打完后，用锯锯去榫头，用净刨将高出的榫肩刨平，再用中刨将榫头刨光。并在冒头与边框上钉八字撑，在门框的下端两框上钉拉杆。

三、撒带板门的制作

（一）撒带板门的制作

撒带板门是用40～50mm厚的干燥板材拼合而成，多用于入户的街门，如图7-7所示。由于这种门结实耐用，经得起撞击，还常用于农村的入户门、进屋门。

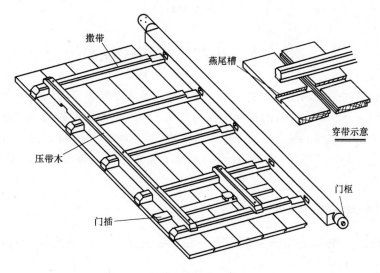

图7-7　撒带板门

撒带门一般由三块单板胶合成一整体，门枢（有的也称门转）直接从门板上开出上下两轴。在做门拼板时，凡是作为门枢的那块板，小头应向上，其余板不论。

制作撒带门的顺序是：合缝──→拼板──→开燕尾槽──→安带──→裁边──→割轴──→净面。

合缝时，如果是人工合缝，则应用合缝刨。合缝时，板的中间缝稍凹，板头的缝应严密。这样，上胶拼板扣紧时，板端缝不会开裂。

拼板时，应在相对的两块板的小面上开三个木钉眼，木钉眼的深度应不小于60mm，宽度应为40～45mm。

横于门上的撒带，有的称为串条，每扇门上应安装5个撒带。两端的撒带距门扇端头为150～170mm。一般大头厚度40mm，小头有30mm；大头宽度50mm，小头宽度42～45mm。当撒带刨面后，应按照门扇上均分的撒带位置，进行开燕尾槽。开槽时，撒带大头应在门枢边，小头在门的对口边，槽深应为6mm。

安装撒带时，底面应抹胶，并应紧紧地打入槽中。然后将在门枢处的撒带上面砍成斜面状，并用刨刨平，斜面长度约为100mm。

在裁割门扇的横边时，应将门枢先锯出，免得裁割横面时将门枢锯去。然后将压带木同门闩垂直于撒带扣在门板上。

（二）撒带门的安装

在以前，由于撒带门的门框下面有门槛，门框是放在门礅之上的，所以，以前的撒带门扇较低。

当前，为了车辆的进出方便，基本上不再采用门槛的模式，而多做成农村人常说的"落地门"，所以安装较为简单。

安装撒带门前，应找出门框内口的中心，并从上冒头中点用线坠垂吊，依垂线在地面上点出中心位置。

门头的上部同以前一样，门扇上部的门转轴套进门管扇的轴眼中，用螺栓将门管扇固紧于门框上冒头。门扇下端的门转轴直接插进地面上已用细石混凝土埋固的轴套内。门扇安装后，两扇门的对口缝必须与门框的上下中点位置相闭合。

第二节　传统窗棂制作技术

在充满钢筋混凝土的现代建筑中，由于人们的生活水平提高，人们的审美观念也发生了巨大变化。造型各异、风格独特的传统窗棂与自然、与人类保持着和谐，它那曲折多变的线条之美和建筑文化的神韵，给乡村的房屋建筑增添了活力和灵气，特别是有的少数民族，采用传统窗棂来点缀居住环境已越来越普遍，因此下面特对部分传统窗棂的制作技术予以介绍，供大家参考。

一、花格的构成形式

传统式花窗由窗框和竖向排列的棂条组成。一般来讲，棂条的构成主要有下列四种形式：

1. 网格构成

它由纵、横棂条交错而成，基本形式是"一码三条箭"。这种形式是在直棂格心基础上再加三条横棂，通过正交、斜交手法可变换出各式各样的花样。

2. 间格构成

它是由若干规格的棂条等距离排列组合，棂条之间互不交接。

3. 框格构成

这种花格是由规格不同的棂条组成不同式样的框格。常见的有龟背锦，如图7-8所示；灯笼框，如图7-9所示。由于灯笼框中部有面积较大的透空内框，因此有较好的透光性，所以框格构成的花格窗在民房建筑中应用较多。

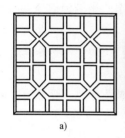

a)　　　　　　b)

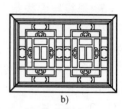

a)　　　　　　b)

图7-8　龟背锦窗

a）正交龟背　b）龟背核桃纹

图7-9　框格构成的花格窗

a）工字卧蚕　b）套方灯笼锦

4. 连续构成

这种花格也是常用的一种，它是由棂条组成的双向连续图案，如图7-10所示的万字锦。还有比较常见的冰裂纹、回字拐纹等。特别是冰裂纹，有三边、四边等放射形的连续构组，看似杂乱无章，实际上是错落有致。

另外，随着室内的摆设不断丰富，博古架已成为当前时髦的花格装饰。博古架又称多宝格，这一构件花格优美，组合得体，是客厅中的一道主要装饰品。在一般情况下，博古架的厚度为300mm，架板的厚度在20mm。有的将博古架做成双层，上层为博古架，下层做成书柜，如图7-11所示。

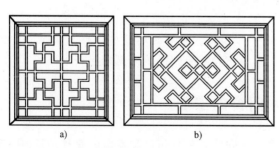

a)　　　　　　　　b)

图7-10　万字与盘长锦窗

a）正交万字　b）盘长锦窗

图7-11　博古架

二、窗棂的制作

制作窗棂应按下面顺序：

1. 放样与分格

就是根据需要制作的花格形式先画出一张样图，然后根据图样在木板上按所制作窗棂的尺寸进行分格放样。

分格时，要保证每格的尺寸为整数，棂条的厚度一般在 20～25mm，最后将剩余的尺寸放到边框上，这样便于制作施工。

2. 选料与刨料

所用材料多选用比较松软的木料，如白杨木、白松木等，并且木纹要通顺，无结疤等缺陷，不得使用有髓心的木材。

每根料在刨削时均要四边刨光，每根料的宽度和厚度均要过卡验收，必须保证各根棂条的尺寸相同。并且要按照图 7-12a 对棂条的方正进行验证。

3. 画线与起线条

棂条全部刨好后，在画线架板上排列画线，先画横断面线，再画开榫线。线条要细而清晰。

根据每种花格的不同要求，在正面进行起线条，起线条时应用线刨进行，一般常用线条有指甲盖式、三角式、凹面式等。

4. 开榫与割角

开榫时应仔细，保证榫与槽能配合严密而不紧。然后将相互连接的两个棂条装在一起，并在工作案上的方规上进行割角，保证结合严实。

棂条的基本搭接方式如图 7-12b 所示。

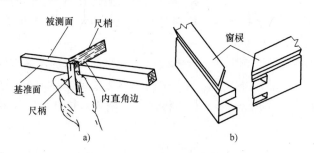

图 7-12　棂条制作的基本方法
a）验证棂条方正　b）棂条的基本搭接方式

5. 组合与拼装

所谓组合，就是将窗棂一对一对地组合成一个组件，然后再将这些组件拼装成一个整体。在组合与拼装中，每一榫头都要涂胶，但不得把胶液涂到棂条正面之上。

第三节　木门窗的安装

木门窗的安装有两项内容，一是门框和窗框的安装，二是门扇和窗扇的安装，其中门窗扇安装中还包括有门窗扇的玻璃安装。门窗框与门窗扇的安装均关系到门窗的使用及变形，所以一定要按照技术要求进行安装。

一、门窗框的安装

1. 安装方式

门框、窗框的安装方式按照施工方法有两种，一种是先将门框或窗框立放到相应的墙体位置上，确定无误后再砌墙体。这种安装方式称为立口法，如图 7-13 所示。

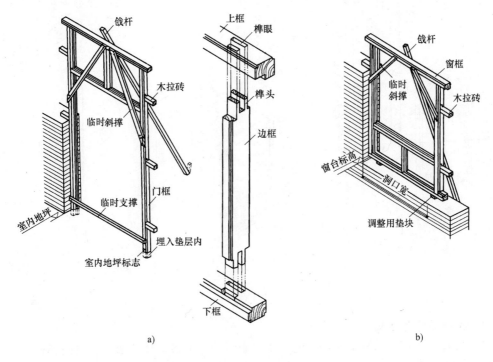

图 7-13 立口法

为了加强门框或窗框与墙体的联结，根据框的高度在砌墙时先在墙体中砌入相应数量的木砖。木砖应由比较坚硬的木材制作，形成里大外小的形状，然后做防腐处理，将其放到木砖制作的砂浆模内，砂浆模的规格同烧结普通砖，使木砖的小面朝外，然后在模内填入水泥砂浆，将木砖包裹在中间，脱模后应进行湿养护。硬化后根据需要安装的高度砌入墙体中，在墙体干燥后再用铁钉将门窗框钉牢到木砖上。这种做法克服了以前木砖容易在墙体中产生松动的缺陷。

第二种也是当前常用木门窗框安装的一种方法，就是砌筑墙体时先按门窗框的宽度和高度留出洞口，并砌入木砖块，等到墙体抹灰时再将门窗框装入洞口，这种方式称为塞口式，如图 7-14 所示。

2. 安装方法

安装门窗框时，如果是多层房屋，并且上下层门或窗还在上下垂直的位置，则应从最上层门窗框的中心用垂线吊直，在墙上弹出 +500mm 墨线，用来检查安装门窗框的标高。

门窗放到位置后或装入到洞口后，应用线坠吊测框的垂直度。当为立口式时，用戗杆搭到框的上边，并用绳系牢；如为塞口，则用 100mm 的钉子将框钉牢，钉帽应冲进框内 2mm 左右。

门窗框安装后，应用砂浆或嵌缝材料，将框与墙体间的缝隙嵌填密实。

二、门窗扇的安装

1. 安装的方法

安装门窗扇时，首先要量测好框口的实际尺寸和接缝的大小，再在扇上确定所需的高度

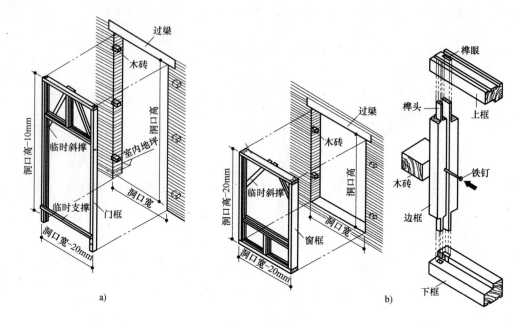

图 7-14　塞口法

和宽度，弹线后进行修刨。

双扇门窗扇的对口一般采用企口的形式，企口的正面缝口要严密，背缝则要稍微虚些。

2. 铰链的安装

门窗扇铰链的位置一般距上下边为扇高的 1/10，但不能安装在上下冒头上，安装后应转动灵活。

当门窗扇与框合好后，将铰链贴在扇梃上画出铰链的槽位边线，同时在框梃的内侧画出铰链板的边线，按周边线和铰链的厚度在扇梃与框梃上同一位置开出铰链槽，其深度略大于铰链板的厚度。

先将铰链用木螺钉固定在扇子的铰链槽中，然后再将扇固定于框梃上。

铰链安装后，试开门窗扇，在无外力的作用下，门窗扇不得自行开启，关闭时扇梃正面不得与框梃的裁口面接触，或将铰链口拉大。

安装铰链时，门窗扇安装的留缝宽度应符合表 7-3 的要求。

表 7-3　门窗扇安装留缝宽度

项　　目		留缝宽度/mm
门窗扇对口缝、扇与框间立缝		1.5 ~ 2.5
双扇大门对口缝		2 ~ 4
框与扇间上缝		1.0 ~ 1.5
窗扇与下坎间缝		2 ~ 3
门扇与 地面间隙	外门	4 ~ 5
	内门	5 ~ 7
	卫生间门	10 ~ 20

3. 门锁的安装

门锁的安装高度一般距地面950mm左右，并不得安装在中冒头上。安锁时，锁舌盒应比锁舌低一点，防止日久后下垂锁不住。夹板门的门锁要安装在预留的安装垫木上。

4. 门窗拉手与插销

门扇拉手，应位于门扇中线以下；窗的拉手距地面1.5m左右。当安装门窗插销时，门插销应位于拉手的下边；装窗插销时应先固定插销底座，把两窗扇关闭后将插销放下，将插销挡圈装好。

5. 窗的风钩

窗扇的风钩应装在窗框下框与窗扇下冒头的夹角处，使窗开启后成90°。

三、木门窗的玻璃安装

1. 玻璃的选用

选择玻璃应兼顾窗的使用及美观要求。普通平板玻璃因其制作简单、价格便宜且透光能力强，在民房建筑中应用广泛。除此外还有磨砂玻璃、压花玻璃、钢化玻璃、中空玻璃等。如为了保温、隔声需要，可选用双层中空玻璃；需遮挡或模糊视线的，可选用磨砂玻璃或压花玻璃；为了安全可选用夹丝玻璃、钢化玻璃或有机玻璃；为了防晒可采用有色、吸热和涂层、变色等种类的玻璃。

玻璃厚度的选用，与窗扇分格的大小有关，单块面积小的，可选用薄的玻璃，一般2mm或3mm厚；单块面积较大时，可选用5mm或6mm厚的玻璃。

2. 玻璃的安装

安装木门窗玻璃前，应将企口内的污垢清除干净，沿企口的全长均匀涂抹1～3mm厚底灰，并推压平板玻璃至油灰溢出为止。

木杠、扇玻璃安好后，用钉子或钉玻璃压条固定，钉距不得大于300mm，且每边不少于2颗钉子。

如用油灰固定，应沿企口将油灰填实抹光，使和原来所抹的油灰连成一体。油灰面同玻璃企口切平，并用刮刀抹光油灰表面。

如用木压条固定时，木压条应先涂干性油。压条安装前，把先铺的油灰充分抹进去，再用钉或木螺钉把压条固定，但不应把玻璃压得过紧。

冬期施工时，当玻璃是从寒冷处运到比较温暖处时，应待玻璃同环境温度一致后方可安装。

第四节　铝合金门窗的构造与安装

铝合金门窗由于具有自重轻、强度高、外形美观、密闭性好、气密性好、水密性好、隔声性好、耐腐蚀、坚固耐用、维修保养方便等优点，已广泛应用于农村房屋建筑中。

铝合金门有平开门、推拉门、地弹簧门三种类形，地弹簧门又分为无框和有框两种。

一、铝合金门的制作

（一）门扇的制作

1. 选料与下料

选料时应注意型材的表面色彩、料型、壁厚等，保证有足够的强度、刚度和装饰性。

在下料时，必须量测门的洞口尺寸，并将门的洞口尺寸减去安装缝、门框尺寸，其余按扇数均分大小。所以下料时要量测计算、画简图，然后按图下料。下料的原则是：竖梃通长满门扇高度，横档截断，即按门扇宽度减去两个竖梃宽度。

2. 组装门扇

（1）在竖梃上钻孔。在竖梃上按安装横档部位进行钻孔，当用钢筋螺栓连接时，孔径大于钢筋直径；用角铝连接的，视角铝规格而定。用角铝的规格可用 22mm × 22mm，钻孔可在上下 10mm 处，钻孔直径小于自攻螺钉。

（2）门扇节点固定。上、下横档一般用两端有螺纹的钢筋固定，中横档用角铝自攻螺钉固定。先将角铝用自攻螺钉连接在两边竖梃上，并将两端带有螺纹的钢筋从钻孔中伸入边梃，中横档套在角铝上，然后将钢筋两端的螺母拧紧，中横档再用电钻钻孔，用自攻螺钉拧紧。

（二）门框制作

门框制作比较简单。在切割好的门框料的上框和中框部位的边框上，钻孔安装角铝，方法与门扇同。然后将中、上框套在角铝上，用自攻螺钉固定。

门框上，左右设扁铁连接件，扁铁件与门框用自攻螺钉紧固，安装间隙为 150 ~ 200mm，视门料的情况与墙体的间距而定。扁铁可做成平的或 II 字形。

二、铝合金门窗的安装

1. 弹线定位

铝合金门窗安装前，应沿建筑物全高用线坠测量垂直度来引测门窗的边线位置并弹出位置线，并逐一抄测门窗洞口距门窗边线的距离，如有的距离不符时，则应做出标志进行修复处理。

门窗的水平位置，应以楼层室内的 50 水平线为标准向上量测出窗下皮标高，为保证每层窗底标高的一致性，应在两端窗底标高拉线找平。

2. 预留洞口

门窗洞口的尺寸偏差应符合要求，其允许偏差值应符合表 7-4 的规定。

表 7-4　门窗洞口的尺寸偏差（mm）

项　　目	允 许 偏 差
洞口高度、宽度	±5
洞口对角线差	≤5
洞口侧边垂直度	1.5/1000 且不大于 2
洞口中心线与其准线偏差	≤5
洞口下平面标高	±5

3. 铝合金门窗框的安装

窗框四周外表面应进行防腐处理。如设计没有具体要求时，可涂刷防腐涂料或粘贴塑料薄膜进行保护。

按弹线确定的门窗框位置线，将门窗框立于洞口内，调整好正侧面的水平度、垂直度和对角线，合格后先临时固定。

应根据墙体材料的不同而采取相应的固定方法，如果墙体为混凝土结构，则应预先在浇筑混凝土时预埋焊接的连接件或膨胀螺栓连接，如图 7-15 所示。

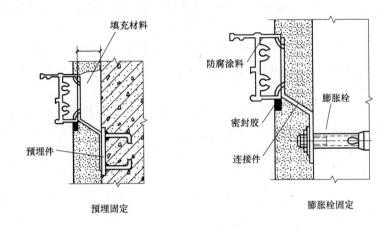

图 7-15 混凝土结构固定法

如果固定在砖墙上，则应用铁脚连接固定或膨胀螺栓固定，如图 7-16 所示。

但窗框与墙体的固定不论采用哪种连接方式，固定点的间距不应大于 600mm，距框角的距离不应大于 180mm。

铝合金推拉门下框的固定应参照图 7-17 所示的方法，上框和立框的固定与图 7-15、图 7-16 相同。

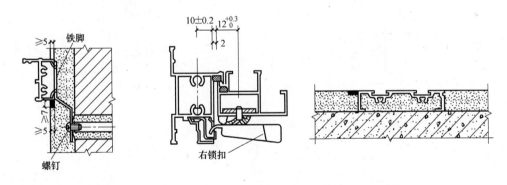

图 7-16 砖墙上固定　　　　　　图 7-17 推拉门下框的固定

地弹簧门的边框直接埋入地面中，埋入的深度不得少于 50mm。

铝合金窗装入洞口应横平顺直，外框与洞口应弹性连接牢固，不得将窗框直接埋入墙体。

安装密封条时应留有伸缩余量，一般比门窗的装配边长 20～30mm，在转角处应斜面断开，并用胶粘贴牢固，以免产生收缩。

窗外框与墙体的缝隙填塞，应用发泡剂填塞缝隙，或用矿棉条或玻璃棉毡条分层填塞，缝隙外表面留 5～8mm 深的槽口，用以嵌填密封材料。

安装后的窗必须有可靠的刚性，必要时可增加固定件。

4. 铝合金门窗扇的安装

铝合金门窗扇的安装，应在室内外装饰基本完成后进行。

安装推拉门窗扇时，将配置好的外扇插入上滑道的外槽内，自然下落于对应的下滑道的外滑道内，然后再用同样的方法安装内扇。

对于可调导向轮，应在门窗扇安装之后调整导向轮，调节门窗扇在滑道上的高度，并使门窗扇与边框间平行。

安装平开门窗扇时，先把铰链按要求位置固定在铝合金门窗框上，然后将门窗扇嵌入框内临时固定，调整合适后，再将门窗扇固定在铰链上，必须保证上、下两个转动部分在同一条轴线上。

地弹簧门扇安装时，应先将地弹簧主机埋设在地面上，并浇筑混凝土使其固定。主机轴应与中横档上的顶轴在同一垂线上，主机表面与地面齐平。待混凝土达到设计强度后，调节上门顶轴将门扇装上，最后调整门扇间隙及门扇开启速度。

5. 小五金配件安装

安装铝合金门铰链时，应注意框与扇之间的关系，其安装方法如图 7-18 所示。

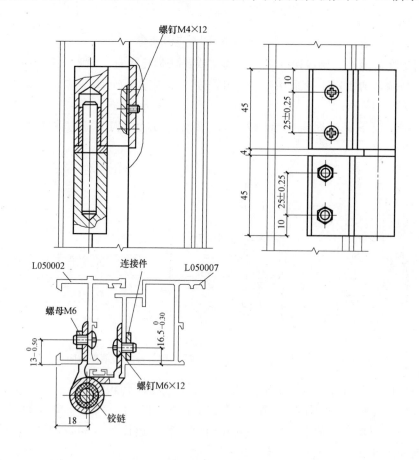

图 7-18　铰链安装

铝合金门扇上的门锁，一般单扇平开门采用球形门锁，双扇平开门选用插芯门锁，并且每扇室内外门两侧均应安装拉手，其安装方法如图 7-19 所示。

除了安装双扇门门锁和拉手外，还要安装固扇插销。安装插销时，应安装在没有门锁的另一扇上。插销应安装在该扇的上下角处，如图 7-20 所示。

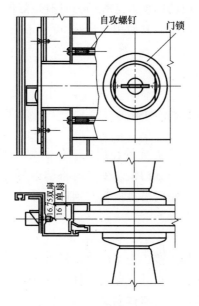

图 7-19　门锁的安装

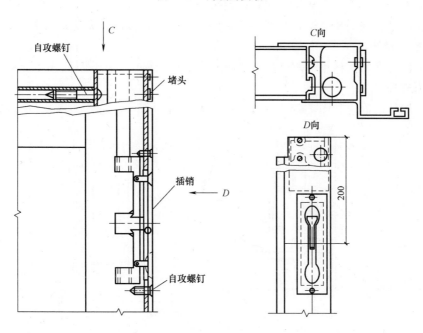

图 7-20　插销安装

第五节　塑钢门窗的构造及安装

塑钢门窗是以改性硬质氯乙烯（简称 UPVC）为主要原料，加上一定比例的稳定剂，着色剂、填充剂、紫外线吸收剂等辅助剂，经挤出成型为各种断面的中空异型材。制作加工时，在其内腔衬以型钢加强筋，用热熔焊接成型组装制作成门窗框、扇等，配装上橡胶密封条、压条、五金件等附件而制成的门窗。这种门窗具有良好的隔热保温性、隔噪声性、气密性、水密性、耐老化性、抗腐蚀性。其使用寿命在 50 年左右，目前在建筑工程中已得到广泛的应用。

一、塑钢门窗框的安装

当安装塑钢门窗时，其环境温度不得低于 5℃。

1. 假框法

做一个与塑钢门窗框相配套的镀锌铁金属框，框材厚一般 3mm，预先将其安装在门窗洞口上，抹灰装修完毕后再安装塑钢门窗。安装时将塑钢门窗送入洞口，靠近金属框后用自攻螺钉紧固。此外，旧木门窗、钢门窗更换为塑钢门窗时，可保留木框或钢框，在其上安装塑钢门窗，并用塑料盖口条装饰。

2. 固定件法

门窗框通过固定铁件与墙体连接，先用自攻螺钉将铁件安装在门窗框上，然后将门窗框送入洞口定位。于定位设置的连接点处，穿过铁件预制孔，在墙体相对位置上钻孔，插入尼龙胀管，然后拧入胀管螺钉将铁件与墙体固定。也可以在墙体内预埋木砖，用木螺钉将固定铁件与木砖固定。这两种方法均须注意，连接窗框与铁件的自攻螺钉必须穿过加强衬筋或至少穿过门窗框型材两层型材壁，否则螺钉易松动，不能保证窗的整体稳定性。

3. 直接固定法

这种方法是在墙体内预埋木砖，将塑钢门窗框送入窗洞口定位后，用木螺钉直接穿过门窗型材与木砖连接。

窗框与墙体的固定如图 7-21 所示。

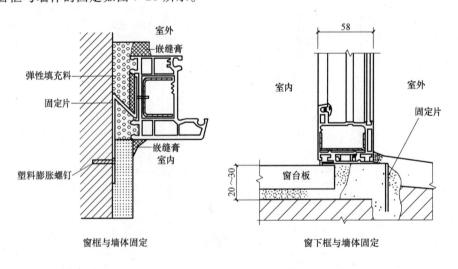

图 7-21　窗框与墙体的固定

二、安装施工技术要求

1. 洞口要求

塑钢窗的构造尺寸应包括预留洞口与待安装窗框的间隙及墙体饰面材料的厚度，其间隙应符合表 7-5 的规定。

表 7-5　洞口与窗框间隙 （mm）

墙体饰面层材料	洞口与窗框间隙
清水墙	10
墙体外饰面抹水泥砂浆或贴马赛克	15～20
墙体外饰面贴釉面瓷砖	20～25
墙体外饰面贴大理石或花岗岩板	40～50

对于同一类型的门窗，应与其相邻的上、下、左、右洞口保持通线，洞口应横平竖直；对于高级装饰工程及放置过梁的洞口，应做洞口样板，洞口宽度与高度尺寸的允许偏差应符合表 7-6 的规定。

表 7-6　洞口宽度与高度尺寸的允许偏差 （mm）

洞口宽或高 ＼ 墙体表面	<2400	2400～4800	>4800
未粉刷墙面	±10	±15	±20
已粉刷墙面	±5	±10	±15

应测出各窗口中线，并逐一作出标志。多层建筑，可从高层一次垂吊完成。

2. 固定片的安装

检查和确认窗框上下边的位置及其内外朝向，无误后安装固定片。安装时应采用 φ3.2 钻头钻眼，再将十字槽盘头自攻螺钉 M4×20 拧入。固定片之间的间距应小于或等于 600mm，不得将固定片直接装在中横框、中竖框的挡头上。

3. 临时定位

将窗框装进洞口，其上下框中线应与洞口中线对齐；窗的上下框四角和中横框的对称位置，应用木楔或垫块塞紧作临时定位固定；当下框长度大于 0.9m 时，其中央也应用木楔或垫块塞紧，临时固定；然后确定窗框在洞口墙体厚度方向的安装位置，并调整窗框的垂直度、水平度及角度。

4. 伸缩缝与缝隙的处理

窗框与洞口之间的伸缩缝隙应采用闭孔泡沫塑料、发泡聚苯乙烯等弹性材料分层填塞；填塞不宜过紧。对于保温、隔声等级要求较高的工程，应采用相应的隔热、隔声材料填塞。

窗洞口内外侧与窗框之间缝隙应进行处理：如为普通单玻窗，其洞口外侧与窗框之间应采用水泥砂浆或麻刀灰浆填实抹平，待砂浆硬化后，其外侧采用嵌缝膏进行密封处理。保温、隔声的窗，其洞口内侧与窗框之间应采用水泥砂浆填实抹平；当外侧抹灰时，应采用 5mm 厚的片材将抹灰层与窗框临时隔离，待抹灰层硬化后撤去片材，并用嵌缝膏挤入抹灰层与窗框缝隙内。洞口内侧与窗框之间也应用密封膏嵌填密封。

框、扇上面若粘有水泥砂浆时，应在其硬化前，用湿布擦拭干净，不得使用硬质材料进行铲刮。

5. 平开窗铰链安装

平开窗的铰链一般为插销式铰链，安装时先将轴套装在窗扇支臂外边的中心线上，如图

7-22 所示的位置。用 $\phi3mm$ 钻头钻孔，再用 $\phi4mm \times 30mm$ 沉头自攻钉将轴套固定在图 7-23 所示的位置上。

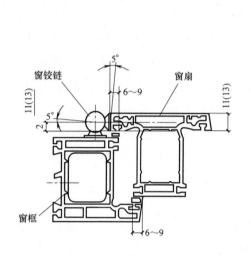

图 7-22　轴套安装

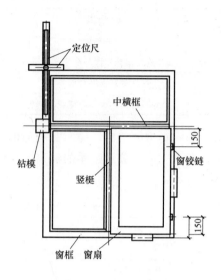

图 7-23　螺钉固定位置

安装铰链的个数应根据窗扇的高度和玻璃层数来确定。窗扇高度小于 900mm，而且为单层玻璃时，铰链应为 2 个；窗扇高度大于 900mm 或窗扇高度虽小于 900mm，但安装的是中空玻璃或双层玻璃时，都必须安装 3 个铰链。

将装好轴套的窗扇放入到窗框中，用定位块将窗扇定位，再将轴座插入到轴套之中，轴座底板贴着窗框移动，直到轴套与轴座相贴合的两端面之间没有缝隙为止。然后按轴座底板上 3 个孔的位置在窗框上钻 $\phi3mm$ 的孔，用 $\phi4mm \times 25mm$ 的沉头自攻钉将轴座固定在窗框上即可。

6. 玻璃的安装

安装玻璃时，应将玻璃装入框扇内，然后用玻璃压条将其固定。安装双层玻璃时，玻璃夹层四周应嵌入中隔条，中隔条应保证密封、不变形、不脱落；玻璃槽及玻璃内表面应干燥、清洁。

安装的玻璃不得与玻璃槽直接接触，并应在玻璃四边垫上不同厚度的玻璃垫块，其垫块位置应按图 7-24 所示。边框上的垫块，应采用聚氯乙烯胶加以固定。

镀膜玻璃应安装在玻璃的最外层，单面镀膜层应朝向室内。

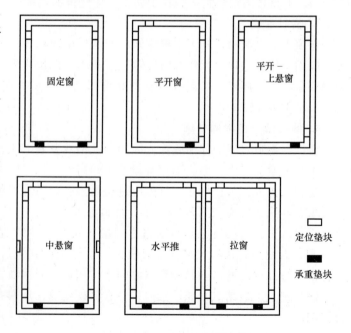

图 7-24　垫块的位置

第八章

乡村道路及管道施工技术

乡村道路及管道设施等基础设施，是乡村生产生活的活动载体，也是区域发展的硬环境。它不仅有利于农业和整体乡村经济的可持续发展，而且也会大大提高农村居民的生活质量水平。

第一节　乡村路基施工技术

乡村道路是支撑农业和农村经济社会发展的基础设施，是乡村建设的坚实基础，也是改善农民生产、生活条件，发展农村经济的基础和前提。并且对于推动农村经济社会又好又快发展具有极其重要的现实意义。

一、路基的基本构造

1. 路基构造

农村道路路基是由基层、底基层和土质层叠加构成的，如图8-1所示为路堤和路堑路基的构造。

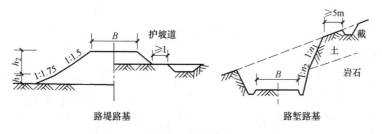

路堤路基　　　　　　　　　　路堑路基

图8-1　路基构造

2. 地基类型及处理

修筑路基时，地质条件有时非常复杂，因此为了保证路基的施工质量，就需要对不同地质条件下的路基进行处理。不同地基类型和处理方法如下：

（1）当地基的地质土为含水量较大、强度低的软土地基时，应用灰土挤密桩法进行处理。

（2）遇水加载后明显产生沉陷的湿陷性黄土地基，则可用压密注浆法或灰土挤密桩法处理。

（3）路基土质是吸水膨胀、失水收缩的膨胀土地基时，则应用灰土置换法、灰土桩或生石灰桩处理。

（4）遇到卵石、砾石或块石地基，在动荷载作用下，易产生不均匀沉降的，则应用渗透注浆法进行处理。

（5）在修筑路基时，如遇到枯井、古墓时，则应探清井或墓的深度和土质后，分别用三合土进行分层回填夯实，直到与路基面平。

二、路基的施工

路基施工，主要有人工施工法，简易机械施工法和机械化施工法等。在乡村道路的施工中，一般是采用人工和简易机械施工的较多。但是在经济比较发达的农村，也有全部使用机械化施工的。

（一）测量放线

测量放线就是把设计图样上的主要特征点移到地面上的过程。

1. 固定桩点

在道路路路基开工前，要对施工的道路路线进行量测和放出线路进行定位。也就是根据设计图样的要求，将道路边线、转点、曲线及缓和曲线的起终点、中间点、直线上的整桩和分桩、水准点等在地面上用木桩定下来。桩点固定法有延长切线法和交汇法，如图 8-2 所示。此法中的交汇法适用于所需固定的一切桩点。

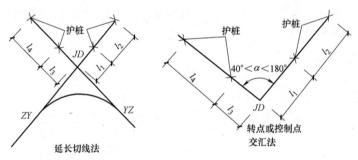

图 8-2　桩点固定法

2. 路基边桩的放样

路基放样的目的，就是在原地面上标定出路基边缘、路堤坡脚及路堑堑顶、边沟护坡道等，并根据横断面设计的具体尺寸，标定中线桩的填挖高度，将横断面上的各主要特征点的位置在实地上标定出来，以构成路基轮廓作为填挖的依据。

（1）图解法。这种方法可称为"比葫芦画瓢"法，如图 8-3 所示。根据设计图上的坡

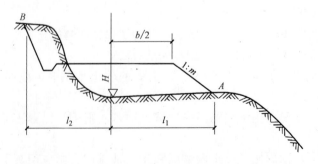

图 8-3　图解法

脚点 A 或坡顶点 B，与中间桩水平距离可以从横断面图上按比例量出，然后在地面上用钢卷尺或皮尺沿横断面量出 A 点或 B 点，距中间桩的水平距离线可定出边桩的位置。

在量测 A 点、B 点到中间桩的距离时，一定要把尺子拉平拉直，如果横坡较大，也可分段量测，在量得的点处钉上坡脚桩。每个横断面放出边坡后，再分别将中线两侧的路基坡脚或路堑的坡顶用灰线连接，即为路基的填挖边界。

（2）渐近法。这种方法是在分段量测水平距离的同时，用水准仪、经纬仪或其他方法，测出该段地面两点的高程差，最后累计得出边桩点与中间桩点的高程差，再用计算结果来验证其水平距离是否正确，如果与设计不符，就逐渐移动边桩，直到正确位置时为止。

3. 路基边坡的放样

有了边桩，还需要在实地把路基的边坡坡度固定下来，以便使填挖的边坡坡度符合要求。

路基边坡放样常用下边两种方法：

（1）挂线法。它是利用线绳固定于木桩后形成路基轮廓线。当路堤高度较高时，可挂分层线，在每层挂线前，应依标定中线用水准仪抄平，如图 8-4 所示。

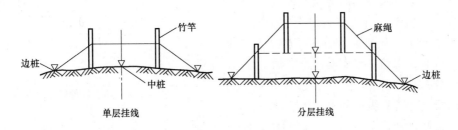

图 8-4 挂线法

（2）样板法。顾名思义就是按照设计图，预先做出路基式样的样板，用样板比葫芦画瓢进行放样。在做样板时，首先按照边坡坡度做出边坡样板，样板的式样有活动的边坡样板和固定的样板，如图 8-5 所示。

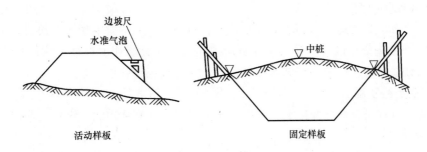

图 8-5 样板法

（二）土质路堤的施工

1. 填土路堤施工基本要求

在填筑路堤时，为保证路堤的强度和稳定性，在施工中则应符合如下要求：

（1）填筑路堤时，根据当地资源采用碎石、卵石、粗砂等透水性好的材料，采用透水不良或不透水的土质材料填筑路堤。采用透水性良好的材料填筑时，含水量则不受限制；如采用透水性不良的材料，则应保证含水量不得大于8%。

（2）路堤基底原状土的强度不符合要求时，应进行换填，换填深度，应不小于0.3m，并予以分层压实。每层虚铺填料的厚度为0.5m，填筑至路床顶面最后一层的最小压实厚度，不应小于80mm。

（3）加宽旧路堤时，首先要清除地基上的杂草，并沿旧路边坡挖成向内倾斜的台阶，台阶宽度不应小于1m。加宽路基所用的土质应与原路基相同，否则应选用透水性较好的土质。

（4）修筑山坡路堤时，应由最低一层台阶填起，并分层夯实。

（5）路堤基底若为密实稳定的土质基底，地面横坡度陡于1:10，且路堤高度超高0.5m时，基底可不处理；路堤高度低于0.5m的地段，或地面横坡为1:10~1:5时，只需将原地面上的杂物清除即可。当地面横坡度陡于1:5时，还应将原地面挖成宽度不小于1m、高度为0.2~0.3m的台阶，台阶顶面做成向内倾斜2%~4%的斜坡，如图8-6所示。

2. 土质路堤的填筑

对路堤的填筑应采用分层填筑法，分层填筑时可分为水平分层和纵向分层两种。

水平分层填筑，是按横断面全宽分成水平层次，逐层向上，如果原地面不平时，应由最低处分层填起，每填一层压实后方能填下一层。

纵向分层填筑，多用于原地面纵坡大于12%的地段。它是沿纵坡分层，逐层填筑压实。

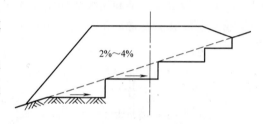

图8-6　斜坡处理

如果地面横坡陡于1:5时，在原地面应挖成宽度不小于1m台阶，并用小型夯实机加以夯实。填筑应由最低一层台阶填起，并分层夯实，然后逐台向上填筑，分层夯实，所有台阶填完之后，即可按一般填土进行。

3. 填石路堤的填筑

当路基用石料填筑时，应按石料性质、块体大小、填筑高度、边坡坡度等综合考虑，并应逐层水平填筑而不需夯压。

当用风化石填筑路堤时，石块应摆平稳放，石与石之间的空隙用小石块或石屑灌实。

当用粒径在0.25m以下不易风化的石块填筑时，应分层铺填；对于粒径在0.25m以上的石块，应分层铺填，尽量做到靠紧密实，上下层石块应错缝搭压。

（三）挖土路堑施工

路堑施工前首先应处理好排水。路堑施工的主要方式有横挖法、纵挖法和混合开挖法。

1. 横挖法

横挖法是指按路堑的整个横断面从其两端或一端进行挖掘的方法，如图8-7所示。这种

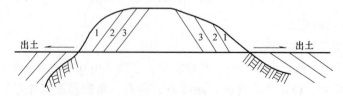

图8-7　横挖法

方法适应于短而较深的路堑。

2. 纵挖法

纵挖法又可分为分层纵挖法和通道纵挖法。

分层纵挖法是指沿路堑分成宽度和深度的纵向层挖掘。挖掘可采用各式铲车进行。

通道式纵挖法是指先沿路堑纵向挖一通道，然后再挖两旁。如果路堑较深时，可分次进行。这种方法可采用人工或机械施工。

3. 混合法

混合法，是指将横挖法、通道挖法混合使用。在施工时，先顺路堑挖通道，然后沿横向坡面挖掘，以增加开挖面。

（四）土基压实

当每层填筑完成后，就要采用压实机械将土压实。压实过程中应注意下列事项：

（1）填土层在压实前，应先将表面整理平整，可自路中线向路堤两边作 2% ~ 4% 的横坡。

（2）对于填筑的砂性土，应用振动式机具压实。对于黏性土，应用碾压式和夯击式。

（3）压实机具应先轻后重，以适应逐渐增长的土基强度。

（4）碾压速度应先慢后快，以避免松土在碾碾发生较大推移。

（5）压实机在压实时，应先两侧后中间，以便形成路拱，然后再从中间向两边碾压。前后轮迹应重叠 0.15 ~ 0.2m，并应均匀分布。

（6）弯道部分设有超高时，由低的一侧边缘向高的一侧边缘碾压。

第二节 沥青混凝土路面施工技术

沥青混凝土路面属于柔性路面结构，路面刚度小，在荷载作用下，产生的弯沉变形大，路面本身抗弯抗拉强度低。但是，沥青混凝土具有很高的强度和密实度，并且透水性小，水稳定性好。有较大的抵抗自然因素和行车作用的能力，沥青混凝土路面结构如图 8-8 所示。

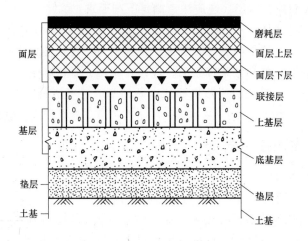

图 8-8　沥青混凝土路面结构

从图 8-8 可以看出，基层是位于路面下的结构层，它主要承受由面层传来的车辆荷载的竖向力，并把它扩散到垫层和地基中。

但是，除沥青混凝土路面的路基多由当地村民进行处理外，路面沥青混凝土的施工都是由专业的施工单位进行，所以下面只对路基部分的施工进行详细介绍。

一、卵石基层施工

乡村道路的基层施工，基本采用路拌法施工。

下承层、土基层与底基层表面应平整、坚实，并具有规定的路拱，没有任何松散的材料和软弱地点。底基层上的低洼和坑洞，应填补压实。底基层上的搓板和辙槽，应刮除；松散处应耙松洒水后重新碾压。

1. 铺料

铺料前，要通过试碾压确定集料的松铺系数。人工摊铺混合料时，其松铺系数为 1.4 ~ 1.5；平地机铺料时为 1.25 ~ 1.35。

所铺的集料是粗、细碎石和石屑在一定的百分比下所组成的混合料。

铺料时应将料均匀地摊铺在预定的宽度上，要求表面平整，并具有规定的路拱。

级配碎石、砾石层设计厚度一般为 8 ~ 16cm；当厚度大于 16cm，应分层铺筑。下层厚度为总厚度的 0.6 倍，上层为总厚度的 0.4 倍。

2. 拌和

用平地机进行时，将铺好的集料翻拌均匀，拌和遍数为 5 ~ 6 遍。

如果采用圆盘耙与多铧犁配合拌和时，用多铧犁在前面翻拌，圆盘耙在后边拌和，一般翻 4 ~ 6 遍。如单用多铧犁的，第一遍由路中间开始，将碎石混合料向中间部位翻；第二遍应相反，从两边向中间，翻拌遍数为双数。

3. 碾压

拌和完成后，应立即用压路机械进行碾压。如为 12t 以上三轮碾路机时，每层压实厚度不应超过 15 ~ 18cm；如为振动压路机时每层压实厚度为 20cm。碾压时后轮应重叠 1/2 轮宽，并应超过两段的接缝处。后轮压完路面全宽的，即为碾压一遍。一般情况下需压 6 ~ 8 遍。如果采用的是级配碎石基层，还应注意满足下列要求：

（1）路面的两侧应多压 2 ~ 3 遍。

（2）碾压的过程中，均应随碾压随洒水，使集料保持在最佳含水量。

（3）碾压中局部有软弹和翻浆现象的，应停止碾压，翻松晒干，也可换料后继续碾压。

（4）碾压开始时应用较轻的压路机稳压，两遍后，应检查碾压质量，不符合要求的应进行处理。

二、石灰工业废渣路基施工

1. 混合料配比范围

在道路施工中，常用的混合料配比可参考如下内容：

（1）采用石灰粉煤灰做基层或底基层时，石灰与粉煤灰比例为 1:2 ~ 1:9。

（2）采用石灰煤渣做底层时，石灰与煤渣的比例为 20:80 ~ 15:85。

（3）采用石灰粉煤灰粒料做基层时，石灰与粉煤灰的比例为 1:2 ~ 1:4。

（4）采用石灰煤渣粒料做基层或底基层时，石灰:煤渣:粒料的比例为（7 ~ 9）:（26 ~

33）:(67~58)。

（5）采用石灰粉煤灰土做基层或底基层时，石灰与粉煤灰的比例为(1:2)~(1:4)。

但是应注意，石灰在使用前7~10天要充分消解，消解后的石灰应保持一定的湿度，并应用孔径为10mm的筛子筛选。

粉煤灰必须有足够的含水量，一般不应低于15%~20%。

2. 摊铺

材料用量按计划运送到工地后，就可以用平地机或其他机械进行摊铺。摊铺的宽度应符合要求，表面应平整，并具有规定的路拱。

第一种材料摊铺均匀后，宜先用两轮压路机碾压1~2遍，然后铺第二种材料。在第二种材料层上，也用两轮压路机碾压1~2遍，依次类推。

3. 拌和

拌和时一般采用平地机或多铧犁与施耕机等机械，拌和遍数不得少于4遍。其具体方法是：

采用施耕机与多铧犁配合拌和时，先用施耕机拌和，后跟多铧犁或平地机将底部素土翻起，用施耕机拌和第二遍，再用多铧犁或平地机将底部料再次翻起，使稳定土层全部翻透。

采用圆盘耙与多铧犁或平地机配合时，用平地机或多铧犁在前边翻拌，用圆盘耙跟在后面拌和。使二灰与集料拌和均匀，共拌和四遍。在拌和中，开始的两遍不应翻到底部，以防止二灰落到底部，后两遍应翻到底部。

4. 整形

混合料拌和均匀后，先用平地机初步整平整形，在直线段，平地机由两侧向中心进行刮平，在平曲线段，应由内向外进行。用拖拉机、平地机或轮胎压路机快速碾压1至2遍，再用平地机如前法进行整形，并用上述机械再碾压一遍。

5. 碾压

整形后，当混合料处于最佳含水量时再进行碾压。

碾压机械可为12t以上三轮压路机或振动压路机在路基全宽内进行。直线段由两侧路肩向路中心碾压，平曲线段由内侧路肩向外侧路肩进行。碾压时，后轮应重叠1/2的轮胎，后轮必须超过两段的接缝，直到碾压要求的密度止。

对于二灰土，应先采用轻型机械，后采用重型机械。碾压过程中，二灰稳定土的表面应始终保持湿润，如果表面失水较快，则应及时补洒少量的水。

第三节 混凝土路面施工技术

混凝土道路适应乡村中的主要道路、次要道路和宅间道路，具有普遍性和广泛性。

当前，由于混凝土技术的普遍应用，各村修筑混凝土路面时多由本村内的施工人员进行施工。所以应对混凝土路面施工技术有所了解和掌握。

一、混凝土路面的基本构造

由混凝土材料浇筑的路面称为混凝土路面，它是由面层、基层、垫层、路肩等组成。

（一）路面组成

1. 面层

面层是直接暴露在大气中，承受着行车荷载作用和自然因素的影响，所以，路面除应具有足够的抗压强度、弯拉强度、抗疲劳强度和耐久性能外，还要具有抗滑、耐磨、平整等表面特征，以保证行车安全。

2. 基层

为了增强基层的刚度和承载力，防止产生板底脱空、错台等病害，则要选择如下的基层材料：

（1）素混凝土基层。

（2）碎石、砾石基层。

（3）无机结合料基层，如水泥、石灰与粉煤灰类；稳定粒料，如碎石、砾石和土。

3. 垫层

垫层是为了解决地下水、冰冻、热融对路面基层以上结构带来的破坏而在特殊路段设置的路基结构层。其位置是在路床的标高以下，厚度和标高均不占用基层或底基层的位置。

垫层的宽度与路基等宽，最小厚度不小于 150mm，防冻、排水的垫层厚度在 150~250mm 就可以了。

（二）面板的接缝与构造缝

1. 面板平面尺寸

为了减少混凝土的伸缩变形和翘曲受到约束而产生的应力，常把直线段的水泥混凝土路面划分成一定尺寸的矩形板块，曲线段的混凝土路面也沿着中线划分一定尺寸的曲线板块，并设置接缝、纵向和横向缝。

在一般情况下，混凝土面层的横向接缝间距按面层类型选定，乡村主要道路或次要道路的普通混凝土面层为 4~6m，而面板的长宽比不应超过 1.30，平面面积不应大于 25m²。

混凝土面板的纵缝必须与道路的中线平行，纵缝间距按车道宽度。

2. 横缝构造

（1）胀缝构造。胀缝的宽度约为 20mm。并且在胀缝中，为保证板与板之间能有效地传递荷载，防止错台产生，常在胀缝中设置传力杆，传力杆一般用长 0.4~0.6m 的 $\phi25$~30mm 的光圆钢筋，每隔 0.3~0.5m 设置一根。杆的 1/2 固定在板缝上侧的混凝土内，另 1/2 段涂以沥青，套上长约 80~100mm 的塑料管，管底与杆端之间留出宽约 30~40mm 的空隙，并用木屑与弹性材料填充，以利板的自由伸缩，如图 8-9 所示。传力杆不同的结构端可交错地在板缝两侧设置。

为了方便施工和节省钢材，也可不设传力杆。如果采用炉渣石灰土等半刚性材料作基层，可将基层按图 8-10 所示那样形成垫枕。但板与垫枕或基层之间应铺一层油毡或 20mm 厚沥青砂，以防止水的渗入。

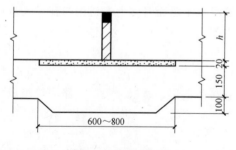

图 8-9 传力杆设置

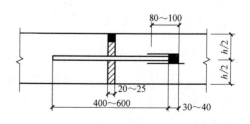

图 8-10 垫枕的形式

（2）缩缝构造。缩缝是为了防止板面收缩而产生的缝，一般是在板面上割以假缝。缝的宽度约10mm，深度为板厚的1/4。

3. 纵缝构造

纵缝是指平行于行车方向的接缝，一般隔3～4.5m设置一道。并在板厚的中间设拉杆，拉杆直径一般为22mm左右，间距为1m，如图8-11a所示。

如按一个车道施工时，在半幅板施工完成后，应对板的垂面壁上涂上沥青，并在其上部安装厚约10mm，高约40mm的缝样板，随浇筑另半幅板混凝土，待混凝土达到终凝时将缝样板取出，嵌入填缝料，做成平头纵缝，如图8-11b所示。

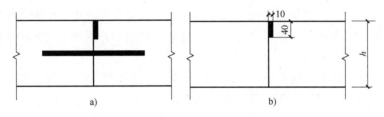

图8-11　纵缝的构造与设置

二、混凝土面层施工

1. 测量放线

在浇筑混凝土前，首先要根据设计文件测定高度控制桩，定出路面中心线、路面宽度和纵横高程等样桩。

放线时，沿道路中心线上每20m设一中线桩，并确定各胀缩缝位置、曲线起止点和纵坡转折点等中心桩。主要控制桩应设在路边的稳定位置上，临时水准点每隔100m设置一个，间距不要过长。

根据放好的中心线和边线放出接缝线，在弯道上必须保持横向分块线与路中心线相垂直。

2. 安装模板

在道路施工中，常用的模板为木模板或钢模板。钢模板常采用槽钢。

支模前，在基层上应进行模板安装位置的测量放线，每20m设一中心桩。核对路面标高、面板分块、胀缝等。

安装的模板应牢固、顺直、平整、无扭曲，底部与接缝处不得有漏浆缺陷。

3. 钢筋安装

在路面的设计中，混凝土道路中有时会放置钢筋或钢筋网片。安装时，钢筋的直径、间距、位置、尺寸等均要符合设计要求。

在混凝土板中安放单层钢筋网片时，应先在放的底部铺一层混凝土，高度应按钢筋网片设计位置加上震动后的沉降量，放好钢筋网片后，再继续浇筑混凝土。安放好的网片不得踩踏。

在路面板安放单层钢筋网时，安装高度应在面板下1/3或1/2处，外侧钢筋中心至接缝的距离不宜小于100mm，并应在每平方米配置6个网片支架，不得使用砂浆垫块或混凝土垫块。

在混凝土板中安放边缘钢筋时，应先沿边缘铺一条混凝土带，拍实至钢筋的设置高度后安放钢筋，两端弯起，再用拌合物压住，如图 8-12 所示。

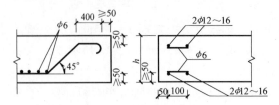

图 8-12　边缘钢筋安装

在混凝土面板的平面交叉和未设置钢筋网的基础薄弱地段，面板纵向边缘应安装边缘补强钢筋；横缝未设传力杆的平缝时也应安装边缘补强钢筋。补强钢筋安放位置应距面板底面的 1/4 处，且不能少于 30mm，间距为 100mm。

若在混凝土板中放置角隅钢筋时，应先在安置钢筋的位置铺上一层混凝土拌合物，钢筋就位后，再用混凝土拌合物压住，其结构如图 8-13 所示。

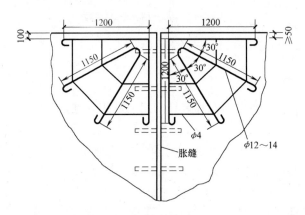

图 8-13　角隅钢筋布置

角隅钢筋在面板中安装时，在桥面及搭板上应补强钝角，在在混凝土路面上应补强锐角。

混凝土板中放置固定传力杆时，可采用顶头木模固定或支架固定。安装时，传力杆长度的 1/2 应穿过端头挡板，固定于外侧挡板中，如图 8-14 所示。

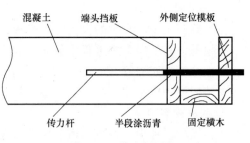

图 8-14　传力杆固定

4. 混凝土的拌制

在乡村道路的施工中，混凝土的拌制绝大部分是在施工现场由搅拌机拌和，当然也有直接从混凝土搅拌站中送来的。

现场搅拌时，应结合混凝土的干硬程度选择相应的搅拌机械。如果混凝土为塑性，则可选用自落式搅拌机；如混凝土为干硬性，则应选用强制式的搅拌机。

搅拌混凝土时一定要过磅称重，注意各材料的用量误差，不得用推车的容量来估计材料用量。

一般情况下，自落式搅拌机和强制式搅拌机，从料全部装入滚筒内到出料时的时间不得低于 2 分钟。

5. 浇筑与振捣

混凝土送到现场后，可直接装入模内，摊铺的厚度为设计厚度的 1.2 倍左右。如果面板设计厚度为 220mm 时可一次铺就，对大于 220mm 的，则应分两次摊铺，其间隔时间为 30 分钟，下部厚度为总厚度的 3/5。

对于模板侧边，摊铺混凝土时应采用人工用铁锹翻扣法将混凝土装入。

混凝土入模后，可用混凝土摊平机进行摊平、振动密实。振动时，对缺料处应及时补充振实，但应注意模板变形和漏浆。然后用电动抹子进行表面抹光。摊平机和电动抹子如图 8-15 所示。

摊平机　　　　　　　　　　　　　　　电动抹子

图 8-15　路面机械

如为宅间道路，也可采用人工摊平，平板振动器振捣的方法。振捣中，若混凝土拌合料不再下沉，表面又无气泡时则可停止振动。最后将专用滚筒放到两边的模板上面，沿模板方向进行反复滚压，直到表面平整，提浆均匀。

6. 抹面拉毛

水泥混凝土路面收水抹面及拉毛操作的好坏，可直接影响到平整度、粗糙度和抗磨性能，混凝土终凝前必须收水抹面。

抹面前，先清边整缝，清除粘浆，修实掉边、缺角。抹面一般用小型电动磨面机，先装上圆盘进行粗抹，再装上细抹叶片精抹。操作时操作人员来回抹面，每次抹面应重叠一部分。初步抹面需在混凝土整平后 10min 进行。抹面机抹平后，再用拖光带横向轻轻拖拉几次。

抹面后，用食指稍微加压按下能出现 2mm 左右深度的凹痕时，即为最佳拉毛时间，拉毛深度 2~3mm，拉毛时，拉纹器靠住模板，顺横坡方向进行，一次拉纹成功，中途不得停留，这样拉毛纹理顺畅美观且能形成沟通的沟槽，有利于排水。

7. 拆模

拆模时先取下模板支撑、铁钎等，然后用扁头铁撬棍棒插入模板与混凝土之间，慢慢向外撬动，切勿损伤混凝土板边，拆下的模板应及时清理保养并放平堆好，防止变形，以便转移他处使用。

8. 切缝与灌缝

横向缩缝、施工缝上部的槽口，应采用切缝法，合适的切缝时间应控制在混凝土获得足够的强度而收缩应力未超出其强度的范围内，随着混凝土的组成和性质、施工时的气候条件等因素而变化，施工人员须根据经验进行试切后决定。切割时必须保持有充足的注水，切割中要观察刀片注水情况。

当采用切缝机切缝时切缝宽度控制在 4～6mm，有传力杆结构的切缝深度为 1/3～1/4 板厚，最浅不得小于 70mm；无传力杆缩缝的切缝深度应为 1/4～1/5 板厚。

灌缝前先要进行清缝，清缝一般用空气吹扫的方法，保证缝内清洁、干燥、无污物。常用的灌缝材料为沥青橡胶、聚氯乙烯胶泥等。

三、路边石施工

路边石，有的也称路沿石，是道路边缘的分离界面，它也可以保护路边不受损坏。不论沥青混凝土路面还是水泥结构路面，路边石施工应符合下列要求。

（1）路边石必须挂通线进行施工，在侧平面顶面将标高线绷紧，按线码砌侧平石，侧平石要安正，切忌前仰后合，侧面顶线顺直圆滑平顺，无高低错牙现象，平面无上下错台、内外错牙现象。

（2）路边石必须坐浆砌筑，坐浆必须密实，严禁塞缝砌筑。

（3）路边石接缝处错位不超过 1mm；侧石和平石必须在中间均匀错缝。

（4）路边石侧平石应保证尺寸和光洁度满足设计要求。外观美观，对弯道部分侧石应按设计半径专门加工弯道石，砌筑时保证线形流畅、圆顺、拼缝紧密。弧形侧石必须人工精凿后抛光处理。

（5）路沿石后背应填土夯实，夯实宽度不小于 50mm，厚度不小于 15mm。

（6）路沿石勾缝：勾缝时必须再挂线，把侧石缝内的杂物剔除干净，用水润湿，然后用 1∶2.5 水泥砂浆灌缝填实勾缝。

（7）侧平石勾缝、砌筑完后适当浇水养护。

第四节　排水沟槽的砌筑技术

道路工程完成后，还要对各种管道工程进行施工，以加快乡村公共设施建设，建成环境良好、功能完善、特色鲜明的美丽乡村，这也是加强农村人居环境建设的辅助工程。

一、排水沟槽的设置

排水沟是乡村中排放雨水和一般生活用水的简易设施。这种排水设施的最大优点就是投资少，易清理，好管护。

根据排水规划，截流式合流制是当前乡村比较常用的排水方式。这种方式由于少建一条管路而会节省经济支出。在人数并不是很多的乡村，只有生活污水（无粪便）和雨水时，一般采用排水沟槽的方式进行排水。这种排水方式有两种，一种是明沟槽；另一种是暗沟槽，也就是在明沟槽上部盖上盖板。沟槽大多与村内的主道路并排设置，有的次道路上也可设排水沟槽，但截面面积较小。

1. 排水沟槽的截面尺寸

排水沟槽一般均采用倒∏字形，其截面尺寸根据排水量来确定。在乡村中常用宽度为500～800mm，深度多依据村内的地理地势来确定，也就是每家每户和各个工业厂区的水均能排出为标准，一般槽深为800～1200mm。

2. 沟槽结构

沟槽一般采用普通砖砌筑或采用现浇混凝土浇筑而成。暗沟式的盖板有两种形式，一种是预制混凝土实心平板，另一种是带有落水的箅板。采用预制混凝土实心平板时，为了使雨水能落入沟槽内，在施工时，两板的侧边拉开一定缝隙，雨水经缝隙流入槽内。沟槽结构如图8-16所示。

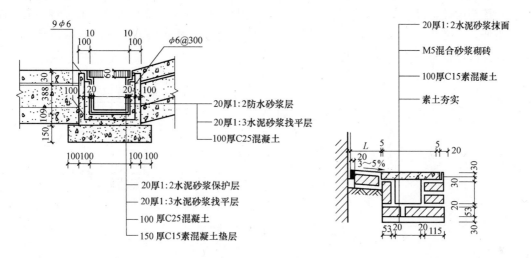

图 8-16 沟槽结构

3. 沟槽坡度

根据农村的常规做法，在地形变化不是很大的农村，沟槽坡度一般为0.3%～0.5%。

二、排水沟槽的施工

排水沟槽的施工应尽量同村内道路的施工同时进行。

1. 测量放线

在测量放线时，可采用水准仪或自制简易的水面观测仪进行，如图8-17所示。

测量时，要量测出沟槽的中心位置，并以中心分出两侧边线，在线上打木桩，木桩间距为3～5m。按要求放出沟底的坡度，在边线木桩上标出槽底的标高。

沿边线撒出石灰灰线，作为施工的依据。如果沟槽较深，则要在边线的两侧加上工作面宽度，工作面宽度不小于300mm。

2. 沟槽开挖

沟槽开挖可以采用人工和小型挖掘机械。

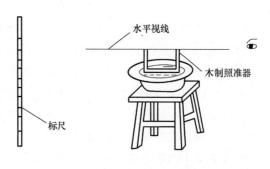

图 8-17 自制水准仪

开挖前要认真调查了解地上障碍物及地下及先前所埋管线情况，以便挖槽时加以保护。并且要根据沟槽的挖深确定沟槽开挖的形式，按规定比例放坡。对于沟槽较深，土质结构较松软的部位，要准备支护，不得产生塌方现象。沟槽放坡应符合下列规定：

槽深小于 3m 时，坡度为 1:0.3；

槽深等于或大于 3m 时，坡度为 1:0.5。

沟槽开挖采用机械的，槽底预留 300mm 由人工清底。开挖过程中严禁超挖。对于地下有管道或缆线的地段也要由人工开挖。

开挖沟槽时可以分段进行，人工开挖时也可分层进行。

3. 基底处理

当挖至设计标高后，应按图 8-18 所示的方法分别检查槽的深度和槽底的宽度。符合要求后用蛙式打夯机对基底夯实。对于超挖的部位，先夯实基底后，换以碎石或砂垫层后夯实，夯实的遍数不得少于 4 遍。

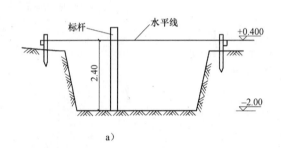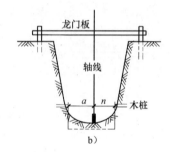

图 8-18 沟槽检验

a）槽深检验 b）槽底宽度检验

用拉尺量测两边线找出中心点，再用线坠垂到槽底定出槽底的中心位置，槽底宽度线，放出砌筑沟槽或浇筑混凝土的边线，在槽底设槽底标高小木桩。

根据沟槽结构，在夯实的基层上浇筑 100mm 或 150mm 厚的素混凝土，浇筑混凝土时应满底浇筑。

4. 模板安装

如果沟槽全部为混凝土结构，则可以分段分边安装侧模板。模板可用木模板、胶合模板等。

模板安装必须表面平整，拼缝严密，支撑牢固。并在板的内侧拉线标上浇筑混凝土顶面的高度。

5. 浇筑与砌筑

（1）混凝土浇筑。拌和混凝土时应用搅拌机械进行搅拌，不得使用人工拌料。机械搅拌时，一定要控制石子、砂、水泥和外加剂的用量误差；搅拌的最短时间不得低于 2 分钟。

向模板内填充混凝土时应用滑槽进行，如沟槽较深的，填料时应分层进行。

振捣混凝土时应采用插入式振捣器。振捣时，每一振点的振捣延续时间，应使混凝土表面不再沉落和呈现浮浆为止，每次移动的间距，不宜大于振捣器作用半径的 1.5 倍，振捣器插入下层混凝土内的深度不应大于 50mm。

当浇筑下段时，首先应在接头用水泥浆作结合层。

（2）砌砖。砌砖应根据设计的沟壁厚度进行组砌。一般情况下，沟槽深在500mm以下的，沟壁可采用顺砖砌法；大于500mm的则应用采用丁砖砌法。为保证沟槽里壁面的垂直平整，应挂准线施工。

砌砖时，应提前一天将砖浇水湿润，并要将砖浇透，不应有干心现象。砌筑时灰浆应饱满，并且上下皮砖的缝应相互错开。砌砖时，如果设计壁外抹灰，应随砌随抹。

分段砌砖时，接槎应为斜槎，不得留直槎。接槎时，应将槎面浇水湿润。

采用毛石或卵石砌筑时，应搭接正确，灌浆密实，壁侧平整。

村内次要道路上的排水管或沟槽与砌筑的排水沟槽相通时，要在相应的部位留出管或槽的位置，并要结合严密，不得有漏水现象。

不论是现浇混凝土或砌筑槽壁，一定要控制好槽壁顶面的标高。顶面的标高是以路边的标高减去盖板和抹灰的厚度，盖板后不得高于路边的路面。

6. 抹面防水

不论是现浇混凝土还是砌砖的排水沟槽，抹防水面层时不应少于两层水泥砂浆。并且应在砂浆中加入产品规定剂量的防水剂。

抹面时，应将槽壁上的残灰清处干净，并浇水湿润。

抹面砂浆的强度等级应符合设计要求，稠度应满足施工需要。第一道砂浆抹成后，用刮尺刮平，并将表面刷毛，间隔48h后进行第二道抹灰。第二道抹灰应两遍成活，达到压实压光。

抹面完毕后，应保持表面湿润，并应根据气候情况，每隔4h洒水一次。养护时间不得少于14天。

7. 壁沟回填

当沟槽壁全部浇筑或砌筑完成后，应对两边侧壁外的空间进行回填。回填时最好用砂或砂土。当用黏性土时，其中不得有大于50mm的粒块。回填厚度达到300mm时应捣实。

8. 封口盖板

为了保证村民的安全，一般沟槽应用盖板封口。封口的盖板应按两外壁的间距作为板的长度，板的厚度不得小于120mm。当使用带孔的箅板时也应符合上述要求。盖板一般采用钢筋混凝土制作而成。

封盖时，为方便定时或不定时的清理淤泥和杂物，盖板时底部不铺砂浆。当为实心板时，板与板之间应拉开30mm的缝隙，以利雨水排入。

第五节　乡村室外排水管道的安装

在乡村管道施工中，室外排水管道的种类也越来越多，常用的有混凝土管道和各类塑料排水管道。这些管道由于是一节一节通过一定的技术手段连接而成的，所以如何控制好管与管接头的质量，则是管道安装的主要措施。

一、混凝土排水管道安装

在安装管道前，要充分了解原先地下管路的分布及埋深，并且要遵守小管让大管，临时管让永久管，新建管让原有管，可弯管让直通管这一管道安装原则。

（一）测量放线

1. 放线定位

根据导线桩测定管道安装的中心线，在管线的起点、终点和转角处，钉一木桩作为中心控制桩，如图 8-19 所示。

图 8-19　管道中心线测量

根据中心位置和管沟口的开挖宽度，在地面上洒灰线标明开挖边界。在测设中线时应同时定出中位等附属构筑物的位置。

施工过程中，由于管道中线桩要被挖去，为了便于恢复中线和附属构筑物的位置，应在不受施工干扰的地方，测设施工控制桩。施工控制桩分别为中线控制桩和井位等附属构筑物位置控制桩。中线控制桩一般是设在主中线的延长线上，井位控制桩则设在中心线的垂直线上。

2. 坡度板的测设

管道施工中，坡度板又称龙门板，每隔10m 左右槽口上设一个坡度板，如图 8-20 所示，作为施工时控制管道中心和位置基准。

（二）管槽开挖

在农村，管槽的开挖一般使用小型机械施工。

机械开挖至沟底时，应留 200mm 的土层由人工开挖。如果机械作业时超挖过了槽

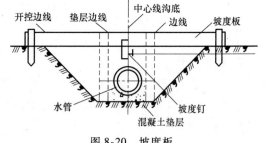

图 8-20　坡度板

底标高，且无地下水时，可用原土回填夯实；沟底有地下水时，采用砂石混合回填。

槽底的开挖宽度等于管道结构基础宽度，再加上两侧面的工作宽度，每侧工作面的宽度不得小于 300mm。

开挖出的土应堆放到距边线不小于 1m 的地方。堆土不得压盖邮筒、消防栓、管线井盖、雨水排出口等。

（三）基础施工

基础施工前，应清除浮土层，碎石铺填后夯实至设计标高。应按照设计的基础类别分别对待。

1. 砂土基础

砂土基础包括弧形素土基础及砂垫层基础，如图 8-21 所示。这种基础适应于套环及承插接口的管道安装。弧形素土基础是在原土层上挖出一弧形管槽，管子直接落于弧形管槽内。砂垫层基础则是在挖好的弧形槽内铺一层厚约 100～150mm 的粗砂。

2. 混凝土枕基

混凝土枕基是设置在管接口处的局部基础，适用于管径小于或等于 600mm 的承插接口

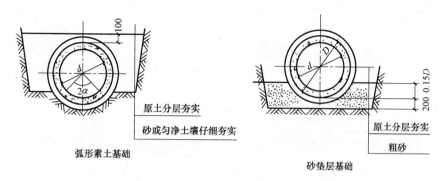

图 8-21 砂土基础

管道及管径小于或等于 900mm 的抹带接口管道。枕基的长度应和管子的外径相同，宽度为 250mm 左右。所用的混凝土强度等级不得低 C10，如图 8-22 所示。当采用预制的枕基时，其上表面中心的标高应低于管底皮 10mm。

3. 混凝土带形基础

混凝土带形基础是沿管道全长铺设的基础，按管座形式分为 90°、135°、180°三种。施工时，先在基础底部垫 100mm 厚的砂砾石，然后在垫层上浇筑 C10 混凝土。混凝土带形基础的几何尺寸应按施工图要求确定，如图 8-23 所示。

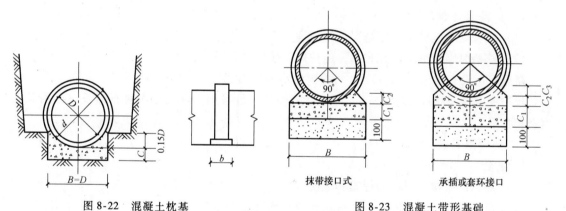

图 8-22 混凝土枕基   图 8-23 混凝土带形基础

（四）管道铺设

（1）如果采用混凝土垫层，须待混凝土的强度达到设计强度的 50% 时方可放管铺设。

（2）管径小于或等于 700mm 时，管与管之间可不留间隔。

（3）向沟内放管时用绳或机械缓慢放下。并且下管时应根据来水的方向确定承插口的放置方向。一般情况下，承插口应朝向来水方向。

（4）将两管对口时，可采用撬杠顶入法、吊链拉入法等，如图 8-24 所示。

（5）管道如在混凝土垫层上铺设，必须对管道两侧进行支撑固定。

（6）如果混凝土排水管为承插式或企口式，接口应平直，环形间隙应均匀，灰口应整齐、饱满密实。

（7）如为平口时，应采用 1:2.5 或 1:3 的水泥砂浆在接口处抹成半椭圆形砂浆带，带宽为 150mm，中间厚约 30mm。当然也可采用钢丝网水泥砂浆抹带接口。在抹砂浆前，应对管子接口处宽 200mm 的外壁凿毛，再抹 1:2.5 厚的水泥砂浆一层，在抹带层内埋 10mm ×

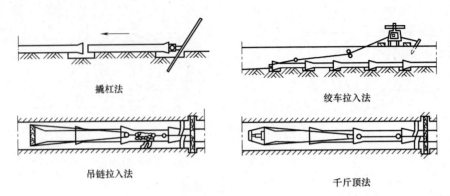

撬杠法

绞车拉入法

吊链拉入法

千斤顶法

图 8-24   对口方法

10mm 的方格钢丝网，钢丝网两端插入基础混凝土中固定，上面再抹 10mm 厚的水泥砂浆一层。

二、塑料排水管道安装

塑料排水管道主要有 UPVC 塑料管和 ABS 塑料管，其定位放线和管沟开挖可参见上面的内容。

（一）基底处理

（1）地基处理应结合实际情况进行处理。

（2）挖槽时因其他原因超挖时，应按以下规定进行处理：

超深度但没有超出 100mm 的，可换天然级配砂石或砂砾石处理。

超挖深度在 300mm 以内，但下部土层坚硬的，可采用大卵石或用块石铺设，再用砾石填充和找平。

（二）管道安装

1. 铺管

（1）铺管前应检查管底的标高和坡度。

（2）垫层如为混凝土时，强度应达到设计强度的 50%。

（3）垫层为细砂时，垫层的厚度应符合要求。

2. 管道连接

（1）主管道连接时，应保证管路顺直，坡度均匀，预留分支口的位置准确，承接口朝向来水方向。

（2）安装分支管道时，应根据室内系统排出管位置，确定建筑物外下水管井的位置，然后量测分支管的尺寸。分支管按水流方向铺设。分支管穿越管沟和道路的，应在穿越部位加设金属套管进行防护。

（3）根据坡度、标高，确定管井位置。砌筑管井时要保护好分支管道的甩口。安装的排水管口应伸进管井 100mm 左右。

（4）采用胶粘剂连接时，管子切断后，须将插口处进行倒角处理，切口应保证平整且垂直于管的轴线。加工的坡口长度一般不小于 3mm，坡口厚度约为管壁厚度的 1/2。

（5）为了控制插入的深度，插入前应在管子的外面画上承插深度标志线。插入的深度一般根据管材公称外径来确定，取公称外径的 60% ~80%。管径小的在 80%，管径粗的在 60%。

3. 试水回填

管道安装完成后，应分段进行灌水方法试验，如无渗漏则可回填沟槽。每层回填为 200mm，并进行人工夯实。

第六节　检查井与化粪池砌筑

在排水系统中，污水在排放中由于产生沉淀而使排水管的有效排水断面越来越小，阻碍了正常排水。所以，为了方便污水的排放和清理疏通这些沉淀物，就要在排水管与室内排出管的连接处、管道与管道的交汇处、管道的转弯处、管道直径或管底坡度改弯处设立一个附属构筑物，这就是常见的检查井。

一、检查井施工

（一）基本规定

1. 检查井间距

在排水管与室内排出管连接，管道交汇处、转弯、管道直径或管底坡度改弯时，应每隔一段距离设置一检查井，最大井距根据管径的不同而不同。当管径为 150mm 时，污水或雨水检查井距为 20m；管径在 200 ~300mm、400mm 时不得大于 30m。不同管径的排水管在检查井中宜采用管顶平接的方法。

2. 检查井形式

（1）排水管道中直筒式排水检查井如图 8-25 所示。

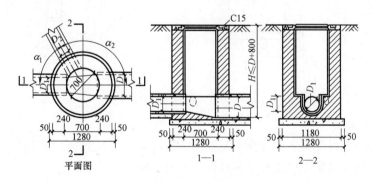

图 8-25　直筒式检查井

（2）收口式排水检查井如图 8-26 所示。

在收口式中，收口段的 h 高应根据井径来确定，当井径为 1m 时，为 480mm；井径为 1.25m 时，h 为 840。

（3）单沟式单算雨水口如图 8-27 所示。

3. 检查井直径

当检查井深度少于 3m 时，井径不小于 1.2m，深度大于 4.5m 时，井径不少于 1.4m。雨水检查井内外都用 1:2 水泥砂浆抹面 20mm，井底设置砖砌流槽。雨水管检查井，当 $D \geqslant$ 600 时，井内设流槽；$D < 600$，不设流槽，井底浇筑 20mm 厚细石混凝土。

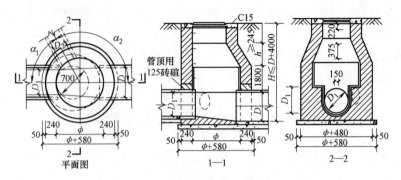

图 8-26　收口式检查井

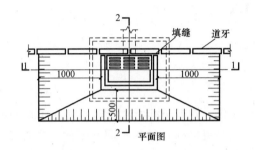

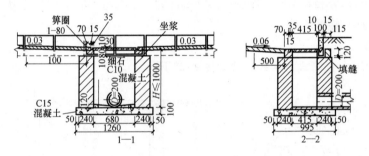

图 8-27　雨水口构造

（二）检查井砌筑

施工前，进行平面及水准控制测量及复测，保证井中心位置高程及井距符合设计要求，并定出中心点，划上砌筑位置及标出砌筑高度，便于施工人员掌握。

（1）砌筑时，井底基础应和管道基础同时砌筑。

（2）砖砌圆形检查井时，应随时检查井的直径尺寸，到收口时，每次收进应不大于30mm，如三面收进，每次最大部分不大于50mm。

（3）检查井内的流槽，应在井壁砌到管顶以上时进行砌筑。流槽的形式如图 8-28 所示。流槽与井壁同时砌筑，流槽高度：污水井与管内顶平。井内流槽应平顺，不得有建筑垃圾等杂物。井内壁在流槽上方采用 20mm 厚 1:2.5 水泥砂浆抹面。

（4）检查井预留支管应随砌随稳，其管径、方向、高度应符合要求。管与井壁接触处应用砂浆填实。

（5）检查井接入圆管，管顶应砌砖拱。

（6）检查井砌筑完成后，应用水泥砂浆进行抹面。所用水泥砂浆的比例是水泥：砂 =

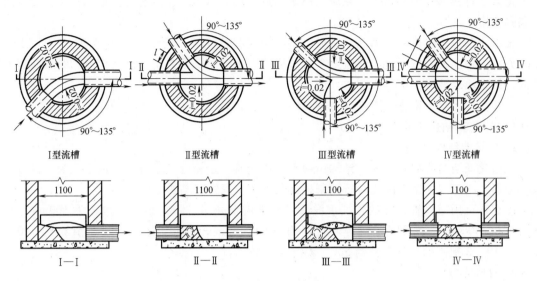

图 8-28　流槽类型

1:2.5。其厚度不得小于 20mm，并应压光压实。所用的砂子为粗砂，砂子应过筛水冲，除去砂中的泥块和细土。必要时还可加入一定量的防水剂。

（7）检查井和雨水口砌筑至高度后，应及时浇筑或安装井圈，盖好井盖。铸铁井盖及座圈安装时用 1:2 水泥砂浆坐浆，并抹成三角形，井盖顶面与路面平。

（8）如为塑料排水管，也可以直接购买塑料检查井或玻璃钢检查井，直接安装就行了。

二、化粪池的施工

（一）化粪池形状及工作原理

化粪池一般是圆形或矩形，如图 8-29 所示。

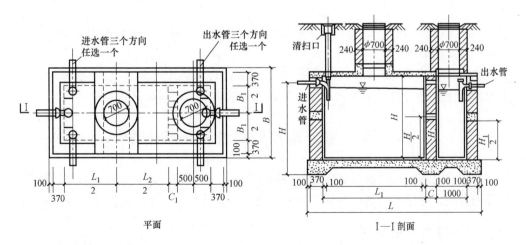

图 8-29　化粪池

化粪池，就是将排出的人粪尿经过过滤沉淀、厌氧发酵、固体物分解后再排入到排污管中到污水处理厂进行处理。任何未经处理的人粪尿是不准许直接排放到排水管中。

化粪池材料大多为普通砖或混凝土浇筑而成,现在市场上也有塑料和玻璃钢化粪池,可供家庭使用。

三格化粪池由相连的三个池子组成,中间由过粪管连通,粪便在池内经过 30 天以上的发酵分解,中层粪液依次由 1 池流至 3 池,以达到沉淀或杀灭粪便中寄生虫卵和肠道病菌的目的,第 3 池粪液成为优质化肥。

化粪池中 1 至 3 格容积比一般为 2:1:3。

(二)化粪池施工

1. 化粪池结构

三格化粪池厕所的地下部分结构由便器、进粪管、过粪管、三格化粪池、盖板五部分组成。便器:由工厂加工生产或自行预制,便器采用直通式,与进粪管连接。

进粪管可用塑料管、铸铁管、水泥管,要求内壁光滑、防止结粪,内径为 100mm,长度为 300~500mm。多采用塑料管,直径为 100~150mm,1~2 池间的过粪管长约 700~750mm,2~3 池间的过粪管长约 500~550mm。

2. 制作成型

化粪池如用混凝土现浇时,应利用所挖的池槽壁作为外模板,再按池的内径安装内模板,然后浇筑混凝土。

如用普通砖砌筑时,则按下面要求施工:

(1)按照化粪池的图集或图样尺寸进行放线,并按灰线开挖池槽土方。

(2)池槽挖好后,应进行修壁,使池壁四角方正,壁面垂直平整。

(3)为防止池底渗漏或变形,应对池底进行原土夯实。夯实后,可在池底浇筑 C15 混凝土垫层,其厚度不得小于 100mm。

(4)根据池内径放出长宽向的中线,再以中线定出边线,然后摆砖排底,确定砖的接缝。

(5)砌筑池壁时,应采用丁砌法,砂浆要饱满,不得产生瞎缝。

(6)在砌筑时,应根据图样要求正确放置过粪管,管的四周应坐浆填实。过粪管应斜向放置。

(7)池壁砌筑完成后,应用水泥砂浆进行抹面处理。抹面厚度不得小于 30mm,表面应压光压实,不得有砂眼。

(8)粪池砌体安装完成后,应先将粪池盖盖好,再回填土并分层夯实。粪池的上沿要高出地面 150mm,防止雨水流入化粪池。池盖大小要适宜,便于出粪清渣的开启。

第七节 室外给水管道及消防栓安装

水,是生命之源,是经济社会发展的命脉。但是,如何将水输送到每家每户,那就必须通过管道的安装,才能实现这一目标,为村民的日常生活服务,为消防用水服务。

一、给水管材质量要求

1. UPVC 塑料管

UPVC 管壁非常光滑,流体阻力很小,密度低,安装方便可靠,且无毒,有着良好的耐久性、耐腐蚀性,其使用寿命一般在 50 年以上,有较强的耐压能力,因此在农村给水管道安装中已得到广泛的应用。

2. 阀门

阀门的型号规格应符合设计要求，并有出厂合格证。其表面应光滑无裂纹、气孔、砂眼等缺陷。密封面与阀体接触紧密，阀芯开关灵活，关闭严密，填料密封无渗漏。

二、UPVC 管施工

（一）沟槽的开挖

根据埋地硬聚氯乙烯给水管道工程技术规程的规定和实践经验，当管径小于或等于63mm 时，开挖的沟槽宽度为350mm；当管径大于63mm 时，沟槽宽度为700mm。

管道的埋设深度应在本地区的冻土层以下，挖好后的沟底要回填细砂100mm。

（二）管道连接

（1）用胶粘剂粘连。适用于管外径不大于160mm 的管道连接。粘接前，管端应加工成倒角，倒角坡度为30°，倒角厚约为管材壁厚的1/3，但不宜小于3mm。用砂纸将承口和管端套接部分打毛，再均匀涂抹胶粘剂。插入时快速插到底部，同时适当进行旋转，以便胶粘剂能分布均匀，但旋转角度不宜超过90°，并保持30 秒钟方可移动。

（2）弹性密封圈连接。适用于63mm 以上规格的管材间的连接。管端倒角坡度为15°，尖端厚度为管材壁厚的1/3。为便于密封圈和管材套入，可涂敷适量肥皂水于凹槽、密封圈表面及管端。套接深度应比承口深度短10 ~ 20mm。对于大口径管材，可用厚木板垫于管端，以木槌或铁棒击入，或用拉紧器拉紧。

（3）法兰接头连。适用于63mm 以上规格的管材间或管材与金属管间的连接。安装法兰接口的阀门和管件时，应采取防止造成外加拉应力的措施。口径大于100mm 的阀门下应设支墩。

（4）管道穿越水渠、公路时，应设钢筋混凝土套管，套管的最小直径为硬聚氯乙烯管道管径加600mm。

（5）硬聚氯乙烯管道在铺设过程中可以有适当的弯曲，但曲率半径不得大于管径的300 倍。

（三）管沟回填

（1）在管道安装与铺设完毕后应尽快回填，回填的时间宜在一昼夜中气温最低的时刻；回填土中不应含有砾石、冻土块及其他杂硬物体。管沟的回填一般分两次进行。

（2）在管道铺设的同时，宜用砂土回填管道的两侧，一次回填高度宜为100 ~ 150mm，捣实后再回填第二层，直至回填到管顶以上至少100mm 处。在回填过程中，管道下部与管底间的空隙处必须填实；管道接口前后200mm 范围内不得回填，以便试压观察。

（3）管道试压合格后可大面积回填，但应在管道内充满水的情况下进行。

（四）管道试压

1. 试压时注意事项

（1）在管道试压前，管顶以上回填土厚度不应少于0.5m，以防试压时管道产生移位。

（2）对于粘接连接的管道须在安装完毕48h 后才能进行试压。

（3）试压管段上的三通、弯头特别是管端的盖堵的支撑要有足够的稳定性。若采用混凝土结构的止推块，试验前要有充分的凝固时间，使其达到额定的抗压强度。

（4）试压时，向管道注水同时要排掉管道内的空气，水须慢慢进入管道，以防发生气阻。

（5）试压合格后，须立即将阀门、消火栓、安全阀等处所设的堵板撤下，恢复这些设备的功能。

2. 管道的水压试验

（1）缓慢地向试压管道中注水，同时排出管道内的空气。管道充满水后，在无压情况下至少保持 12h。

（2）进行管道严密性试验，将管内水加压到 0.35MPa，并保持 2h。检查各部位是否有渗漏或其他不正常现象。为保持管内压力可向管内补水。

（3）严密性试验合格后进行强度试验，管内试验压力不得超过设计工作压力的 1.5 倍，最低不宜小于 0.5MPa，并保持试压 2h 满足设计的特殊要求。

（4）试验后，将管道内的水放出。

3. 管道的冲洗和消毒

（1）硬聚氯乙烯给水管道在验收前，应进行通水冲洗。冲洗水宜为浊度在 10mg/L 以下的净水，冲洗水流速宜大于 2m/s。直接冲洗到出口处的水的浊度与进水相当为止。

（2）生活饮用水管道经冲洗后，还应用含 20～30mg/L 的游离氯的水灌满管道进行消毒。含氯水在管中应留置 24h 以上。

消毒完毕后，再用饮用水冲洗，并经有关部门取样检验水质合格后，方可交工。

三、消防栓的安装

安全的消防栓应根据不同地区采用地下或地上的安装形式。地下形式多用于北方的寒冷地区；地上形式多用于南方温暖地区。

1. 地下消防栓的安装

（1）消防栓井内径应为 1200mm，混凝土预制支墩的规格为 240mm×150mm×300mm。

（2）消防栓顶部距室外地面为 300～500mm。

（3）地下消防栓的安装如图 8-30 所示。

2. 地上消防栓的安装

（1）消防栓井内径应为 1200mm，阀门底下应用水泥砂浆砌筑成 300mm×300mm×300mm 的砖墩，弯管底座应用混凝土浇筑成 400mm×400mm×400mm 的支墩。支墩应设置在夯实的基层上。

（2）地面上消防栓口距地面 450mm，其朝向应易于操作和维修。

（3）地面上消防栓的安装应按图 8-31 所示。

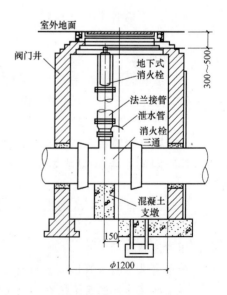

图 8-30　地下消防栓安装

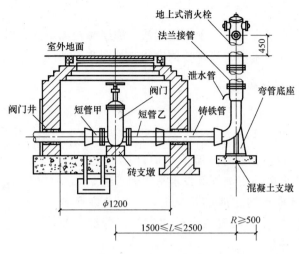

图 8-31　地上消防栓安装

第八节　室内供水管道的安装

室内供水管道，由于是在室内安装，因此一方面要注意地下铺设的管道是否有漏水或渗水，另一方面要注意明装管道的垂直与美观性。

一、室内给水管件的安装

（一）测量放线

根据施工图的设计要求和家庭用水的实际布局进行测量放线，确定管道及管道支架位置，并在结构部位做好标志。

（二）固定设施的安装

1. 管卡的间距

按不同管径和要求设置相应管卡，位置应准确，埋设应平整，管卡与管道接触应紧密。活动支架应灵活，活托与滑槽两侧间应留有 3～5mm 的间隙，纵向移动量应符合设计要求。无热伸长管道的吊架、吊托应垂直安装；有热伸长管道的吊杆、吊架应向热膨胀的反方向偏移。固定的支架、吊架应有一定的强度和刚度。

钢管水平安装的支架、吊架的间距应符合表 8-1 的规定。

表 8-1　钢管管道支架的最大间距　　　　　　　　　　　　　　　　　（m）

公称直径/mm		15	20	25	32	40	50	70	80	100	125	150	200	250	300
支架的最大间距	保温管	2	2.5	2.5	2.5	3	3	4	4	4.5	6	7	7	8	8.5
	不保温管	2.5	3	3.5	4	4.5	5	6	6	6.5	7	8	9.5	11	12

铜管垂直或水平安装的支架间距应符合表 8-2 的规定。

表 8-2　铜管管道支架的最大间距　　　　　　　　　　　　　　　　　（m）

公称直径 /mm		15	20	25	32	40	50	65	80	100	125	150	200
支架的最大间距	垂直管	1.8	2.4	2.4	3.0	3.0	3.0	3.5	3.5	3.5	3.5	4.0	4.0
	水平管	1.2	1.8	1.8	2.4	2.4	2.4	3.0	3.0	3.0	3.0	3.5	3.5

2. 支架的固定

支架的固定方法有直接埋入法、预先埋置法、膨胀螺栓固定法，或用射钉固定等方法。根据当前情况来看大多采用膨胀螺栓固定法，如图 8-32 所示。

二、铝塑复合给水管件安装

（一）管道敷设

1. 室内明装

铝塑管道的敷设部位应远离热源，与炉灶距离不小于 400mm；不得在炉灶或火源的正上方敷设水平铝塑管道。

管道不允许敷设在排水沟、烟道及风道内，不允许穿越大小便槽、木装修、壁柜等处及避免穿越建筑的沉降缝，如必须穿越时应有相应的措施。

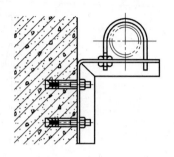

图 8-32　膨胀螺栓固定支架

2. 管道暗设

直埋敷设的管道外径不应大于 25mm。嵌墙敷设的横管距地面的高度应大于 450mm，且应遵循热水管在上，冷水管在下的原则。

管道嵌墙暗装时，管材应设在凹槽内。凹槽的深度应为管外径加 20mm，宽度为管外径加 20~60mm。

在用水器具集中的卫生间，可以采用分水器配水，并使各支管以最短距离到达各配水点。管道埋地敷设部分严禁有接头。

管道与其他金属管道平行敷设时，应有一定的保护距离，一般净距不宜小于 100mm，且在金属管道的内侧。

管外径不大于 32mm 的管道，在直埋或非直埋敷设时，均可不考虑管道轴向伸缩补偿。

（二）管道连接

管道连接前，应对材料的外观和接头的配件进行检查，并清除管道和管件内的污垢和杂质。

当采用卡压式时，应用卡钳压紧。

当用螺纹挤压式时，接头与管道之间加塑料密封垫层，采用锥形螺帽挤压形式密封，不得拆卸，它适用于 32mm 以下管径的管道连接。

铝塑复合管与其他管材、卫生器具金属配件、阀门连接时，可采用带钢内丝或铜外丝的过渡连接、管螺纹连接。

采用卡套连接时，应用于管径 32mm 以下的管道。连接时，按设计要求的管径和现场复核后的管道长度截断管道，管口端面应垂直于管轴线。用专用刮刀将管口处的聚乙烯内层刮为坡口形式，坡角为 20°~30°，深度为 1~1.5mm。将锁紧螺母、C 形紧箍环套在管子上，用整圆器将管口整圆；用力将管芯插入管内，至管口达管芯根部。将 C 形紧箍环移至距管口 0.5~1.5mm 处，再将锁紧螺母与管件本体拧紧。

（三）卡架固定

管道安装时，应按不同管径和要求设置管卡或支、吊架，位置应准确，埋设应平整牢固。

所用的管卡应为管材生产厂商配套的产品。

三、PP-R 供水管件的安装

供水系统所用的 PP-R 供水管件，应有质量检验部门的产品合格证，卫生防疫部门的检验合格证，检测单位的检测报告。

管道安装前应测量好管道的坐标、标高、坡度线。

（一）管道的安装

管道嵌墙、直接埋设时，应在砌墙时预留凹槽。凹槽的深度等于管子外径加 20mm，凹槽宽度为管子外径加 40～60mm，凹槽表面须平整。管道安装固定、试压合格后，用 M7.5 水泥砂浆填补凹槽。

管道在楼地面层内直接埋设时，预留的管槽深度不应小于管子外径加 20mm，管槽宽度为管子外径加 40mm。

管道安装时，不得有轴向扭曲。供水 PP-R 管道与其他金属管道平行敷设时，应有一定的保护距离，净距离不应小于 100mm，且 PP-R 管宜在金属管道的内侧。

管道穿越楼板时，应设置内径为供水管外径加 30～40mm 的硬质套管，套管高出地面 20～50mm；管道穿越屋面时，应采取严格的防水措施。

管道敷设穿越墙体时，应配合土建施工设置硬质套管，套管两端应与墙体的装饰面持平。

（二）房屋埋地引入管和室内埋地管的铺设

房屋埋地引入管和室内埋地管的铺设应符合下列要求：

室内地坪 ±0.000 以下管道应先铺设至基础墙外壁 500mm 为止，然后进行室外管道的铺设。室内管道的铺设应在回填土回填夯实后重新开沟，必要时管底可铺设 100mm 的砂垫层。室内管道的埋深不小于 300mm。

管道穿越基础墙时，应设置金属套管。套管顶部与基础墙预留孔的孔顶应有一定的空间距离，其间的净距应按建筑物的沉降量确定，但不小于 100mm。

管道穿越行车道路时，覆盖土厚度不应小于 700mm，达不到此厚度时必须采取相应的保护措施。

（三）管道的连接

同种材质的 PP-R 管材和管件之间，应采用热熔连接或电熔连接。熔接时应使用专用的热熔或电熔焊接机具。直埋在墙体内或地面内的管道，必须采用热熔或电熔连接。

PP-R 管材与金属管件相连接时，应采用带金属嵌件的 PP-R 管件作为过渡，该管件与 PP-R 管材采用热熔或电熔连接，与金属管件或卫生器具的五金配件采用螺纹连接。

管道采用法兰连接时，法兰盘上有止水线的面应相对。连接的法兰应垂直于管道中心线，表面应相互平行。法兰上的衬垫应为耐热无毒橡胶垫。法兰连接时，应使用同规格的螺栓，安装方向应一致，紧固好的螺栓应露出螺母之外，宜平齐，螺栓件应为镀锌件，紧固螺栓时不得产生轴向拉力。法兰连接部位均应设置支架或吊架。

第九节 室内排水管道安装

有供就有排，所以室内排水也是管道安装的主要部分。如果室内排水的管道产生漏水和渗水，则会对房屋的安全性及生活产生较大影响。

一、排水管件安装

（一）排水干管的安装

安装金属排水管时，将预制好的管段放到已经夯实的回填土上或管沟内，按照水流方向从排出位置向室内顺序排列，并根据施工图的坐标、标高调整位置和坡度加设临时支撑，在承插口的位置挖好工作地坑。

在捻口前，先将管段调直，各立管及首层卫生器具甩口找正，用钢钎把拧紧的表麻打进插口，再将水灰比为1:9的水泥捻口灰自下而上地填入，边填边捣实，灰口凹入承口边缘不大于2mm。

金属类排水管道坡度应符合设计要求，无要求时应符合表8-3的规定。

表8-3　金属类排水管道坡度

项次	管径/mm	标准坡度（%）	最小坡度（%）
1	50	3.5	2.5
2	75	2.5	1.5
3	100	2.0	1.2
4	125	1.5	1.0
5	150	1.0	0.7
6	200	0.8	0.5

排水管安装时，先检查基础或外墙预埋防水套管的尺寸、标高，将洞口清理干净，然后从墙边使用双45°弯头或弯曲半径不小于4倍管径的90°弯头，与室内排水管相连接，再与室外排水管连接，伸到室外。

金属排水管道上的吊钩或卡箍应固定在承重结构上。横管固定件的间距不大于2m；立管固定件的间距大于3m。楼层高度小于或等于4m时，立管可安装1个固定件。

安装非金属排水管件时，一般采用承插式粘接连接方式。

承插粘接时，将配好的管材与配件先进行试插，使承口插入的深度符合要求，不得过紧或过松；试插合格后，用毛刷涂抹粘胶剂，随即用力垂直插入，插入粘接时将插口转动90°，使粘结剂分布均匀，约1分钟即可粘接牢固。管上有多个接口时应注意预留口的方向。

当最底层排水横支管必须与立管连接时，可采取在排出管与立管底部转弯处加大一号管径，如图8-33所示，下部转弯处应用两个45°的弯头。

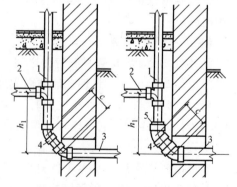

图8-33　立管排出口做法
1—排水立管　2—最底层排水横干管
3—排出管　4—45°弯头　5—异径管

当排水立管在中间层竖向拐弯时，排水支管与立管用横管的连接，如图8-34所示。

埋入地下时，按设计标高、坐标、坡向、坡度开挖槽沟并将基土夯压密实。

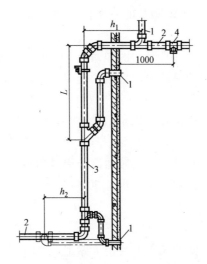

图 8-34　排水支管与立管、横管的连接

1—排水支管　2—排水横管　3—排水立管　4—横管检查口

管道的坡度应符合设计要求，设计无要求时，应符合表 8-4 的规定。

表 8-4　生活污水塑料管道的坡度

项次	管径/mm	标准坡度/(%)	最小坡度(%)
1	50	2.5	1.2
2	75	1.5	0.8
3	110	1.2	0.6
4	125	1.0	0.5
5	160	0.7	0.4

用于室内排水的水平管道与各类管道的连接，均应采用 45°三通或 45°四通和 90°斜四通。立管与排出管端部的连接，应采用 2 个 45°弯头或曲率半径不小于 4 倍管径的 90°弯头。通向室外的排水管，穿过墙壁或基础应采用 45°三通和 90°弯头连接，并应在垂直管段的顶部设置清扫口。

塑料排水管道支架、吊架的间距，应符合表 8-5 的规定。

表 8-5　塑料排水管道支架、吊架的最大间距　　　　　　　　　（m）

管径/mm	50	75	110	125	160
立管	1.2	1.5	2.0	2.0	2.0
横管	0.5	0.75	1.1	1.3	1.6

（二）立管的安装

安装排水立管前，应先在顶层立管预留洞口吊线，找准立管中心位置，在每层地面上或墙面上安装立管支架。

安装铸铁排水立管时，可采用 W 型无承插口连接和 A 型柔性接口。用 W 型管件连接时，先将卡箍内橡胶圈取下，把卡箍套入下部管道，把橡胶圈的一半套在下部管道的上端，再将上部管道的末端套入橡胶圈，将卡箍卡在橡胶圈的外面。A 型柔性接口连接，在插口上画好安装线，一般承插口之间保留 5～10mm 的空隙，在插口上套入法兰压盖及橡胶圈，橡胶圈与安装线对齐，将插口插入承口内，然后压上法兰压盖，拧紧螺栓。如果 A 型和 W 型接口与刚性接口连接，先把 A 型 W 型管的一端直接插入承口中，用水泥捻口的形式做成刚性接口。

安装塑料排水立管时，首先清理预留的伸缩节，将锁母拧下，取出橡胶圈。立管插入计算好的插入长度时做好标志，然后涂上肥皂液，套上锁母及橡胶圈，将管端插到标志处锁紧螺母。

排水立管管中心距净墙面为 100 ~ 120mm，立管距离灶边净距不得小于 400mm，与供暖管道的净距不得小于 200mm，且不得因热辐射导致管外壁温度高于 40℃。

管道穿越楼板处为非固定支承点时，应加设金属或塑料套管，套管内径可比穿越管外径大两个管径，在厕厨间套管高出地面不得小于 50mm，在居住间为 20mm。

（三）配件的安装

1. 清扫口的安装

在连接 2 个及 2 个以上大便器或 3 个及 3 个以上卫生器具的污水横管上应设置清扫口。当污水管在楼板下悬吊敷设时，可将清扫口设在上一层地面上，污水管起点的清扫口与管道相垂直的墙面距离不得小于 200mm；若污水管起点设置堵头代替清扫口时，与墙面距离不得小于 400mm。在转角小于 135°的污水横管上，应设置清扫口。污水横管的直线管段，应按设计要求的距离设置清扫口。安装在地面上的清扫口顶面必须与地面相平。

2. 检查口的安装

立管检查口每隔一层应设置 1 个，但在最低层和卫生器具的最上层必须设置。如为两层建筑时，可在底层设置检查口。如为乙字管，则在乙字管上部设置检查口。暗装立管，检查口应安检修门。

埋在地下或地板下的排水管道的检查口，应设在检查井内。井底表面标高与检查口的法兰相平，井底表面应有 5% 坡度，并坡向检查口。

3. 伸缩节的安装

排水塑料管必须安装伸缩节，如设计无要求时，伸缩节间距不得大于 4000mm。如果立管连接件本身具有伸缩功能，可不再设伸缩节。

管端插入伸缩节处预留的间隙为：夏季 5 ~ 10mm；冬季 15 ~ 20mm。

排水支管在楼板下方接入时，伸缩节应设置于水流汇合管件之下；排水支管在楼板上方接入时，伸缩节应设置于水流汇合管件之上；立管上无排水支管时，管子的任何地方均可设伸缩节；污水横支管超过 2000mm 时，应设伸缩节。

当层高小于或等于 4000mm 时，污水管和通气立管应每层设一伸缩节，当层高大于 4000mm 时，应根据管道设计伸缩量和伸缩节处最大允许伸缩量确定。伸缩节位置应靠近水流汇合管件附近。同时伸缩节有橡胶圈的承口端应逆向水流方向，朝向管路的上流侧。

立管在穿越楼层处固定时，在伸缩节处不得固定；在伸缩节固定时，立管穿越楼层处不得固定。

4. 透气帽的安装

经常上人的屋面，屋面上透气帽应高出屋面净空 2000mm，并设置防雷装置；非上人屋面应高出屋面 300mm，但不得小于本地区最大积雪厚度。

在透气帽周围 4000mm 内有门窗时，透气帽应高出门窗顶 600mm 或引向无门窗一侧。

5. 管道阻火圈或防火套管的安装

立管管径大于或等于110mm时，在楼板贯穿部位应设置阻火圈或长度不小于500mm的防火套管。

管径大于或等于100mm的横支管与暗设立管相连接时，墙体贯穿部位应设置阻火圈或长度不小于300mm的防火套管，且防火套管的明露部分长度不宜小于200mm。

横干管穿越防火区隔墙时，管道穿越墙体的两侧应设置阻火圈或长度不小于500mm的防火套管。

二、室内热水供应系统安装

（一）管道安装

采用铜管时，可以采用专用的铜管接头或焊接连接。当管径小于22mm时宜采用承插或套管焊接，承口应朝向介质流向；当管径大于或等于22mm时应采用对口焊接。铜管切断时，切断面必须与铜管的中心线垂直。

铜管冷压连接时，应采用专用压接工具，管口断面应垂直平整无毛刺，管材插入管件的过程中，密封圈不得扭曲或变形，压接时，卡钳端面应与管件轴线垂直，达到规定压力后再延时2秒左右。

采用法兰连接时，所用的垫片应为耐温夹布橡胶板或铜垫片，法兰连接应采用镀锌螺栓，对称拧紧。

铜管采用钎焊时，一般焊口采用搭接形式。搭接长度为管壁厚度的6～8倍，管道的外径小于或等于25mm时，搭接长度为管道外径的1.2～1.5倍。当外径不大于55mm钎焊时，选用氧—丙烷火焰焊接操作，大于55mm的管，可采用氧—乙炔火焰，并均应采用中性火焰焊接。钎焊时铜管与管件间的装配间隙应符合规定。

采用镀锌管安装时，可参考金属给水管道的安装。

（二）热水管道安装注意事项

当管道穿越墙体或楼板时，均要加装套管及固定支架。安装伸缩器前应做好预拉伸，待管道固定卡件完成后再除去预拉伸的支撑物，其低点应有泄水装置。

热水立管和装有不少于3个配水点的支管始端，以及阀门后面，应按水流方向设置可拆卸的连接活件。热水立管应设管卡，高度距地面1.5～1.8m。热水支管安装前应核定各用水器具热水预留口的高度、位置。

当冷、热水管上下平行安装时，热水管在冷水管的上方；左右平行安装时，热水管在冷水管的左侧，冷、热水管平行及竖向间距宜为100～120mm。当在卫生器具上安装冷、热水龙头时，热水龙头安装在左侧。

（三）阀门及安全阀的安装

1. 阀门的安装

阀门安装前应进行强度和密封性试验，试验时按批次抽查10%，且不少于1个，合格后方准安装。对于安装在主干管上起切断功能的阀门，应逐个试验。

进行强度试验时，试验压力应为公称压力的1.5倍，阀体和填料处无渗漏为合格。严密性试验时，试验压力为公称压力的1.1倍，以阀芯密封面不漏为合格。

2. 安全阀安装

安装的安全阀垂直度应符合要求，发生倾斜时，应校正垂直。

弹簧式安全阀要有提升把手并严禁随意拧动调整螺栓的限定装置。

调校条件不同的安全阀，在热水管道投入试运行时，应及时进行调校。

安全阀的最终调整应在系统上进行，开启压力和回座压力应符合设计规定。

安全阀最终调整合格后，重新进行铅封。

3. 管道冲洗

热水供应系统竣工后必须进行冲洗。冲洗时应用自来水连续进行，冲洗时的最大流量应为设计的最大流量，或者以不小于 1.5m/s 的流速进行冲洗，直到出水口的水色与进水时目测一致为准。

第九章

美丽乡村生活设施施工技术

随着美丽乡村建设的不断深入，农民的生活水平逐年提高，生活方式也发生了根本的改变。以前只有城市中才有的"取水水自流"、"点灯不用油"等的各种生活设施也进入了乡村的生活。

第一节 水窖施工技术

水是人类赖以生存和发展的最基本要素，但是生活在我国西北黄土高原的部分地区，由于自然和历史的原因，极度缺水困扰着人们的生活。所以，在以人为本的新时代里，实施水窖工程是解决这些村民生产生活用水的最有效途径。

水窖是一种隐蔽于地下的蓄水设施，在土质地区和岩石地区都有应用。

根据水窖的所用材料，可分为：黏土水窖、水泥砂浆薄壁水窖、混凝土盖板水窖、砌砖拱顶薄壁水泥砂浆水窖等。其主要根据当地土质、建筑材料、用途等条件选择。表9-1是各类水窖的适用条件。

表 9-1 水窖构造参考 （单位：m）

水窖形式	适用条件	总深度	旱窖直径	最大直径	底部直径	最大容积/m³
黏土水窖	土质较好	0.8	4.0	4.0	3~3.2	40
薄壁水泥砂浆水窖	土质较好	7~7.8	2.5~3.0	4.5~4.8	3~3.4	55
混凝土或砌砖拱顶薄壁水泥砂浆水窖（盖碗窖）1	土质稍差	6.5	1~1.5	4.2	3.2~3.4	63
混凝土或砌砖拱顶薄壁水泥砂浆水窖（盖碗窖）2	土质稍差	6.7	1.5	4.2	3.4	60

水窖按构造形式又可分为圆柱形、瓶形、烧杯形、坛形等，其防渗材料可采用水泥砂浆抹面、黏土或现浇混凝土；岩石地区水窖一般为矩形宽浅式，多采用石材砌筑。

一、土质水窖

（一）结构设计

土质水窖形状有瓶式水窖和坛式水窖。这种水窖又分为全隐式或半隐式。半隐式水窖由蓄腔、旱窖体、窖口与窖盖等部分组成。水窖的蓄腔位于窖体下部，是主体部分，也是蓄水位置所在；旱窖位于蓄腔上部，窖口和窖盖起稳定上部结构的作用。窖口直径约600~800mm，高出地面不宜小于300mm，土质的瓶式窖，从上到下的尺寸基本一样，就是蓄腔稍大些。窖底直径约在3~3.2m，蓄水量可达40m³。水窖结构如图9-1所示。

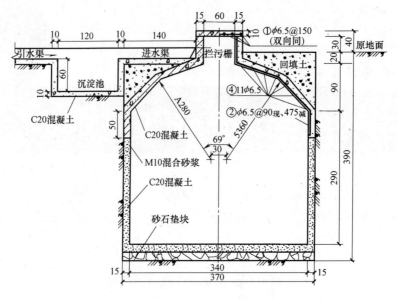

图 9-1　水窖结构图

水窖的防渗措施为：旱窖部分为原状土体，不能蓄水，亦不作防渗处理；蓄腔部分采用红胶泥或水泥砂浆防渗，其做法如下：

1. 红胶泥防渗

为了防止窖壁渗水，要对窖壁进行防渗处理。用红胶泥做防渗处理时，红胶泥防渗层应大于 30mm。为了使红胶泥与窖壁稳固结合，先在窖壁上布设码眼，用拌好的红胶泥锤实。码眼为口小里大的台柱形，外口径 70mm，内径 120mm，深 100mm，品字形分布设置。窖底铺 300mm 的红胶泥并夯实整平，最后再抹一层 15mm 厚的水泥砂浆压实压光，作为加固处理。

2. 水泥砂浆抹面防渗

水泥砂浆防渗层，其厚度不得小于 30mm。抹灰前，应在窖壁上每隔 1.0m，挖一条宽 50mm，深 5～8mm 的圈带，在两圈带中间每隔 300mm 布设码眼，也是品字形设置，以增加水泥砂浆与窖壁的粘结和整体性。

水泥砂浆的强度不得低于 M5。所有砂浆层不得产生空鼓和裂缝现象。

（二）施工方法

土窖施工程序分为窖体开挖、窖壁和窖底防渗、窖口砌筑等。

1. 窖体开挖

窖体的开挖，应用人工或机械进行。开挖时应先中心后四周逐步调整。窖址和窖型尺寸选定后，在窖址铲去表土，确定中心点，在地面上画出窖口尺寸，然后从窖口开始，按照各部分设计尺寸垂直下挖，开挖时，在窖口处吊一中心线，或在开挖边缘外侧相对设定位桩，每挖深 1m，校核一次。机械开挖时，在开挖界与成型界之间应留 200mm 不挖。窖坯挖好后，用人工修整至成型设计尺寸。当开挖深度达到 3.5～4.0m，应用线坠垂线从窖口中心向下，严格检查尺寸，防止窖体偏斜。水窖部分开挖，同样要先从中心点向四周扩展，并按窖体防渗设计要求设置码眼和圈带。

2. 红胶泥防渗

窑体按设计尺寸开挖后，进行防渗处理。处理前要清除窑壁浮土，并洒水湿润。将红胶泥打碎、过筛、浸泡、翻拌、铡剁成面团状后，制成长约180mm，直径50~80mm的胶泥钉和直径约200mm，厚50mm的胶泥饼，将胶泥钉钉入码眼，外留30mm，然后将胶泥饼用力摔到胶泥钉上，使之连成一层，保证红胶泥厚度达到30mm。然后再用木槌锤打密实，使之与窑壁紧密结合。并逐步压成窑体形状，直到表面坚实光滑为止。窑底防渗是最重要的一环，要严格控制施工质量。处理窑底前先将窑底原状土轻轻夯实，以防止底部发生不均匀沉陷。窑底红胶泥厚300mm，分两层铺筑，夯实整平，并要使窑底和窑壁胶泥连成一整体，且连接密实。然后窑底用水泥砂浆抹面，厚度30mm。

3. 水泥砂浆防渗

砂浆厚度30mm，分三次进行，砂浆每遍所用的配合比分别为1:3.5、1:3和1:2.5。在抹第一遍水泥砂浆时把水泥砂浆用力压入码眼，经24h后，再进行下一遍水泥砂浆抹面。工序结束一天后，用42.5等级水泥加水稀释成防渗素浆，从上而下刷两遍，完成刷浆防渗。窑底在铺筑300mm胶泥夯平整实后，再完成水泥砂浆防渗。全遍工序完成后封闭窑口24h，洒水养护14d左右即可蓄水。为了提高防渗效果，可在水泥中加防渗剂（粉），其用量为水泥用量的3%~5%，在最后一次抹壁和刷水泥浆时掺入使用。

4. 窑口砌筑

砌筑窑口时可用砖或块石砌筑，并用水泥砂浆勾缝，再将盖板安装好。盖板可用上锁木盖板或混凝土预制盖板。为了便于管理，应在水窑盖板上编写编号、窑的主要尺寸（如深度、直径）、蓄水量、窑深、编号、施工年月、乡村名称等。

二、水泥砂浆薄壁水窑

1. 结构设计

这种水窑，其形状近似"坛式酒瓶"，窑体组成和前述土窑相同，它比瓶式土窑缩短了旱窑部分深度，加大了水窑中部直径和蓄水深度，旱窑深2.5~3.0m，水窑深4.5~4.8m，水窑总深度不宜大于8m，水窑直径3.8~4.2m，最大直径不宜大于4.5m，窑体由窑口的窑颈向下逐渐呈圆弧形向外扩展，至中部直径后与水窑部分吻接，这种倒坡结构，受土壤力学结构的制约，其结构尺寸是否合理直接关系到水窑的稳定与安全。窑口尺寸由传统土质窑的0.6~0.8m扩大到0.8~1.2m，这样便于施工开挖取土。窑底结构呈圆弧形较好，中间低0.2~0.3m，边角亦加固成圆弧形。

窑壁防渗与土窑采用水泥砂浆防渗的设计要求相同，不同之处是旱窑部分亦做水泥砂浆防渗，其水泥砂浆强度不宜低于M10，厚度不宜小于30mm。窑底用红胶泥或三七灰土铺筑或原土翻夯，厚度300mm，再用水泥砂浆防渗。

窑台用砖浆砌成或用混凝土预制窑圈。

2. 施工方法

水泥砂浆薄壁水窑的施工工序和施工方法与采用水泥砂浆防渗的土质窑基本相同，只是窑体要全部进行防渗处理。窑盖用混凝土预制时，可以与窑体开挖同时进行，按设计要求预制，用C20混凝土，厚80mm，直径略比窑口大。并按要求布设提水设备预留孔。

传统水窑采用红胶泥在长期运行中证明是十分有效的，其材料费用较低，但施工比较复杂，各个环节要求十分严格，而且费工费时。在土质较好地区，我国发展了薄壁水泥砂浆水窖，施工程序大为简化，质量比较容易保证，经过实践检验，防渗效果也比较理想。

三、混凝土顶拱水泥砂浆水窖

（一）结构设计

窖体由窖颈、拱形顶盖、水窖窖筒和窖基等部分组成。窖颈为预制混凝土管或砖砌成，其深度大于500mm，并要满足抗冻要求。拱形顶盖为现浇混凝土，强度等级不宜低于C20，厚度不小于100mm，顶拱的矢跨比不宜小于0.3。水窖总深度不宜大于6.5m。水窖底基土应先进行翻夯，其上宜填筑200~300mm厚的三七灰土或采用厚100mm的现浇混凝土。水窖顶拱下的窖筒为圆柱形，最大直径不宜大于6.5m，窖壁采用薄壁水泥砂浆防渗。

（二）施工方法

施工工序分为窖体开挖、窖壁防渗、混凝土顶拱施工及制作窖颈及窖盖等。窖体开挖和窖壁防渗与水泥砂浆薄壁窖相同，窖颈可为预制混凝土管或用砖砌成并预留安放进水管孔。

当采用大开口法施工时，可先开挖水窖部分窖体，布设码眼，进行水泥砂浆防渗，待窖顶下窖筒竣工后，再进行混凝土顶拱施工。即先建好脚手架，在窖壁上缘做内倾式混凝土裙边，安装模板，清除窖顶浮土，洒水湿润，铺一层水泥砂浆后即可浇筑C20混凝土。当拱顶土质较差时，要设置一定数量的拱肋，以提高混凝土顶拱强度。

四、砖砌拱顶素混凝土水窖

（一）结构设计

窖体由窖口、窖顶和窖筒组成。窖口直径0.6~0.7m，高出地面0.4~0.6m，用砖或块石砌成；窖顶为球冠形，上部与窖口相连，深1.0~1.5m，内径由上向下逐渐放大，到窖筒处内径3~4m，一般用砖块砌成，窖筒（主要蓄水部分）深4.0~6.0m，直径3~4m。

窖筒的窖底和窖壁采用素混凝土防渗，防渗厚度100~150mm，混凝土浇筑后，再用水泥砂浆抹面，加强窖体的防渗。砖砌窖顶内外两侧亦采用20~30mm厚的水泥砂浆抹面防渗。

（二）施工方法

素混凝土水窖施工分为窖体开挖、窖底和窖壁混凝土浇筑、砖砌窖顶、窖体水泥砂浆抹面防渗、窖口和窖台砌筑等，其中除窖体混凝土浇筑和砖砌窖顶施工外，其他工序与窖底为混凝土的水泥砂浆薄壁窖施工方法基本相同。

窖体开挖后，在窖坯体底部洒水湿润，然后平铺一层厚度0.01~0.02mm的塑料薄膜，主要起保护混凝土水分和防渗作用，素混凝土平铺厚度100~150mm，捣固后3.5个小时后即可进行窖壁浇筑。

浇筑窖壁混凝土时，采取分层支架模板、现场连续浇筑施工。窖壁浇筑每层最大限高为1.5m，沿窖壁浇筑区分层订好0.01~0.02mm的塑料薄膜，高度应比浇筑分层的高度加10mm的超高。支架好分层圆柱形钢模板，其外径即设计的窖内径坯体直径。模板外缘与窖壁塑料薄膜间距为100~150mm，然后浇筑素混凝土。捣固结束4小时后，即可重复以上工序进行第二层的施工，直到完成整个窖壁的连续浇筑。

砖砌窖顶时，支撑好施工脚手架，在已完成施工的素混凝土窖壁上缘做内倾式混凝土裙边，宽度不小于250mm，表面向内倾角15°左右。其上用黏土泥浆砌砖裙，单面宽120mm。

之后在砖裙上用单层砖砌筑球冠形窑顶。砌体厚度60mm。在距窑顶面约500mm处预埋进水管，砌筑方法是沿砖裙一圈一圈地收口式砌筑，在距窑顶面约500mm处预埋进水管。

第二节 乡村供水设施施工技术

水塔，是乡村供水的主要设施，是储水和配水的高耸结构。它可以保持和调节给水管网中的水量和水压。

水塔主要由水柜、基础和连接两者的支筒或支架组成。以前常用的有砖砌水塔、混凝土水塔等。现在用得较多的是倒锥壳水塔，以及无塔供水的设备等。而在家中屋盖上部设置的水塔则有不锈钢水塔、防腐保温式水塔等，这些也可称为家用水箱。

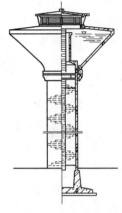

图9-2 倒锥壳水塔

一、水塔施工

水塔施工，主要有外脚手架和里脚手架等多种施工方法。这里以倒锥壳水塔施工为例来说明其施工方法。

倒锥壳水塔如图9-2所示，这种水塔的塔身和水箱均采用钢筋混凝土制作，不过倒锥壳水箱是在地面制作后，再用液压提升到设计高度后固定。

（一）筒身施工

水塔筒身必须在牢固的基础之上。水塔基础应连续作业，将施工缝留设在支筒与基础面交接处，并做好进出水管道孔洞的预留工作。基础施工完成后，应及时回填并分层夯实。

筒身多采用提模施工法，简介如下：

1. 组装钢井架

组装井架时，应先在施工的筒身内部位置组装钢井架，井架要设立在牢固的基础上，每接高10节设一道缆风绳，以保证其稳定性。

2. 吊篮组装

吊篮可根据塔身的直径收缩，上下两层吊篮间的距离为2m。通过连杆将上下吊篮组装成整体。如果操作平台的面积较大，可在四周加辐射梁吊盘骨架用M16螺栓固定。操作平台上的铺板要严密，四周应设安全防护网。

3. 模板组装

组装模板时先支内模板，依靠吊盘骨架进行固定，然后支外模，用钢绳箍紧。调整模板的圆度，保证筒壁断面的厚度符合要求。

4. 浇筑混凝土

浇筑筒身混凝土时，应沿筒身四周对称进行。分层振捣密实。待混凝土达到一定强度后，即可松动模板内外紧箍顶楔，使模板与混凝土脱离。

由于筒身厚度较薄，振捣混凝土时应用小型插入式振捣器振捣密实。

5. 提升吊盘

用挂在井架上的吊链将吊篮提升到下一个浇筑高度，然后再清理、调整、固定模板。依此循环施工。

待下一浇筑高度的模板安装完毕后，校核筒身垂直度，筒身垂直度偏差不得超过总高的0.1%；且筒身顶中心相对基础中心偏差应不大于30mm，筒身外径误差不得超过1/500。

（二）水箱施工制作

钢筋混凝土筒身浇筑完成后，以筒身为基准，围绕筒身就地预制水箱。水箱可分两次支模和浇筑混凝土。第一次支模主要完成下部支承环梁、水箱倒锥壳下部和中间直径最大处的中部环梁。然后绑扎钢筋，在中部环梁上留出水箱顶部的钢筋接头。浇筑混凝土并达到一定的强度后，再支水箱顶部和上环梁的模板，绑扎顶部和上环梁的钢筋，然后浇筑混凝土，如图9-3所示。

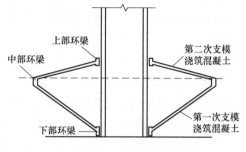

图9-3　水箱制作

（三）提升水箱

提升水箱可根据当地提升设备的实际条件进行选择。如果水箱较小，可选择提升机提升或卷扬机提升。如果水箱较大，可选择千斤顶提升或其他提升的方法。

当水箱提升到设计高度时，应用提前制作好的井字形钢销梁进行固定。安装时先用螺栓临时固定，然后焊接，再将水箱落位，最后浇筑保护环梁的混凝土。

二、无塔供水设施

无塔供水设备由于安装方便，工期短，所以是当前平原地区乡村普遍使用的一种供水设备。

（一）全自动供水设备的特点及工作原理

1. 无塔供水设备的特点

无塔供水设备由气压罐、水泵及电控系统三部分组成，其突出优点是，不需建造水塔，投资小、占地少，布置灵活，建成投产快。采用水气自动调节、自动运转、节能与自来水自动并网，停电后仍可供水，调试后不需看管。适用于供水户在5000户以内，日供水量在3000m³以内场所，供水高度可达100m以上，如图9-4所示。

2. 工作原理

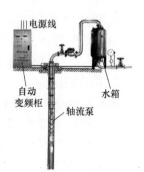

图9-4　无塔供水

无塔供水设备投入使用，自来水管网的水进入供水罐，罐内空气从真空消除器排除，待水充满后，真空消除器自动关闭。当自来水管网压力能够满足用水要求时，系统由旁通止回阀向用水管网直接供水；当自来水管网压力不能满足用水需求时，系统压力信号由远传压力表反馈给变频控制器，水泵运行，并根据用水量的大小自动调节转速以保持恒压供水，若运转水泵达到工频转速时，则启动另一台水泵变频运转。水泵供水时，若自来水管网的水量大于水泵流量，系统保持正常供水；用水高峰时，若自来水管网的水量小于水泵流量时，供水罐内的水作为补充水源仍能正常供水，此时，空气由真空消除器进入供水罐，罐内真空遭到破坏，确保了自来水管网不产生负压，用水高峰过后，系统又恢复到正常供水状态。当自来水管网停水，造成供水罐液位不断下降，液位探测器将信号反馈给变频控制器，水泵自动停机，以保护水泵机组，供水罐可以储存并释放能量，避免了水泵频繁启动。

（二）无塔供水设备安装使用及保养

（1）本设备安装应选择通风良好、灰尘少、不潮湿的场地，环境湿度为 – 10℃ ~ 40℃。在室外应设防雨、防雷等设施。

（2）为方便设备安装、保养，设备四周应留 70cm 空间，人孔处留 1.5m 空间，四周地面应设排水沟。

（3）选定场地后，要处理好地基，在用混凝土浇筑或用砖石砌筑罐体支承座。待基座完全固化后，再吊装罐体并放稳，随后安装附件，接通电源。

（4）在试车前，应先关闭供水阀，检查各密封阀情况，不允许有泄露现象，开车后，应注意机泵转向。当压力表指针到上限时，机泵自动停止。打开供水阀，即可正常供水，如需定时供水，可把选择开关扳到手动位置。

（5）本设备泵机组应经常检查，定期保养并加注润滑油。离心泵和止回阀如发现漏水现象，应及时紧固法兰螺栓或更换石棉板，检查机泵底脚螺栓不能松动，以防损坏机器。

（6）电器自动控制系统，应防水、防尘、经常检查线路绝缘情况，连接螺栓是否松动和保险丝完好等情况。压力表外部最好用透明材料包裹，以防损坏。

（7）罐体如发现漆皮脱落，应及时刷漆保养，以延长使用寿命。

第三节　家庭厕所的建造技术

在美丽乡村的创建中，要实现农村经济、社会、环境和谐发展，需要大力推进乡村的生态环境建设。但是，当前传统的农家厕所很多还是臭气熏天、蚊蝇成群、厕蛆遍地，这不但成了疾病传染的原发地，而且也往往成为环境污染的污染源，所以家厕改造势在必行。

一、双瓮漏斗式厕所

（一）双瓮漏斗式厕所构造

图 9-5 是双瓮漏斗式厕所的示意图，主要由下列构件组成：

1. 漏斗形便器

漏斗形便器是用陶瓷制作，当然也能用细石混凝土制作。一般情况下，前瓮建在厕室地下，将漏斗形便器置于前瓮的上口，不用砂浆固定，可随时提起。有的地方则是将前瓮建在厕室外地下，便器下面连一个排粪管道通到厕室外的前瓮内。

2. 前后瓮式贮粪池

地下部分是由两个瓮形贮粪池所组成。前瓮粪池较小，后瓮粪池较大。这两个瓮形贮粪池可以现场用砖砌就，也可采用混凝土或其他建筑材料预制后安装。现在使用最多的就是预制品，这样价格适中，施工简便，而且施工进度快。

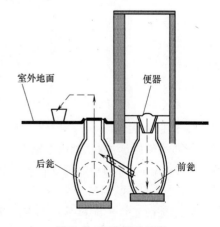

图 9-5　双瓮漏斗示意

前瓮体中间内径不得少于800mm，瓮体上口圆内径不得少于360mm，瓮体底部圆内径不得少于450mm；前瓮的深度不得小于1500mm。

后瓮粪池主要是储存粪液，后瓮瓮体中间内径不得小于900mm，瓮体上口内径不得小于360mm，瓮体底部内径不应小于450mm，后瓮深不得小于1650mm。粪便经前瓮消化、腐熟后经过粪管溢流到后瓮内。

在寒冷地区，为了防止冻土层对瓮的影响，可把前后瓮的上口颈加长，可使瓮体深埋。

3. 过粪管

过粪管，是连接前后瓮的通粪管。为了使消化、腐熟的中层粪液溢流到后瓮内，则应形成前低后高状，这样可使前瓮粪液始终保持在高位的位置。过粪管可用内径为120mm的塑料管，长度一般为600mm。

4. 瓮盖

后瓮池应有完整的水泥盖，并应盖压严密，出粪时又能顺利取下。后瓮的上口应高出地面100mm，可防止雨水进入瓮内。

建造双瓮漏斗式厕所时，有二合土双瓮漏斗式厕所、砖砌双瓮漏斗式厕所和混凝土预制双瓮漏斗式厕所。从造价上看，二合土的比较低廉，全部下来也就是300元左右；砖砌式的大约350～400元，预制混凝土的大约400～450元。这里以二合土及混凝土预制式双瓮漏斗式厕所的施工给予介绍。

（二）二合土双瓮漏斗式厕所

在经济不是很发达的地区，为了节省资金，又能起到环保卫生的作用，可建造这样的厕所。这种厕所中的双瓮体是采用二合土制作，如图9-6所示。

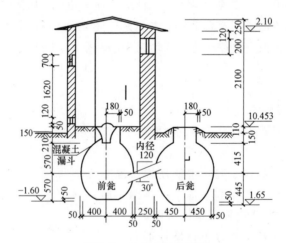

图9-6 二合土双瓮厕所

1. 预制水泥漏斗

简易的预制方法是从地面上挖出一个漏斗的模型，槽长200mm，宽90mm。上口直径130mm，预制内径80mm，小口空隙可以放进一个盐水瓶，周围留出25mm的空隙，即是预制的厚度。

2. 二合土瓮的制作

制作瓮的二合土配料是：石灰粉30%，黏土70%，过筛掺匀，其含水量应达到手抓土能成一个团，丢下即散为最好。

根据图样确定前后瓮间距离，如两瓮中心距为1210mm，开挖瓮直径420mm，前后瓮垂直深度为360mm的圆桶形，先用二合土砸实后直径为360mm，以防向下开挖时崩陷，然后沿弧形再向下开挖，前瓮直径最大处约880mm，深1500mm，后瓮直径最大处为990mm，深为1650mm。

前后瓮形挖好后，用二合土砸制瓮壁，夯实并用玻璃瓶打磨光滑。

砸好24h后，用排刷将拌制好的水泥浆普刷瓮壁一遍，保养5~7天后，兑上清水约75L备用。

将内径为120mm、长度为600mm的塑料过粪管，从前壁下部的1/3处向后瓮的上部的1/3处斜向插入，上角与瓮壁呈30°。

为了防蝇、防蛆、防臭气，可以制一个麻刷椎，制作时取1000mm长的圆木棍，用大约0.2kg的麻丝绑到圆木棍上，上呈伞形，放置漏斗口，封闭瓮口。这样冲洗漏斗时也可当作刷子使用。

在使用前，应向瓮内加一定量的水，水面以超过前瓮过粪管下口处为好。

在使用的过程中，前瓮内的粪便每隔一年可清理一次，但清理出的粪便要堆积起来，经高温灭菌后方能当作肥料使用。当后瓮中的粪液已满时，则应及时取出。

（三）混凝土预制双瓮漏斗式厕所

1. 模具

先用直径6mm的钢筋焊接一个外模架，前后瓮上口直径均为1000mm，高720mm，底直径前瓮是700mm，后瓮是800mm。从底圈向上到220mm处焊一环筋，以固定拦挡第一层立砖；270mm处和450mm处各焊一环筋，以固定拦挡第二层立砖；520mm处焊一环筋，与上口环筋一起拦挡第三层立砖，环形外模一分为二地切割成个半弧形钢筋架，每半个采用4根立筋支撑，接口处用插销将钢架连成整体。

如果是专业化生产时，可根据图纸要求的尺寸到模具公司制作一付专用的模具更好。

2. 浇筑

将外模架放在地上，先在底部周围用黄泥均匀地铺一圈，厚度约为2mm，砌一圈240mm砖，砖与砖之间用黄泥抹缝，然后放第二层，依次类推。

砖立起后，砖上面再均匀铺一层15mm厚的黄泥，以砖面不露出为宜。

用比例为1:3的水泥砂浆，从外模圆桶的底部向上均匀地涂20mm。若预制上半截瓮时，底部不用砂浆，可留出500mm圆口，若预制下半截时，底部留成锅底状，便于以后清渣淘粪。前瓮下半截留孔，后瓮上半截留孔，孔径约为150mm，上下两孔距离为200mm，半截瓮大口处应留出40mm宽沿，以便连接和安装。两上瓮截面合口时用水泥砂浆密封。所以两个瓮应预制成4个半截瓮。

如果使用专用模具生产，则应用细石混凝土直接浇筑。

抹水泥砂浆24h后，脱去钢筋模，砖模到3天后脱去。脱模时要小心，不要将抹浆层损坏。

3. 安装

按瓮体的尺寸先开挖出瓮坑，然后将坑底铲平夯实，用C15混凝土浇筑100mm厚。基底处理后，将瓮放入坑内，双瓮中心距为1200mm左右，上下瓮体应紧密结合。

瓮体安装完毕后，用土回填，并要边填边夯实，当回填将近过粪管口下边沿时，安装过粪管，并用混凝土将过粪管与瓮体间的缝隙补好捣实，然后回填至地面处，再将漏斗便器安装到前瓮的上口。如有条件时，也可将地面进行硬化处理。

二、三格化粪池厕所

三格化粪池厕所比双瓮式厕所更有较大改进，其组成如图9-7所示。

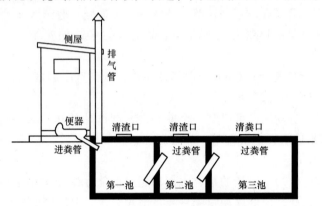

图 9-7　三格化粪池厕所示意

三格化粪池厕所可以采用砖砌法、预制法等，这里来介绍一下砖砌法。

1. 放样和挖坑

根据设计方案选择化粪池的位置，按照各池的长度、宽度量好尺寸，撒上石灰线。线放好后，就要挖坑，挖坑时要掌握坑的深度。

2. 池底的处理

底层修平后夯实，铺上50mm厚碎石作为垫层，上边浇筑80mm厚的C15混凝土。

3. 砌池与抹面

按化粪池的尺寸砌筑周边池壁墙体与分格墙。分格墙砌到一定高度后，及时安装过粪管，过粪管的周边一定要用水泥砂浆嵌填密实。砌墙体时，砖块需提前一天浇水湿透，砖的接槎要正确，缝与缝应错开，砂浆要饱满。并要与分格墙同时砌筑，不要留槎。最好采用丁字砖砌法。

池壁砌筑完成后，先用1:3水泥砂浆打底，再用1:2水泥砂浆抹面两道，抹面的总厚度不得少于20mm。并且表面光滑平整，密实牢固。

4. 盖板

化粪池上边的盖板应用钢筋混凝土制作，厚度不得小于50mm。第一池在厕屋内的盖板要留出放置便器的孔洞和淘粪渣的出口。第二池与第三池的盖板也要各有一预留口，每个口都要盖上小盖板。安装池盖板时，底面均要铺砂浆，使盖板与池密封。

将进粪管从第一池盖板入口中插入粪池，并将其固定在盖板上。将蹲便器入口套在进粪管上，安放固定便器，使便器与脚踏板密封。以便器下口为基准，距后墙为350mm，距边墙400mm，便器的高低根据坡度的需要而定。如果带有水冲装置的，则要全部安装到位。

排气管直径一般为100mm，长度应超过厕所房顶500mm，下口固定第一池盖板预留孔处，上端固定于房顶处。

待池各部均安装完毕后，应回填池侧空隙，并应捣实。如果条件允许的话，可对厕所内地面进行硬化处理。

三格砖砌化粪池厕所全部费用大约在1500元左右。这种厕所可作为村内公共厕所使用或者是幼儿园、学校等公共场所使用。

三、三联通沼气厕所

三联通沼气厕所具有重要的意义和作用。它是在粪便无害化处理的同时，又能产生沼气，为农户提供高效清洁的能源。

沼气厕所主要有砖砌式、现浇式或扣板式等。如果采用砖砌式时，砌筑用的水泥浆的强度等级不得低于 M10。现浇混凝土的强度等级为 C20。过粪管可采用与前相同的塑料管。当然，如果经济条件比较好的，直接可以购买玻璃钢或塑料制作的成品沼气池，而厂家也会到现场安装。

沼气池的施工，也是同前边的厕所一样，进行放线挖坑、夯底处理，砌砖抹面，支模浇混凝土等，这里不再详述。三联通沼气厕所的平面布局可参考图 9-8 所示，其剖面如图 9-9 所示。

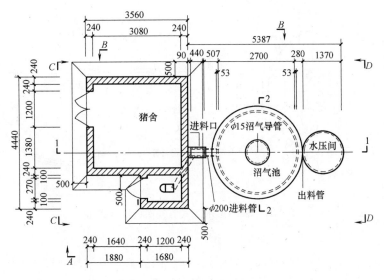

图 9-8　沼气池式厕所平面布局

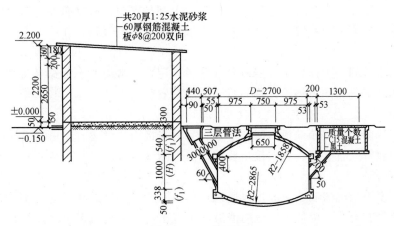

图 9-9　1-1 剖面图

第四节 乡村沼气池的建造技术

能源是世界经济发展的命脉，环境是人类赖以生存的基础保障。在诸多能源中，沼气是一种重要的可再生的生物能源，具有环保、废物利用，改善生态环境的显著特点。在乡村推广应用沼气，有利于促进资源循环利用，有利于推进资源节约型、环境友好型的美丽乡村建设。

一、沼气池的构造

沼气池的类型很多，但其构造基本相同，主要是由进料间、发酵间、气箱、导气管、出料间等组成，图9-10是圆筒形水压式沼气池。

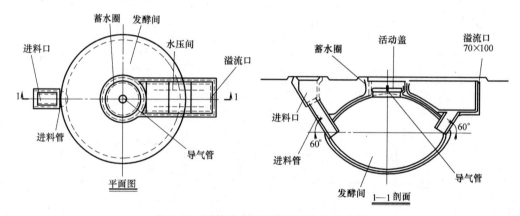

图9-10 圆筒形水压式沼气池构造示意图

1. 进料间

进料间是输送发酵原料到发酵间的通道，一般做成斜管或半漏斗形式的滑槽。进料间的斜度，以斜底面直通到池底为宜，进料间还可与厕所、禽畜间连通。

2. 发酵间

发酵间与气箱是一个整体，下部是发酵间，上部是气箱，一侧通进料间，另一侧通出料间。发酵间是将进来的原料进行发酵，产生沼气后，上升到气箱。

3. 气箱

气箱位于发酵间的上部，顶部安装导气管通向用户。常用的水压式沼气池气箱上部设有水压间。发酵间和气箱的总体积，称为沼气池的有效容积。

4. 导气管

导气管一端固定在气箱盖板或活动盖上，另一端接输气管通向用户的沼气用器之上。导气管一般采用镀锌铁管、塑料管，接口要求严密不漏气。

5. 出料间

出料间是发酵后沉渣和粪液的出料通道，出料间的大小以出料方便为准。大中型池出料间侧壁上有的砌有台阶，以便进入池内清渣，小型出料间一般用木梯供人上下。

6. 天窗盖

天窗多设在气箱盖板中央，一般为圆形，直径大多采用500～600mm。为了防止盖边漏气，活动盖顶设有水压箱。

二、沼气池的建造

建造沼气池时，一定要按照"因地制宜，就地取材"的原则，根据当地水文和工程地质情况，选择适宜的池型结构。沼气池有圆形、球形、圆柱形、坛子形等形式。农村应用最多的是圆形和球形，而球形多用在沿海、河网地带以及地下水位较高的地区。

1. 容积的确定

确定沼气池容积是按家庭人口每人平均 $1.5 \sim 2.0 m^2$ 计算的。

2. 沼气池的建造

建造沼气池现在多用混凝土和普通砖。图 9-11 是用混凝土建造的沼气池，图 9-12 是用普通砖建造的沼气池。建造时应结合图上的要求进行。

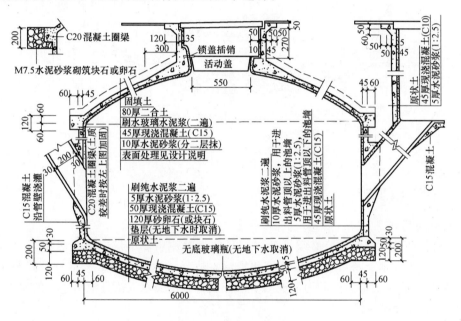

图 9-11　混凝土沼气池

3. 建造的基本要求

（1）结构合理。能够满足发酵工艺的基本要求，保持良好的发酵条件，管理操作方便。

（2）严封密闭。保证沼气微生物要求的严格厌氧环境，使发酵能够顺利进行，并能有效地收集沼气。

（3）坚固耐用、造价低廉，建造施工及保养维修方便。

（4）安全、卫生、实用、美观。

4. 沼气池的施工

在农村建造沼气池时，一定要按照当地沼气办所提供的施工图进行施工，或者按照《农村家用水压式沼气池标准图集》GB 4750 的标准图进行。

沼气池施工时，首先在选好的建池位置，以 1.9m 半径画圆，垂直下挖 1.4m，圆心不变，将半径缩小到 1.5m 再画圆，然后再垂直下挖 1m 即为池墙壁的高度，池底要求周围高、中间低，做成锅底形。同时将出料口处开挖，出料口的长、宽、高不能小于 0.6m，最后沿池底周围挖出高宽各为 0.5m 的圈梁槽沟。

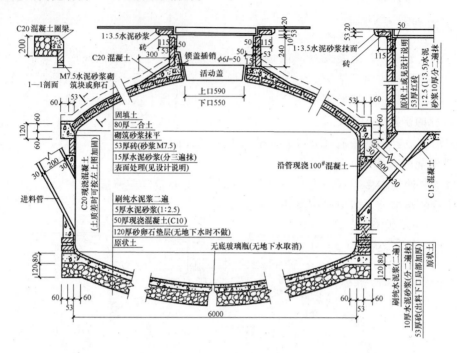

图 9-12　普通砖沼气池

三、沼气池的启用

1. 原料的配制

旧池换料和新池投料前，必须准备好充足的发酵原料。尽量应用粪便类而少用秸草原料。秸草原料入池前，最好应进行粉碎和堆沤。池外堆沤时，可根据秸秆重量称取 1% ~ 2% 的石灰粉拌成石灰水，然后均匀地洒于秸秆上；再用粪水或沼气池出料间的发酵液拌匀，将其压实后覆盖塑料薄膜。

堆沤时间：冬春季在 3 ~ 5d，夏秋季在 1 ~ 2d。当堆沤内的温度达到 60℃，应及时拌料接菌，入池启动。

当粪便和秸秆混合启动时，若使用的粪便量小于秸秆重量 1/2 以下，可按每立方米发酵料液加 1 ~ 3 公斤碳酸氢铵或 1 公斤以下的尿素，来提高产气量。

2. 接种物

接种物各地区都相当普遍，如湖泊、塘堰、阴沟沉积的污泥，正常发酵的沼气池底部污泥和发酵料液，以及老年粪池中的粪便等，都可采集为接种物。

新池投放料时，应加入占原料量 30% 以上的接种物；旧池换料时，应留 10% 以上正常发酵的沼气池底部沉渣，也可用 20% 左右的沼气发酵料母液作为启动接种物。

新建的沼气池无法采集接种物时，可用堆沤 10d 以上的畜粪或老年的陈旧粪池底粪便作接种物。如果当地养牛较多，也可采用牛粪接种。

3. 入池堆沤

为了提高产气量，可在猪舍内建造一个长度为 2m、宽 1m、深 0.9m 的秸秆水解酸化池。

将粉碎的秸秆填入池中，加水浸泡沤制，发酵变酸后，再将酸化池内的水放入到沼气池内。使用这种方法时，新鲜的草料、秸秆需要浸泡一周以上，产生的酸液方可加入沼气池内。

为了省事，也可将原料按每层 300mm 厚分层加入沼气池中、分层接种，并应压实。堆沤期间切忌盖活动盖，如遇下雨和气温太低，可在盖口上用遮盖物临时遮盖，正常后将其移走。

4. 封池

当池内堆积物内的温度升至 60℃ 左右时，应采用水、粪便、污水或沼液分别从进、出料口加入。

加水后，用 pH 试纸测定发酵液的酸碱度。当 pH 值在 6.5 以上时，即可封池。

如果 pH 值在 6.0 时，可加入适量的氨水或淋石灰时已经澄清的石灰水，达到 7.0 时再封池。但一定要注意，所加的物质不得过量。

封池后，及时安装输气管道、压力表、开关等。并应关闭输气管道上的开关。

5. 放气

当池内压力达到 3~4kPa 时，开始第一次放气，而这次排放的气体主要是二氧化碳和空气。当压力再次升到 2kPa 时，进行第二次放气，并用火种点气，如能点燃，说明沼气发酵已经正常启动，第二日即可使用。

6. 运转

沼气池正常供气启动后，就进入了正常运转阶段。在这个阶段中，主要是维持均衡产气，一方面要在产气量显著下降时添加新原料，在加料时应遵照先出后进、体积相等的原则；另一方面每天要定时搅拌一次，每次搅拌 5 分钟。

四、沼气的应用

沼气主要用在灶具上。现将沼气应用中容易产生的问题作一介绍。

1. 灶具不能被点燃

灶具不能被点燃，主要应检查管子是否扭结或堵塞，管中有无沼气供应。如果管路通畅，则应查看是否外部漏气或者是沼气池中是否有沼气。

2. 火焰燃烧声音大

在点燃灶具后，如果产生"啪、啪"的声音，并且火焰燃烧过猛。往往是因为从引射器内引射进来的空气过多，或者是灶前的沼气压力过大所引起。解决的办法就是将调风板的调风量调小，或者调小灶前开关。

3. 火焰产生波动

产生火焰时大时小这种现象主要是燃烧器堵塞或是燃烧器的喷嘴不对中所造成的。当管子中有水时也会产生火焰波动，这时就要重新安装喷嘴或排除管子中的积水。

4. 产生黑烟或有臭味

产生这种问题主要是引入来的空气不足，或是燃烧器堵塞，也可能是燃烧器头部火孔四周空气不足。排除的方法主要是清扫和冲洗燃烧器，适当加大喷嘴和燃烧器的距离。

第五节　乡村太阳能热水系统安装技术

太阳能是取之不尽、用之不竭的环保型新能源，因此，对太阳能的开发利用有着广阔的前景。特别对于那些日用矿物质资源比较匮乏的乡村，应把太阳能的应用作为建设美丽乡村和改善农民生产或生活条件的一项主要内容。

一、安装位置的要求

太阳能热水器是利用太阳辐射能通过温室效应升高水的温度的加热装置。由于太阳能热水器在运行中不消耗如煤、电、气等任何常规的能源，所以是一种既廉价又环保的生活日用装置。

（一）太阳能集热器安装位置

安装太阳能集热器的位置，应满足所在部位的防水、排水和系统检修的要求。建筑的体型和空间组合应避免安装太阳能集热器部位受建筑自身及周围设施和绿化树木的遮挡，并应满足太阳能集热器有不少于 4 小时日照数的要求。

安装太阳能集热器的建筑部位，应设置防止太阳能集热器损坏后部件坠落伤人的安全防护设施。太阳能集热器不应跨越建筑变形缝设置。

1. 平屋面上安装太阳能集热器

太阳能集热器支架应与屋面预埋件固定牢固，并应在地脚螺栓周围做密封处理；当集热器安装在屋面防水层上时，屋面防水层应包到基座上部，并在基座下部加设附加防水层；集热器周围屋面、检修通道、屋面出入口和集热器之间的人行通道上部应铺设保护层；当管线需穿越屋面时，应在屋面预埋防水套管，并对其与屋面相接处进行防水密封处理。防水套管应在屋面防水层施工前埋设完毕。

2. 坡屋面上安装太阳能集热器

屋面的坡度宜结合太阳能集热器接收阳光的最佳倾角（即当地纬度±10℃）来确定；坡屋面上的集热器宜采用顺坡镶嵌设置或顺坡架空设置。

设置在坡屋面的太阳能集热器的支架应与埋设在屋面板上的预埋件牢固连接，并采取防水构造措施；太阳能集热器与坡屋面结合处雨水的排放应通畅；太阳能集热器顺坡镶嵌在坡屋面上，不得降低屋面整体的保温、隔热、防水功能；顺坡架在坡屋面上的太阳能集热器与屋面间空隙不宜大于100mm。

3. 阳台上安装太阳能集热器

设置在阳台栏板上的太阳能集热器支架应与阳台栏板上的预埋件牢固连接。由太阳能集热器构成的阳台栏板，应满足其刚度、强度及防护要求。

4. 墙面上安装太阳能集热器

低纬度地区设置在墙面上的太阳能集热器宜有适当的倾角；设置太阳能集热器的外墙除应承受集热器荷载外，还应对安装部位可能造成的墙体变形、裂缝等不利因素采取必要的技术措施；设置在墙面的集热器支架应与墙面上的预埋件连接牢固，必要时在预埋件处增设混凝土构造柱，并应满足防腐要求；管线需要穿过墙面时，应在墙面预埋防水套管。穿墙管线不宜设在结构柱处；集热器镶嵌在墙面时，墙面装饰材料的色彩、分格宜与集热器协调一致。

（二）贮水箱与集热器安装

1. 贮水箱设置

贮水箱设置应符合下列要求：

贮水箱宜布置在室内；设置贮水箱的位置应具有相应的排水、防水措施；贮水箱上方及周围应有安装、检修空间，净空不宜小于 600mm。

2. 集热器的安装

为了保证有足够的太阳光辐射到集热器上，集热器的安装应符合下列要求：

（1）太阳能集热器设置在平屋面上，其安装的位置是：对朝向为正南、南偏东或南偏西不大于 30°的建筑，集热器可朝南设置，或与建筑同向设置。

对朝向南偏东或南偏西大于 30°的建筑，集热器宜朝南设置或南偏东、南偏西小于 30°设置。

水平放置的集热器可不受朝向的限制。

（2）当集热器设置在坡屋面上时，其安装的位置是：集热器可设置在南向、南偏东、南偏西或朝东、朝西建筑坡屋面上。

坡屋面上的集热器应采用顺坡嵌入设置或顺坡架空设置。

作为屋面板的集热器应安装在建筑承重结构上。作为屋面板的集热器所构成的建筑坡屋面在刚度、强度、热工、锚固、防护功能上应按建筑围护结构设计。

（3）太阳能集热器设置在阳台上时，其安装的位置是：对朝南、南偏东、南偏西或朝东、朝西的阳台，集热器可设置在阳台栏板上或构成阳台栏板。

低纬度地区设置在阳台栏板上的集热器和构成阳台栏板的集热器应有适当的倾角。

（三）污水和气体的排除

为了保证太阳能热水系统的正常运行，还应设置排污阀和通气管。

排污阀一般安装在系统的最低处，以确保水箱或集热器和管路中的污物及杂质能顺利排出，或在维修和防冻时将水放出。

通气管设在水箱的顶部时，排气阀应设在上下循环管路拐角处的顶部，排气管的安装如图 9-13 所示。

（四）管路的连接方法

管路的连接应根据取水方法和安装位置的高低及水压的大小去确定。

1. 放水法安装

当热水器的安装位置高于用水器具的位置时，应用放水法管路连接，如图 9-14 所示。

2. 顶水法管路连接

当用水器具高于太阳能热水器时，则应采用顶水法管路连接，如图 9-15 所示。

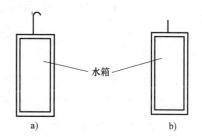

水箱

图 9-13 排气管的安装
a）正确安装 b）错误安装

3. 综合法管路连接

这种管路的连接就是放水与顶水方法的共同结合，主要适用于自来水压不稳定地区或安装于屋顶上的热水器。压力过大时，可采用顶水法，压力较低时，又可采用放水法，其安装方法如图 9-16 所示。

（五）水位控制方法

水位控制的方法主要有下列两种：

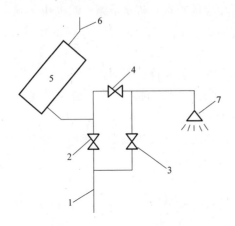

图 9-14　放水法管路连接示意

1—进水管　2、3、4—调节阀　5—热水器

6—排气管　7—用水器具

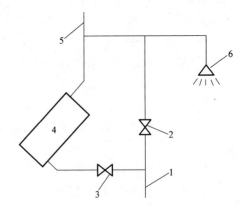

图 9-15　顶水法管路连接示意

1—进水管　2、3—调节阀　4—热水器

5—排气管　6—用水器具

1. 直观法

直观法就是直接观察的方法，主要是以观察溢流管出水为标准；另外，直观法还有以观察水表的流量作为水位标准的方法。

2. 电子控制法

电子控制法有两种表现形式：一是声响测控法；另一种是灯亮控制法。前者是利用声响感应器件将水位信号转变成为声音的信号来控制水位的方法；后者是利用水满后触点开关将线路连通，信号灯发亮来控制水位。

二、家用太阳能热水器安装

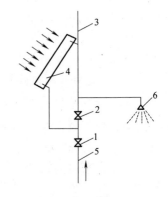

图 9-16　综合法管路连接示意

1、2—调节阀　3—排气管　4—热水器

5—进水管　6—用水器具

家用太阳能的采光面积通常在 $0.6 \sim 2m^2$ 之间，用户可结合家庭人口的多少和热水的需用量进行选购。

家用太阳能热水系统一般采用 $10 \sim 15mm$ 粗的塑料软管进行连接。热水器采用支座式的应安装在屋顶上；分体壁挂式的可挂在屋檐下。但不论采用哪种形式，均应固定牢靠。

1. 集热器的连接方式

太阳能集热器并联连接时，进水口应在一端的管的上部，出水口在另一端的下部，中间各管连接时，顶部对顶部，底部对底部。

太阳能集热器采用串联连接时，进水口在一端的管的上部，出水口在另一端的下部；中间各管连接时，底部和顶部相连接。

太阳能集热器采用混合方式安装时应符合图 9-17 和图 9-18 所示方法。

大面积热水系统集热器需要采用并联排列方式，此种方式是将两个以上并联单体上端口用管道联成一体，将下端口也用管道联成一体，形成一个总的对角通路，其连接方式见图 9-19 所示。

集热器安装合格后，必须进行防风加固处理。

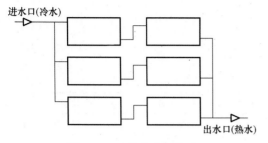

图 9-17 串并联连接方式

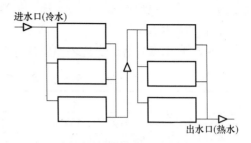

图 9-18 并串联连接方式

集热器之间连管的保温措施应在水压试验合格后进行。保温材料及厚度应符合国家标准要求。

2. 真空管的安装

真空管集热器的安装顺序是首先安装水箱、支架、输水管道，最后再插玻璃真空集热管。在插真空集热管时，首先检查集热管内的密封橡胶圈的安装质量，胶圈上或集热管圆孔边缘上不能粘有聚氨酯或其他污物，密封圈必须放置平整，插集热管前在圈口上涂抹肥皂水。各集热管插入的深度应一致。

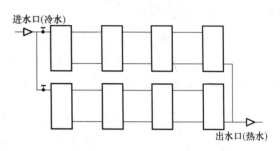

图 9-19 集热器并联排列

3. 辅助设备安装

（1）储热水箱的安装。上循环管应接到水箱上部，并比水箱顶部低 200mm 左右，但要保证正常循环时淹没在水面以下，以使浮球阀工作正常。下循环管接自水箱下部，出水口宜高出水箱底 50mm 以上。

水箱应设置泄水管、排气管、溢流管和需要的仪表装置。

为保证水的正常循环，储热水箱底部必须高出集热器最高点 200mm 以上，上下集热管设在集热器以外时应高出 600mm 以上。

自然循环的热水箱底部与集热器上集管之间的距离为 300~1000mm。

（2）电辅助加热安装。当采用电辅助加热时，电热管应在水箱保温之前安装。在控制装置中，应设漏电保护器，还必须对水箱进行接地保护。电热管安装一般是在水箱下部开孔，将电热管直接插入水箱，电热管与水箱之间应绝缘良好，与水箱的连接部位不能有渗水现象。电辅助加热的控制装置如果安装在屋顶之上，还要采取防雨和防雷保护措施。

4. 配水管道安装

由集热器上下集热管接往热水箱的循环管道，应有不小于 0.5% 的向上坡度以便于排气。管路最高点应设置通气管或自动排水阀。

管路直线距离较长时，应安装伸缩节，以吸收温度变化产生的胀缩。循环管路最低点应安装泄水阀，每组集热器出水口应加装温度计。

管道的管卡应固定牢靠，并有一定的强度，层高在 2500mm 以内的应设 1 个立管支架。

电磁阀应水平安装，阀前应加装细网过滤器，阀后应加装调压作用明显的截止阀；水泵、电磁阀、阀门的安装方向应正确，不得反装。

5. 安装允许偏差

太阳能热水器安装的允许偏差应符合表9-2的规定。

表9-2　太阳能热水器安装的允许偏差

项　　目			允许偏差	检验方法
板式直管太阳能热水器	标高	中心线距地面/mm	±20	尺量检查
	固定安装朝向	最大偏移角	不大于15°	分度仪检查

三、水压试验与调试

1. 水压试验与冲洗

太阳能热水系统安装完毕后，在设备和管道保温之前，应进行水压试验。并且各种承压管路系统均应做水压试验，试验压力应符合设计要求。非承压管路系统和设备应做灌水试验。

在环境温度低于0℃下进行水压试验时，应采取可靠的防冻措施。

系统水压试验合格后，应对系统进行冲洗直至排出的水不浑浊为止。

2. 系统调试

系统安装完毕投入使用前，必须进行系统调试，包括设备单机或部件调试和系统联动调试。

设备单机或部件调试应包括水泵、阀门、电磁阀、电气自动控制设备、监控显示设备、辅助能源加热设备等调试。调试应包括如下内容：

（1）检查水泵安装方向。在设计负荷下连续运转2小时，水泵工作应正常，无渗漏，无异常振动和声响，电动电流和功率不超过额定值，温度在正常范围内。

（2）检查电磁阀安装方向。手动通断电试验时，电磁阀应开启正常，动作灵活，密封严密。

（3）温度、温差、水位、光照控制、时钟控制等仪表应显示正常，动作准确。

（4）电气控制系统应达到设计要求的功能，控制动作准确可靠。

（5）剩余电流保护装置动作应准确可靠。

（6）防冻系统装置、超压保护装置、过热保护装置等应工作正常。

（7）各种阀门应开启灵活、密封严密；辅助能源加热设备应达到设计要求，工作正常。

3. 系统联动调试

当设备单机或部件调试完成后，应进行系统联动调试。系统联动调试主要包括如下内容：

（1）调整水泵控制阀门。

（2）调整电磁阀控制阀门，电磁阀前、电磁阀后的压力应处在设计要求的压力范围内。

（3）温度、温差、水位、光照、时间等控制仪的控制区间或控制点应符合设计要求。

（4）调整各个分支回路的调节阀门，各回路流量应平衡。

（5）调试辅助能源加热系统，应与太阳能加热系统相匹配。

系统联动调试完成后，系统应连续运行72小时，设备及主要部件的联动必须协调、动作正确，无异常现象。

第六节　卫生洁具安装

当前乡村建筑中，各家庭为了改善居住环境，在改建、新建房屋过程中，大多已设置了单独的卫生间。因此卫生洁具的安装也成为乡村建筑安装工程中的一项施工内容。

一、卫生洁具的选购

卫生洁具是室内厕浴间配套不可缺少的组成部分，既要满足使用功能的要求，又要考虑节水、节能的效果。

（一）坐便器的选择

在选择坐便器时，首先要清楚卫生间排污管的安装方式，然后根据排污管的布局决定选择相应结构的坐便器，因为每款坐便器都有不同的排水方式，这点一定要注意。

在选购前，还要量准排污管中心距墙体间的距离，这个距离也是选择坐便器的依据。并且所选坐便器的颜色要与其他洁具的颜色尽量一致，色调与地面砖和墙砖相协调。选购时，首先要查看外观质量，釉面要光洁、平滑，色泽晶莹剔透，没有针眼、气泡等缺陷。并且要用手伸进坐便器的污口处，触摸一下里面是否光滑，如果有粗糙感则是没有挂釉的。外观质量看过后，就要看是不是节水型的，应向经销商索要检测报告，一般情况下，6L以下的冲水量为节水型的产品。

（二）洗面盆的选购

洗面盆式样很多，有立柱式、台上式和挂墙式等。

选择时，应根据卫生间的面积大小来确定。如面积较小，可选择柱式盆，面积较大时则应选择台式盆。再者还要考虑卫生间的整体效果，注意分清所买的产品是 S 型的下水返水弯，还是 P 字型的入墙返水弯。

对于浴盆，现在一般家庭不再安装，大多使用淋浴喷头，所以就不再介绍。

二、卫生器具的安装

（一）安装要求

（1）安装卫生洁具时，其高度应根据土建的 +500mm 水平控制线、建筑施工图及器具安装高度确定器具其安装位置，具体参见表9-3。

表9-3　卫生器具的安装高度（mm）

项次	卫生器具名称		安装高度/mm	备注
1	污水盆（池）	架空式	800	—
		落地式	500	—
2	洗涤盆（池）		800	自地面至器具上边缘
3	洗脸盆、洗手盆（有塞、无塞）		800	
4	盥洗槽		800	
5	浴盆		≥520	

（续）

项次	卫生器具名称			安装高度/mm	备注
6	蹲式大便器	低水箱		900	自台阶面至水箱底
		高水箱		1800	
7	坐式大便器	低水箱	外露排水管式	510	自地面至低水箱底
			虹吸喷射式	470	—
		高水箱		1800	自地面至高水箱底

（2）安装卫生器具前，所有与卫生器具连接的管道已全部完成水压、灌水试验，并没有漏水渗水现象。室内抹灰已施工完毕，水准线已引进房间，地面相对标高线已经弹出。

（3）安装前应对洁具及配件进行检验，主要检查有无损伤，出水口的圆度，塑料配件的圆度和硬度等，不符合要求的不得安装。

（4）排水栓和地漏的安装应平正、牢固、低于排水表面，周围无渗漏。地漏水封高度不得小于 50mm。

（5）横向排水连接的各卫生器具的受水口和立管应采取妥善可靠的固定措施；管道与楼板的接合部位应采取牢固可靠的防渗、防漏措施。

（二）支架安装

在混凝土墙上安装支架时，用墨线弹出准确坐标，打孔后直接使用膨胀螺栓固定支架。

在砖墙上安装时，用 $\phi20$ 的冲击钻头在已经弹出的坐标点上打出相应深度孔，放入燕尾螺栓，用不小于 32.5 强度等级的水泥捻牢。

（三）器具的安装

1. 蹲便器、高低水箱安装

蹲便器、高低水箱安装如图 9-20 所示，并应符合下列规定：

（1）安装时，先将胶皮套套在蹲便器进水口上，套正后将其紧固。

（2）找出排水口的中心线，并引画至墙面上，用水平尺或线坠找好垂直竖线。

（3）将下水管承口内抹上油灰，蹲便器位置下铺垫白灰膏，然后将蹲便器排水口插入排水管承口内。

（4）用水平尺放在蹲便器上沿口上，纵横双向找平，并使蹲便器进水口对准墙上中心线。

（5）蹲便器安稳后，确定水箱出水口中心位置，向上测量出规定的高度。然后根据水箱上的固定孔与给水孔的距离确定固定螺栓的高度，在墙面上做好标志，安装支架及水箱。

2. 坐便器安装

坐便器安装应符合如下要求：

（1）先将坐便器按图 9-21 所示的方法找正，并根据底座上的圆孔，画出螺栓孔位置。

（2）在标志处剔出 $\phi20\times60$ 的孔洞，栽入螺栓，使固定螺栓与坐便器吻合。将坐便器排水口及排水管口周围抹上油灰后将坐便器对准螺栓装稳，如图 9-22 所示。

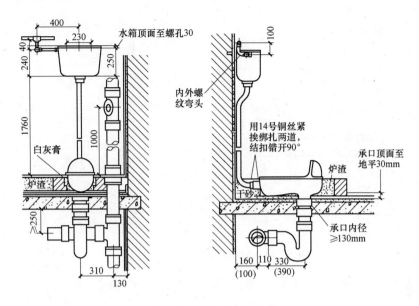

图 9-20 蹲式大便器安装

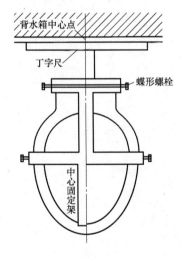

图 9-21 坐便器找正方法

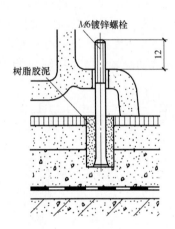

图 9-22 坐便器的固定

3. 洗脸盆安装

洗脸盆安装的要求如下：

（1）挂式脸盆安装。挂式脸盆主要有两种安装方式，一种是用铸铁支架，另一种是燕尾支架。采用铸铁支架安装时，按照排水管中心在墙面上画出垂直竖线，由地面向上量出规定的安装高度，画出水平线，与垂直竖线形成十字形。根据脸盆的宽度在水平线上做出标志，栽入支架，将活动架的固定螺栓松开，拉出活动架将架钩钩在脸盆下的固定孔内，拧紧盆架的固定螺栓。安装燕尾支架时，按上述方法找出十字线，栽入支架，将脸盆置于支架上找平，然后将架钩钩在脸盆下的固定孔内，拧紧脸盆架的固定螺栓，如图 9-23 所示。

（2）如果冷热水管在脸盆的右侧时，下水管距墙面的距离 b 应为 50mm，并且冷水横管

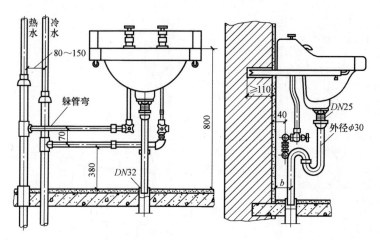

图 9-23　洗脸盆的安装

离地面的距离为 450mm；冷热水管在脸盆的左侧时，为 80mm。而冷水横管距地面距离为 380mm。

（3）柱式脸盆安装。按照排水口中心画出垂直竖线，立好支柱，将脸盆中心对准竖线放在立柱上，找平后在脸盆固定眼位置栽入支架。将支柱在地面位置做好标志，并铺设灰膏，稳定好支柱和脸盆，将固定螺栓加橡胶垫、垫圈后拧紧到适宜程度。将支柱与脸盆接触处，以及支柱与地面接触处用白水泥勾缝抹平。

（4）台式的脸盆安装应按图 9-24 所示。

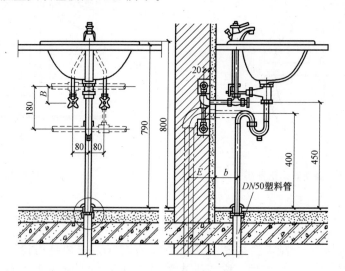

图 9-24　台式脸盆的安装

4. 淋浴器安装

暗装管道先将冷、热水预留管口加试管找平、找正。量好短管尺寸，断管、套丝、涂铅油、缠生胶带，将弯头上好。明装管道按规定标高煨好"Ω"弯，上好管箍。

淋浴器锁母外螺纹头处抹油、缠生胶带。用自制扳手卡住内筋，上入弯头或管箍内。再将淋浴器对准锁母外螺纹，将锁母拧紧。将固定圆盘上的孔眼找平、找正，画出标记，卸下淋浴器，在印记处用冲击电钻钻 $\phi 8 \times 40mm$ 的螺栓孔，装入膨胀螺栓，安装好铅皮卷。再将锁母外螺纹口加垫抹油，将淋浴器对准锁母外螺纹口，用扳手拧至松紧适度。再将固定圆盘与墙面贴严，孔眼平正，用螺栓固定在墙上。

将淋浴器上部铜管预装在三通口上，使立管垂直，固定圆盘与墙面贴实，孔眼平正，画出孔眼标记，嵌入铅皮卷，锁母外加垫抹油，将锁母拧至松紧适度。外固定圆盘采用螺栓固定在墙面上。

5. 给水配件的安装

卫生器具给水配件的安装高度应符合设计要求，如设计没有规定，可参照表9-4的要求。

表9-4　卫生器具给水配件的安装高度（mm）

项次	配件名称		配件中心距地面高度	冷热水龙头距离
1	架空式污水盆(池)水龙头		1000	—
2	落地式污水盆(池)水龙头		800	—
3	洗涤盆(池)水龙头		1000	150
4	洗手盆水龙头		1000	—
5	洗脸盆	水龙头（上配水）	1000	150
6		水龙头（下配水）	800	150
		角阀（下配水）	450	—
7	盥洗槽	水龙头	1000	150
		冷热水管 热水龙头	1100	150
8	浴盆	水龙头（上配水）	670	150
9	淋浴器	截止阀	1150	95
		混合阀	1150	—
		淋浴喷头下沿	2100	—
10	蹲式 大便器 （台阶面算起）	低水箱角阀	250	—
		高水箱角阀及截止阀	2040	—
		手动式自闭冲洗阀	600	—
11	坐式大便器	低水箱角阀	150	—
		高水箱角阀及截止阀	2040	—

第七节　室内采暖设施的安装

严寒和寒冷地区的乡村，为了适应冬期的生活、工作环境，除了房屋的保温结构外，还要利用室内采暖设施进行取暖。

这里介绍一种适合乡村所用的采暖设施及其安装。该种采暖炉不但可以采暖，还可作为生活用炉。

一、采暖炉的构造

1. 采暖炉的外形

根据农村当前所用燃料的不同，现在市场上有两种采暖炉：一种是用蜂窝煤作燃料的采暖炉，它有单炉芯和多炉芯之分；另一种是用散煤作燃料的采暖炉，如图 9-25 所示。

图 9-25　采暖炉实物

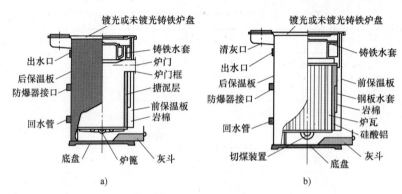

a)　　　　　　　　　　　　　　　b)

图 9-26　构造示意图

a）散煤型结构示意图　b）蜂窝煤型结构示意图

2. 采暖炉结构

采暖炉一般是由保温板、炉盘、岩棉等保温材料及水套组成，具体构造如图 9-26 所示。

二、采暖炉的安装

1. 采暖炉安装的方式

室内采暖炉的安装分为自然循环和强制循环两种安装方式。各种方式的安装示意如图 9-27 所示。

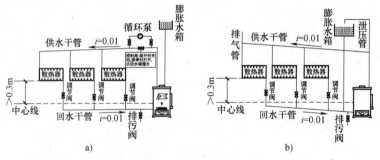

a)　　　　　　　　　　　　　　　b)

图 9-27　安装示意图

a）强制循环安装示意图　b）自然循环安装示意图

2. 炉子安装位置

采暖炉应安装在通风良好的地方，不得安装在卧室或与之相通的房间内，以防煤气中毒。一般情况下多安装在楼梯间或前挑檐下。

3. 炉具烟囱的安装

烟囱的安装高度不得小于4m，管径应一致；尽量减少弯头和横向长度；烟囱顶上应加设风帽。

4. 支架、吊架安装

安装吊架时，依据设计要求先放线，定位后再把制作好的吊杆按坡向、顺序依次穿在型钢上。安装托架时也要先画线定位，再装托架。并要保证安装的支吊架准确、牢固。支、吊架的间距不宜大于2m。

5. 管套安装

采暖管道穿越墙壁和楼板时，应安装管套，管套内壁应做防腐处理。埋在楼板内的管套，其顶部应高出楼面装饰面20mm，其底部应与板底相平；安置在墙壁内的管套，两端均应与装饰后的墙饰面相平；安装在卫生间、厨房间的管套的顶部应高出装饰面50mm，底面与楼板底部相平。

穿越楼板的管套与管道之间缝隙应用阻燃密实材料和防水油膏嵌填密实，端面光滑；穿墙管套与管道之间的空隙应用阻燃密实材料填实，端面应光滑。

安装管道时，管道接口不准留设在管套内。

6. 管道安装

炉具与供、回水管的连接应使用活动接头，以便于维修。室外的管道必须有良好的防冻保温措施。

供、回水干管应同炉子出水口直径相一致，不得随意变细，严禁在炉子与供、回水连接的管子上安装阀门。供、回水干管的坡度不得小于1%。

当采用自然循环安装时，应尽可能使散热器的底部高于炉子中心300mm。如因条件限制，散热器不能抬高时，则应按强制式安装方式进行，安装实例见图9-28所示。

当热水管采用焊接法兰连接时，法兰应垂直于管的中心线，用角尺找正法兰与管子垂直的位置，管端插入法兰，插入的深度应为法兰厚度的1/2。焊接时，法兰的外面均应焊接，法兰内侧的焊缝应凹进密封面。法兰焊接后应清除干净熔渣及毛刺，内孔应光滑，法兰盘面应平整。法兰在装配连接时，两法兰应相互平行，垫片应采用橡胶石棉板，然后上紧螺栓。

管道从门窗、洞口、梁、柱、墙垛等处绕过，其转角处如高于或低于管道的水平走向，在其最高点或最低点应分别安装排气和泄水装置。

7. 支管安装

支管安装必须满足坡度要求，支管长度超过1500mm和2个以上转弯时应加设支架。立管与支管相交时，32mm以下的立管应煨弯绕过支管。煨弯采用热弯法时，弯曲半径不小于管外径的3.5倍；冷弯时，弯曲半径不小于管外径的4倍。支管变径时应采用变径管箍进行连接。

连接散热器的支管坡度，当支管全长小于或等于500mm，坡度值为5mm，大于500mm为10mm，当一根立管接往两根

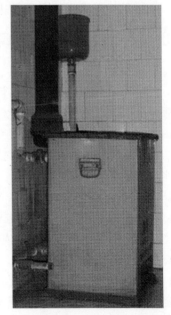

图9-28　安装实例

支管时，其中任一根超过 500mm 时，其坡度值为 10mm。

三、散热器的安装

（一）散热器的组装

1. 散热器的质量要求

散热辐射板、钢制散热器的型号、规格必须符合要求。

2. 安装的片数

散热器组装片数的多少与室内采暖面积有关。一般情况下，采暖炉所用的散热片，是按每片一平方米进行估计的。

3. 散热器单组试压

散热器组对后，以及整组出厂的散热器在安装之前应作水压试验。设计无要求时试验水压应为工作压力的 1.5 倍，但不小于 0.6MPa，在 2～3 分钟内，压力不降并且不渗不漏为合格。

试压时打开进水阀门向散热器内注水，同时打开放气门，排净空气，待水满后关闭放气门。

（二）散热器的安装

根据散热器的安装位置及高度，在墙面上画出安装中心线。

散热器背面中心与装饰后的墙内表面的安装距离应根据散热器的产品要求、设计确定，如无要求时为 30mm。

水平安装的圆翼型散热器，两端应使用偏心法兰。散热器与管道的连接，必须安装可拆卸的活动连接件。

安装在外墙内窗台板下的散热器，散热器中心要对准窗口中心线，凡不装窗框的，应以窗口两边窗间墙计算。

散热器的安装如图 9-29 所示。

四、使用方法及注意事项

1. 注水

在采暖炉点火前，先往炉具和采暖系统中加满水，并应充分排出系统内的空气。加满水后应立即点火，以防管道被冻坏。所加水应为洁净的软水或蒸馏水，以减少水坞垢的产生。

2. 点火生炉

在点火前，应对系统进行检查，当确定无有漏水和管道冻结时，方可点火。

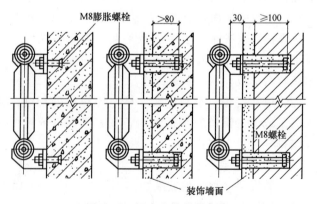

图 9-29　铝合金散热器安装

散煤采暖炉点火时，应在炉算上先放一些煤渣，再放入引燃物进行引燃。当引燃物燃烧后，在其上加入适量煤炭，盖上增热盖、炉圈和平盖，打开灰斗，使其进入正常燃烧状态。

3. 供热

当采暖炉点火，炉内煤炭或蜂窝煤全部燃烧后，系统内的水则会逐渐变热，需要在其上做饭时，取下炉盖、炉圈和增热盖，调整配风圈，盖严小火孔，拉开灰斗即可进行各种炊事。

第八节　家庭炉灶砌筑技术

千百年来，"烧柴做饭，火炕取暖"是全国乡村的传统习惯，人们也在漫长的生活实践中积累了砌筑炉灶和火炕的丰富经验，但是这样每年要烧掉大量的农作物秸秆和木材，还容易加重环境的污染，因此为了改善乡村的生态环境，实现低碳生活，在这里给大家介绍一种新型的省柴节煤炉灶。

一、省柴节煤灶的分类

1. 无风箱灶和有风箱灶

这是烧柴灶的两种基本格式，它是按照炉灶的通风助燃方式来确定的。无风箱灶，也称为自拉风灶。这种灶不用其他辅助设施，主要靠烟囱的抽烟通气助燃。因为它不用风箱，所以为无风箱灶，是全国农村应用最多的一种。

在山东、河南、陕西、山西等地农村，不论烧柴或者烧煤，在灶的一侧多会安放一个风箱或小鼓风机，靠强制通风进行助燃，如图 9-30 所示。

2. 前后拉风灶

这种灶是根据炉灶的烟囱和灶门相对位置而言的。

前拉风灶，烟囱在灶门的上方，灶门与炉箅之间的距离比较长，灶膛的容积比较大，主要用稻草为燃料，如图 9-31 所示构造。

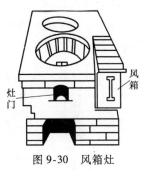

图 9-30　风箱灶

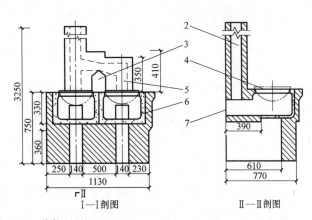

平面图　　　　　Ⅰ—Ⅰ剖图　　　　Ⅱ—Ⅱ剖图

图 9-31　前拉风灶

1—炉箅　2—烟囱　3—烟山　4—铁锅　5—烟道　6—灶膛　7—灶门

后拉风灶，烟囱是在灶膛的后部，灶门与炉箅之间的距离比较短，灶膛不设拦火圈。这种灶由于烟尘较少，又称为"卫生灶"，使用范围也比较广，如图 9-32 所示。

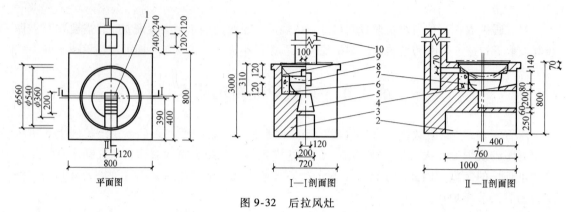

图 9-32 后拉风灶

1—炉箅 2—进风洞 3—灶门 4—出烟口 5—铁锅 6—灶膛 7—保温层 8—拦火圈 9—风斗 10—灶体

3. 单双锅灶

这是按照用锅的数量和相应的烟囱来分类的，一般有单锅灶、双锅灶、两锅两门连囱灶等。

单锅灶是灶台上只安有一口锅，余热利用少，一般适用于人口较少的家庭使用。

两锅一门连囱灶，即在灶台上的前后位置有两口锅，灶门口处为大口径锅，后边的为小口径锅。灶体上有一个灶门和一个烟囱。这种类型的灶余热利用充分，并且可以前锅煮饭，后锅炒菜。既节省了燃料，又节省了做饭时间，如图 9-33 所示。

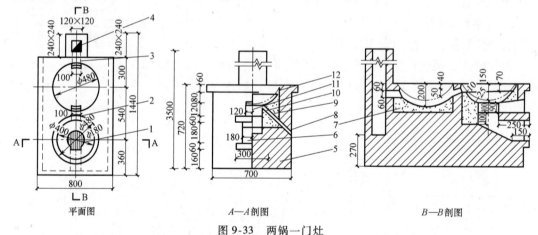

图 9-33 两锅一门灶

1—炉箅 2—过烟道 3—出烟口 4—烟囱 5—灶体 6—进风口 7—副灶膛

8—二次进风口 9—主灶膛 10—燃室 11—灶口 12—回烟道

4. 取暖兼炊事

这种灶以取暖为主，兼作炊事之用。它主要是利用炉灶烟道与暖房相结合的形式，使其具有热能利用率高、升温速度快、清洁卫生、节柴适用等特点，如图 9-34 所示。

二、炉灶的砌筑施工

炊事与取暖，是每个家庭不可缺少的生活活动，因此，在筑灶前，首先要考虑厨房的大小与厨房面积的利用率，力求将灶建在操作方便和采光明亮的位置。

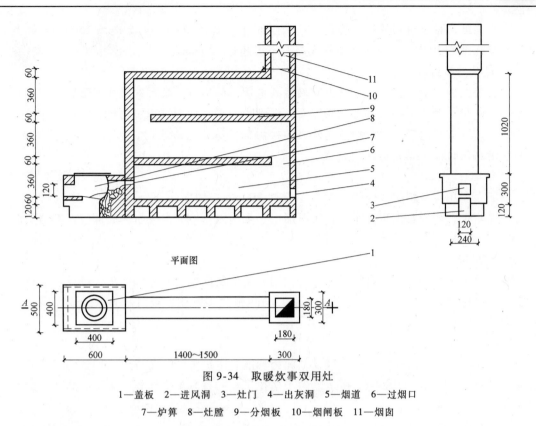

平面图

图 9-34 取暖炊事双用灶

1—盖板 2—进风洞 3—灶门 4—出灰洞 5—烟道 6—过烟口
7—炉算 8—灶膛 9—分烟板 10—烟闸板 11—烟囱

（一）灶体外施工

1. 夯基与放样

当灶址选好后，应对所建炉灶的地方进行铲平夯实，保证灶体和烟囱在使用过程中永不变形破坏。

放样就是在砌筑炉灶的地方确定烟囱、锅具等的具体位置。然后将砌灶砖块排出灶底及烟囱、锅具的形状大小。立面放样时，应在墙面上标出灶台的标高、灰洞、灶门、吊火的高度等。

对于出烟口的高低，上沿高度等于灶高减去 30~50mm，出烟口的内壁宽度小于或等于 180mm，出烟口面积大于等于炉算的有效通风面积，双灶时，则是两炉算面积之和。

在放线时，确定炉算与锅底垂直中心的高度是砌灶中的一个非常重要的尺寸，要结合锅的深度和燃料类型的吊火高度确定。一般情况下，炉算的高度等于灶的总高度减去锅深与吊火高度之和。

2. 砌灶脚与灶体

灶脚是支撑灶体的基础，所以必须做到尺寸准确、牢固美观。

砌灶体时，首先要确定灶体内径的大小，也就是用燃烧室内径加上燃烧室结构的两边厚度再加上保温层的厚度。灶体一般用砖砌就。如为清水砖时，砖缝要平整，接缝应合理，灰缝要密实；如为混水砖时，表面要平整，以利抹灰。

灶体的高度是根据炊事人的身高、操作舒适及吊火、通风道的高度等因素来确定，一般为 650~750mm，最高不超过 800mm。

吊火高度常根据燃料的种类确定。一般情况下，烧草灶的吊火高度为150mm；烧柴为主的吊火高度为120mm；烧煤灶的吊火高度不得超过120mm。

3. 灶台与锅边

灶台是灶体的上平面，也是炊事时放置其他用具的地方。灶台的尺寸或形状应根据自身的爱好来确定。台面最好用水泥砂浆抹面，做到表面平整无裂纹，棱角整齐。

锅边是锅放在锅口上后台面与锅外边的接触面。抹锅边砂浆时，应边抹灰边用锅试看，应使锅沿高出台面在30mm。

4. 烟囱

烟囱大多用砖块砌筑，一般应高出屋脊面500mm；烟囱必须保持垂直，砌筑时要不断进行吊线测量；灰缝要饱满密实，密闭不漏气，烟囱内壁应光滑无阻，底部应留有清灰洞。

（二）灶体内施工

1. 进风道

进风道是炉算下面的空间结构。它的作用就是供氧助燃，并存储灶灰。进风管的宽度和高度可取锅径的1/4，纵深与炉算里边平齐。进风道大多砌成斜坡式。为保证进风顺利，进风道内表面应光滑。

2. 炉算安装

在进风道上量出锅底中心线位置，以此为标准确定炉算的安装位置。炉算的安装角度从外向里倾斜12°左右，如图9-35所示。属于前拉风灶的有风箱炉灶及烧柴草的炉灶，炉算可以平放。

炉算的间距是根据燃料的品种来确定的，一般烧秸草的宜宽些，大多为10～15mm；烧散煤的要窄点，一般不超过7mm。

3. 填放保温材料

保温材料可根据当地的资源去选择，一般可用锯末、炉碴或矿岩棉、膨胀珍珠岩等。

4. 燃烧室的抹灰

燃烧室是指炉算上部到拦火圈之间的空间。燃烧室特有的几何形状，可以改变气流的辐射和对流作用。燃烧室有长方形和圆形，长方形是围着炉算的上方砌面宽120～140mm、高60～80mm的长方形，其上口内缘与锅底之间有50mm左右的间隙。

圆形燃烧室还有喇叭形、圆柱形等变形形式，圆弧可以对锅起到聚热和反射作用，有利于热能的利用。

燃烧室内抹灰可用黏土加麦草的泥浆进行，这样可有效地保护灶体。

5. 拦火圈

拦火圈有锅底形和马蹄形，如图9-36所示。

拦火圈应经过几次试烧后才能定型。拦火圈可用黏土掺麻刀和加少量盐的硬泥制作。将拌和的硬泥抹成锅底形状的初坯，其厚度不少于50mm。若

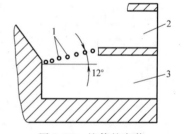

图9-35 炉算的安装
1—炉算 2—灶门 3—进风道

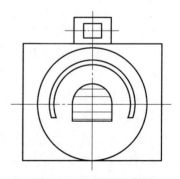

图9-36 马蹄形拦火圈

是锅底形的拦火圈，要将锅放上去压一压，并用力按住锅左右旋转几下，然后将锅取下观看成型和尺寸是否符合。符合要求后，在初坯上切出锅圈、排烟道、回烟道线，锅圈厚度25mm，拦火圈厚度30mm，排烟道、回烟道深30～40mm，宽度为50～80mm。然后用平头抹子沿线切30mm深的出烟槽，烟槽要略有弧度。

6. 砌出烟道

出烟道的作用是通过它的断面通路把烟囱内产生的抽风力，由静压转变为空气流动的动压，以加大烟气的流速。出烟口位于灶膛的最高处，其上沿一般低于锅台面30～40mm。

砌出烟道时，出烟道的截面尺寸应符合要求，从进口到出口要圆滑过渡，以降低排烟的阻力。

7. 炉灶的试烧

试烧，就是在砌好灶后向锅里加水，点火加热。在试烧中，主要是查看：一是看火势：所生的火是不是有旺势，火焰是否扑锅底，查看锅中水沸腾时的位置是处于中心还是偏离中心，并且还要对烟囱出烟的势和量进行查看；二是看烟在灶膛的流向。所谓流向，就是指烟在灶膛是被烟囱抽去，还是从灶门冒出。三是看烧过的灰的颜色，凡是烧过的灰的颜色应为白色，说明燃烧充分，同时要看排出烟颜色也应为白色。经过一火二烟三颜色的观察，符合要求时，说明灶的砌筑达到了预期目的。否则，就要结合具体情况进行修整。在观察中，如发现炉中火势虽旺，但火焰只燎锅底，说明吊火高，应适当降低其高度。如果火苗偏向出烟口方向，则说明靠近烟囱的拦火圈有些低。如果火头不旺，灶门处出烟，则说明拦火圈间隙过小，或出烟口太小。反之燃烧时发出"噼噼啪啪"的响声，则表明烟囱抽力太强，这时应堵些出烟口或增加拦火圈的高度，也可以利用灰洞进行控制。

当前，各地采用钢板、不锈钢板或铝板等材料生产了许多类型的多功能灶具，如经济条件允许，也可以直接购买这种灶具，如图9-37所示。

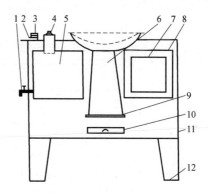

图9-37 成品多功能灶
1—放水开关 2—控制插板 3—排烟孔 4—进水口
5—热水箱 6—炉胆 7—烤箱门 8—烤箱胆套
9—炉箅 10—进风抽屉 11—框架
12—支脚或滑轮

第九节 家庭火炕和火墙砌筑技术

火炕和火墙是寒冷地区农村取暖的主要设施，它结构简单，方便实用。就是在电暖、汽暖的时代，火炕、火墙仍继续地发挥着为人们提供取暖的使命。

一、架空火炕的砌筑

架空火炕是乡村取暖的"土产品"，也是灶炕联用的新炕体。它不但有节柴省煤的经济效益，而且还具有热源利用的综合效益，是寒冷地区或其他地区实现温暖过冬的有效农家设施。

火炕在各地的砌筑形式多种多样。一般按烟道的形式分为直洞炕、回火炕；按炉灶位置分为床型架空火炕、侧炕火炕等。这里主要介绍预制架空火炕。

预制组装架空火炕主要由炕底板、支柱、炕墙、阻烟墙、烟插板、保温层、炕面板等组成。

架空火炕的砌筑平面如图 9-38 所示，其施工要点是：

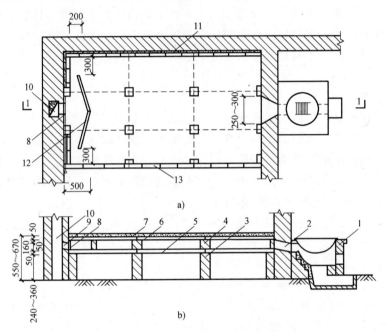

图 9-38　架空火炕砌筑平面图
a）架空火炕砌筑平面图　b）Ⅰ—Ⅰ剖面图
1—灶　2—进烟口　3—底板支柱　4—炕面板支柱　5—炕底板　6—炕面板　7—炕面
8—烟插板　9—排烟口　10—烟囱　11—保温墙　12—分烟墙　13—前炕墙

1. 地面处理

架空火炕的底板是用多个立柱支承在地面上，所以地面必须夯实，不得产生任何下沉现象。

2. 放线

在砌筑架空炕时，要按准备好的炕板大小确定炕的位置。操作时，先量测出每块炕板的长、宽尺寸，然后在架空炕位置的地面上用粉笔画出每块炕板的位置，使每个立柱正好砌筑在炕板的交叉点的中心位置上。

3. 砌筑与炕板的摆法

砌筑时必须拉准线。并要使炕梢和炕上的灰口稍大些，炕头和炕下的灰口稍小些，使炕梢稍高于炕头，炕上稍高于炕下，高低差值为 20～30mm；底板支柱的长×宽×高的截面尺寸为 120mm×120mm×370mm。

安放架空底板时，要选好三块楞角齐全、边线顺直的板安放在外侧，并要先从里角开始逐块安放。安放完毕后要使炕头、炕梢的宽度保持一致，炕墙处外口板要用线将底角拉直，为砌筑炕墙打下基础。底板全部安装合格后，采用 1：2 的水泥砂浆将底板的缝隙抹严。然后再按 5：1 拌和的草泥，在底板上层普抹一遍，厚度不少于 10mm，然后采用筛选好的干细炉碴放在上面刮平压实，从而起到严密、平整、保温的效果。

4. 炕墙与炕内支柱的砌筑

砌筑炕墙时应拉线进行，采用 1：2 的水泥砂浆做口，立砖砌筑，炕墙的砌筑高度为：炕梢 240mm，炕头 260mm。

炕内支柱砖的多少取决于炕面板的大小。炕内中间的支柱砖可比炕上炕下两侧的支柱砖稍低 15mm，同时在冷墙体的内壁和其他墙体处砌出炕内围墙，这种围墙既做炕面板支柱，又做冷墙体的保温墙体。火炕内支柱砖的高度为：炕头 120mm×120mm×180mm，炕梢为 120mm×120mm×160mm。炕内支柱的布局如图 9-39 所示。

5. 保温处理

架空炕炕内接触的外墙体为冷墙，对这部分墙体要进行保温处理，避免产生火炕不热的现象。所以在砌筑这部分墙体时，要求采用立砖横向砌筑，并与冷墙内壁留出 50mm 宽的缝隙，里面填放珍珠岩或干细炉灰等保温耐火材料，上面用草泥抹严。

从图 9-39 还可以看出，在炕梢处，还设有一个人字形的阻烟墙。这种处理，可使炕梢烟气不能直接进入烟囱内，并使烟气在烟囱的进口由急流变为缓流，保证了炕梢上下的温度均匀。这

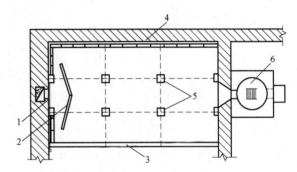

图 9-39　架空火炕结构平面示意
1—炕梢烟插板　2—炕梢阻烟墙　3—炕墙
4—保温层　5—支柱　6—节煤灶

种阻烟墙一般采用砖块砌筑，其尺寸为 420mm×160mm×50mm，内角为 150°左右。阻烟墙的两端距炕梢墙体为 270～340mm，并且应把阻烟墙顶与炕面板下用砂浆抹严，不得产生漏烟。

6. 烟插板

安装烟插板时，首先将制好的烟插板放在火炕出烟口处，底部用水泥砂浆垫平，两边等到砌炕内围墙时再用砖挤住。烟插板的顶部高度不得高于两边围墙高度，可略低 5mm。烟插板的拉杆从炕墙处引到外侧。

烟插板的尺寸以挡住排烟口为宜。

7. 炕面板的安装

炕面板安装时，应采用草泥或其他粘结材料在炕内墙顶面抹 10mm 厚，保证炕面板接触的下部与墙体间不产生任何缝隙。并且整个炕面板为炕梢略高于炕头，炕上略高于炕下，炕上炕下略高于中间最佳。

8. 炕墙的装饰

为了美化室内环境，增加炕体的美观性，可采用瓷砖进行炕墙面的粘贴。

二、火墙的砌筑

火墙是通过烟气在墙内流动进行散热的一种取暖方式。火墙的外壁是用普通砖砌成空洞

的墙，其高度视房屋的高度而定，宽有240mm和360mm两种。

火墙的砌法和砌空心墙相同，一般用黏土泥作为粘结材料。砌筑时灰缝要饱满。墙面内挤出的缝灰应随时用瓦刀刮起，不得将砖块和泥巴掉入火墙之内。保证做到不堵塞、不透风、不漏烟。火墙与火炕交接处要畅通，底部要留清灰口。

火墙的结构形式如图9-40所示。

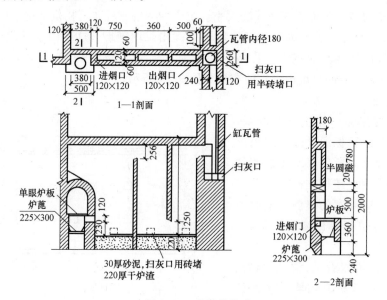

图 9-40　火墙的构造

第十节　农村建筑电气安装技术

在美丽乡村的建设中，建筑电气在家用、景观装饰中得到了广泛的应用，为美丽乡村的亮化工程、乡村智能建筑工程起到了重要的作用。

一、室内建筑电气的配线

（一）塑料护套线配线

塑料护套线是具有塑料保护层的双芯或多芯绝缘导线。这种导线具有安装方便、防潮性能好、绝缘、安全可靠等特点。

1. 画线定位

在安装塑料护套线前，先确定电器的安装位置，以及线路的走向，然后引准线，每隔150～200mm划出铝片扎头的位置，距开关、插座、灯具、木台50mm处要设置线卡的固定点。

2. 固定铝片扎头

用小钉直接将铝片扎头钉牢在墙体上或其他基体上。但对于抹灰墙体，应每隔4～5个线卡位置或转角处、木台前须钻眼安装木楔，将线卡钉在木楔上。

3. 敷设导线

护套线应敷设得横平竖直，不松弛，不扭曲。将护套线依次夹入扎头中。扎紧铝片扎头时，可参照图 9-41 所示进行。

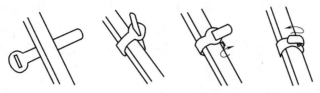

图 9-41　铝片扎头的扎法

4. 塑料护套配线注意事项

塑料护套配线不得直接埋入抹灰层内暗敷设。室内使用的塑料护套配线，规定其铜芯截面面积不得小于 $0.5mm^2$，铝芯不得小于 $1.5mm^2$。塑料护套线不得在线路上直接剖开连接，而是要通过接线盒或瓷接头，或借用插座、开关的接线头来连接。

护套线转弯时，转弯前后应各用 1 个铝片扎头夹住，转弯角度要大。护套线要尽量避免交叉，但是当两根护套线相互交叉时，交叉处要用 4 个铝片扎头卡住。护套线穿越墙体或楼板及离地面距离小于 150mm 的，应加管子保护，如图 9-42 所示。

（二）线管配线

把绝缘导线穿在管内的配线称为线管配线。

1. 线管的选择

所用的钢制配管、半硬质塑料管、波纹管等的规格应符合设计要求，半硬质塑料管、波纹管必须具有阻燃性和不燃性。

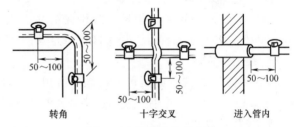

图 9-42　铝片扎头的安装

钢管壁厚应均匀，焊缝均匀一致，无砂眼凹扁等质量缺陷。除镀锌管道外其他管材需预先除锈和刷防腐漆。

各类接线盒的尺寸和外观质量应符合要求；敷设的导线须有产品合格证书，并严禁有折扭、死弯和绝缘损坏等缺陷，绝缘导线的额定电压应在 500V 以上。

当前，一般选用硬质塑料管作为配线线管。

在选择线管时，还要根据穿管导线的截面面积和根数来选择管子的内径，一般要求穿管导线的总截面面积不得超过线管内径截面面积的 40%。

2. 线路敷设

结合用电设施的位置计划好线路的走向。管子需要弯曲时，要用弯管器进行，管子的弯曲角度不应小于 90°，要有明显的弧形。明配管弯曲半径不小于管外径的 6 倍；如只有一个弯曲部位时，最小弯曲半径也不得小于管外径的 4 倍。暗配管弯曲半径一般不小于管外径的 6 倍；埋于地下或混凝土楼板内时，则不得小于管外径的 10 倍。半硬塑料弯曲时，弯曲半径也不得小于管外径的 6 倍。镀锌管不准用热煨弯。配管在安装时，配管接头不得设在弯曲处，埋地管不宜把弯曲部分暴露于地面。

管子在敷设时连接应紧密，管口应齐滑，护口应齐全。明配管不得敷设在烟道和其他发热体表面上；在多尘和潮湿地方的管口，管子连接处及不进入箱、盒的垂直上口穿线后应进行密封处理；进入箱、盒的管子应顺直并用护帽固定；在室外或潮湿的房间内，管口处还应加防水弯头；与设备连接时，应将管子接到设备内，否则，应在管口处加接保护软管引入，并用软管接头连接；线管连接时，如为钢管与钢管连接，应采用管箍连接；采用塑料管时的环境温度不低于－15℃，并应采用配套塑料接盒、开关盒等配件。半硬质绝缘导管的连接可采用套管粘结法和专用端头进行连接；套管的长度不应小于管外径的3倍，管子的接口应位于套管的中心，接口处应用胶粘剂粘结牢固，如图9-43所示。

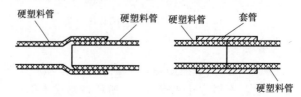

图9-43　塑料管的连接

3. 线管的固定

线管采用明敷时，采用管卡支撑；当线管进入开关、灯头、插座、接线盒孔前300mm处和线管弯头两边均需用管卡固定。

线管暗敷时，用绑丝将管子绑扎在钢筋上或用卡子钉在模板上，将管子用垫块垫高15mm以上，使管子与混凝土模板间保持足够的间隙。

4. 线路的接地

采用钢管的配线管必须可靠接地。接地时，应在钢管与钢管、钢管与配电箱及接线盒处，用直径6～10mm圆钢制成的跨接线进行连接，如图9-44所示方法。

5. 线管穿线

穿线时，应用直径1.2mm的细钢丝做引线，钢丝一端弯成小圆圈状，送入线管的一端，由线管的另一端穿出。

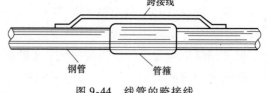

图9-44　线管的跨接线

按照线管长度加上两端连接时所需长度余量截取导线，削去导线绝缘层，将所有穿管导线的线头与钢丝引线缠绕，同一根导线的两头应做上标记。

6. 注意事项

穿管导线的绝缘强度应不低于500伏，导线最小截面面积规定：铜芯线为$1mm^2$，铝芯线为$2.5mm^2$。

线管内的导线不准有接线头，也不准穿入绝缘破损后经过包扎的导线。

除直流回路导线和接地线外，不得在管子内穿单根导线。

管内穿入导线的数量不得超过10根，不同电压或不同电能表的导线不得穿在同一根线管内。

线管线路应尽可能少转角或转弯，当线路的直线段长度超过15m，或直角弯有3个且长度不小于8m，均应在中途装设接线盒。并且管子转弯处超过2个以上时，也应加装接线盒。

埋地管不宜在基础的下部；穿越建筑物基础时，应加保护管；埋入墙或混凝土中的管子，离其表面的净距不应小于15mm；暗配管口出地坪不应低于200mm；暗设遇两管交叉时，大直径管放在小直径管的下面，成排暗配管间间距应大于或等于25mm。

暗敷应在土建结构施工时，将管道埋入墙体或楼板内。局部剔槽敷管应加以固定，并用强度等级不小于 M10 的水泥砂浆抹面保护，保护层厚度大于 15mm。

明配管应排列整齐，固定点均匀。管卡与管终端、转弯处的中点，电气设备或接线盒边缘的距离，按管径的大小可参照表 9-5 的数值确定。管路中管卡间最大距离参见表 9-6 的规定。

表 9-5 管卡与管终、弯中、接线盒边的距离 （mm）

管径	10 ~ 20	25 ~ 32	40 ~ 50	65 ~ 100
距离	150	250	300	500

表 9-6 管路中管卡间的最大距离

敷设方式	导管种类	导管直径/mm				
		15 ~ 20	25 ~ 32	32 ~ 40	50 ~ 65	65 以上
		最大允许间距/m				
支架或沿墙明敷	壁厚 >2mm 刚性钢导管	1.5	2.0	2.5	2.5	3.5
	壁厚 ≤2mm 刚性钢导管	1.0	1.5	2.0	—	—
	刚性绝缘导管	1.0	1.5	1.5	2.0	2.0

不同规格的成排管，固定间距应按小直径管距规定。金属软管的固定间距应小于或等于 1m；硬塑料管中间管卡的最大间距应按管径的大小在 1 ~ 2m 范围内。暗设电线管在钢筋混凝土内，应沿钢筋设置，采用焊接或绑扎与钢筋固定在一起，间距不大于 2m；敷设在钢筋网上的波纹管，宜绑扎在钢筋的下面，间距不大于 500mm。

敷设绝缘导管时，管口平整光滑，管与管、管与盒（箱）等器件采用插入法连接时，连接处结合面应涂专用胶粘剂，接口牢固密封；直接埋于地下或楼板内的刚性绝缘导管，在穿出地面或楼板易受机械损伤的一段，应采取保护措施；当设计无具体要求时，埋设在墙内或混凝土内的绝缘导管，应采用中型以上的导管；沿建筑物、构筑物表面和支架上敷设的刚性绝缘导管，应按设计要求装设补偿装置。

金属、非金属柔性导管敷设时，刚性导管经柔性导管与电气设备、器具连接，柔性导管的长度在动力工程中不大于 0.8m，在照明工程中不大于 1.2m；可挠金属管或其他柔性导管与刚性导管或电气设备、器具间的连接应采用专用接头；复合型可挠金属管或其他柔性导管的连接处密封良好，防护液覆盖层完整无损；可挠性金属导管和金属柔性导管不能做接地（PE）或接零（PEN）的接续导体；导管和线槽在建筑物变形处，应设补偿装置。

（三）槽板配线

1. 材料质量

塑料线槽必须由阻燃型硬质聚氯乙烯工程塑料挤压而成。其敷设场所的环境温度不得低于 −15℃。线槽内外应光滑无毛刺，不应有扭曲、翘边等变形。

木质槽板应采用干燥、无节疤、无裂纹的木材制作，槽内应光滑一致，无木刺；开槽的深度、宽度应均匀一致；槽板边线顺直平整；内外涂绝缘漆。

2. 槽板的安装

为保证槽板配线的平整度及垂直度，按设计确定进户线、盒、箱等电气器具固定点的位置，从始端至终端找好水平或垂直线，用粉线在线路中心弹线。

槽板配线多用于干燥而较隐蔽的场所，导线截面面积不大于 $10mm^2$；排列时应紧贴着建筑物，整齐、牢固、可靠，表面色泽均匀、无污染。槽板底板固定间距不应大于500mm，盖板间距不应大于300mm，底板、盖板距起点或终点50mm与30mm处应加以固定；分支接口应做成丁字三角叉接；底板接口和盖板接口应错开，错口距离不应小于100mm；直立线段槽板应用双钉固定；木槽板进入木台时，应伸入台内10mm，穿过梁、柱、墙和楼板时应设保护套；跨越建筑变形缝时，槽板应断开，端口进入槽板，并在端头进行固定。

槽板配线平直度和垂直度的允许偏差均为5mm。

3. 导线的连接

进行导线连接剖开绝缘层的时候，不应损坏线芯；穿在楼板孔内时不准有接头，接头应在接线盒、木台、灯具内，导线不准在槽板内进行接头。

铜芯导线中间和分支线相连接时，应搪锡头或用压夹接线端子连接。铝芯导线中间和分支线连接时，应采用熔接和压接法连接；铜芯线和铝芯线连接时，铜芯线先搪锡头后，再与铝芯线相接。

同一条槽内不准嵌入不同回路的导线。

二、低压电器的安装

（一）低压电器安装的基本要求

1. 低压电器安装的标高应符合设计要求，设计无具体要求时应符合下列规定：

（1）落地安装的电器，其底部距地面的距离为 50～100mm。

（2）操作手柄转轴中心与地面距离为 1200～1500mm。

（3）侧面操作的手柄与建筑物的距离应大于或等于 200mm。

2. 低压电器的固定方式，应符合表 9-7 的规定。

表 9-7　低压电器固定的方式

固定方式	技术要求
在结构上固定	1. 根据不同结构,采用支架、金属板、绝缘板固定在墙、柱或建筑物的构件上 2. 金属板、绝缘板的安装必须平整牢固 3. 采用专用卡具支撑安装时,用固定夹或固定螺栓与壁板紧密固定
膨胀螺栓固定	1. 根据产品技术要求选择螺栓的规格 2. 钻孔直径和深度应与螺栓规格相符
减震装置	1. 有防震要求的应增加减震装置 2. 紧固件螺栓必须采取防松措施

3. 电器的外部接线，应符合如下要求：根据电器外部接线端头的相线的标志，与相应的电源线连接；接线时导线应无损伤，绝缘良好，并应排列整齐、清晰、美观，牢固；电源侧进线应接在固定触头接线端，负荷侧出线应接在可动触头接线端；一般采用铜质导线或有电镀金属防锈层的螺栓和螺钉，连接时应拧紧，并有防松动的措施；电源线与电器连接时，接触面应洁净，严禁有氧化层，接触面必须严密；电器金属外壳的接地或接零，应符合国家现行标准的有关规定。

4. 绝缘电阻的测试，应符合下列要求：

对额定工作电压不同的电路，应分别进行绝缘电阻的测量。测量绝缘电阻时，应在下列部位进行：当主触头断开位置时在同极的进线端及出线端之间测量；主触头闭合时，在不同极的带电部件之间、触头与线圈之间进行；主电路、控制电路、辅助电路等带电部位与金属支架之间测量。

（二）低压熔断器的安装

低压熔断器安装的位置及相互距离应便于更换熔体，并应垂直安装。

低压断路器与熔断器配合使用时，熔断器应安装在电源一侧。

安装瓷插式熔断器在金属底板上时，其底座应设置软质绝缘衬垫。瓷插式熔断器应垂直安装。

安装有接线标记的熔断器，电源配线应按标记进行接线。

螺旋式熔断器安装时，底座必须固定牢固，电源线的进线应接在熔芯引出的端子上，出线应接在螺纹壳上。

（三）漏电保护器的安装

集中安装的生活用漏电保护器，应在其明显部位设警告标志。生活用漏电保护器安装结束后，应进行通电调整和运行试验，合格后进行封锁处理。

漏电保护自动开关前端 N 线上不应设置熔断器，以防止 N 线保护熔断后相线漏电，导致漏电保护器不工作。

带有短路保护功能的漏电保护器，在安装时应确保其有足够的灭弧距离。漏电保护器安装在特殊环境中时，必须采取防腐、防潮、防热、防尘等技术措施。电流式漏电保护器安装后，应通过按钮试验检查其动作性能是否符合要求。

三、常用器具安装

电气器具安装前应严格检查其出厂合格证、铭牌、型号、规格、生产日期、检验证明书等。型号、规格应符合设计要求，附件和备件齐全。

（一）灯具安装基本要求

（1）灯具固定应符合下列要求：

灯具质量大于 3kg 时，固定在螺栓或预埋吊钩上。软线吊灯，灯具质量在 0.5kg 及以下时，可采用软电线自身吊装；大于 0.5kg 的灯具应采用吊链，且软电线编叉在吊链内，使电线处于松弛状。

灯具固定牢固可靠，不得使用木楔。每个灯具固定用螺钉或螺栓不少于 2 个；当绝缘台座直径在 75mm 及以下时，可采用 1 个螺钉或螺栓固定。

（2）花灯吊钩圆钢直径不应小于灯具挂销直径，且不应小于 6mm。大型花灯的固定及悬吊装置，应按灯具质量的 2 倍做过载试验。

（3）灯具的安装高度应符合设计要求，一般室外灯具的安装应高于地面或楼面 2.5m；室内应不小于 2m；软吊线带升降器的灯具在吊线展开后，不应小于 800mm。

（4）当灯具距地面高度小于 2.4m 时。灯具的可接近裸露导体必须接地或可靠接零，并应有专用接地螺栓，且有标识。

（5）引向每个灯具的导线线芯最小截面面积应符合表 9-8 的规定：

表 9-8　导线线芯最小截面面积（mm²）

灯具安装的场所和用途		线芯最小截面面积		
		铜芯软线	钢线	铝线
灯头线	民用建筑室内	0.5	0.5	2.5
	工业建筑室内	0.5	1.0	2.5
	室外	1.0	1.0	2.5

（6）安装在室外的壁灯应有泄水孔，绝缘台与墙面之间应有防水措施。

（7）应急照明灯的安装应符合下列规定：应急照明灯的电源除正常电源外，另有一路电源供电；或者是独立于正常电源的蓄电池柜供电或选用自带电源型应急灯具。

（8）每一接线盒应供应一个灯具，门口第一个开关应负责门口的第一只灯具，且灯具与开关要一一对应。

（二）各类灯具的安装

1. 普通座式白炽灯灯具的安装

将电源线留足维修长度后剪除余线，然后剥出线头。分清相线与零线，对于螺口灯座中心簧片应接相线。用螺钉将灯座安装在接线盒上，如图 9-45 所示。

2. 吊线式灯具的安装

将电源线留足维修长度后剪除余线，然后剥出线头。将导线穿过灯头底座，用螺钉将底座固定在接线盒上。根据所需导线长度裁取一段导线，在线的一端连接上灯口，灯口内应将导线系成保险扣。多股绞合线的线芯接头应搪锡，连接时应注意接头均应按顺时针方向弯钩后压上垫片再用灯具内螺钉压紧线头。将灯线另一端穿入底座盖碗，灯线在盖碗内应系好保险扣，并与底座上的接线帽连接压紧，如图 9-46 所示。

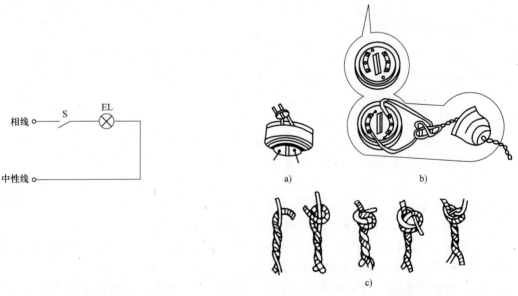

图 9-45　白炽灯控制线路　　　　　　　图 9-46　吊线盒的安装

3. 日光灯的安装

安装吊链式日光灯时，应先打出尼龙栓塞孔，装入栓塞，用螺钉将吊链挂钩固定牢固；根据灯具的安装高度确定吊链及导线的长度；打开灯具底座盖板，将电源线与灯内导线可靠连接，装上启辉器等附件；盖上底座，装上日光灯管，将灯挂起；然后将导线与接线盒内的电源线连接。安装吸顶式日光灯时，按照灯具底座上的固定螺栓孔在建筑物表面上画出孔的位置，然后钻出尼龙螺栓的塞孔，并装入栓塞；将导线穿出后用螺钉将灯具固定；用压接帽将电源线与灯内导线连接，装上启辉器、盖上盖板、装上日光灯管。日光灯的安装线路如图9-47 所示。

（三）开关安装

开关安装时应结合开关所控制的灯数进行安装。

（1）一只单联开关控制一盏灯时，其线路安装如图9-48 所示。这种方式，开关必须串接在相线上，且相线引自熔断器。

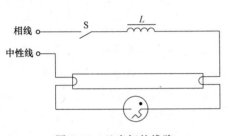

图9-47 日光灯的线路

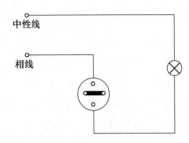

图9-48 一只单联开关控制一盏灯

（2）如为上下层楼梯时方便照明，一般使用两只双联开关控制一盏灯，如图9-49 所示。有时还采用两只双联开关和一只三联开关控制一盏灯，如图9-50 所示。

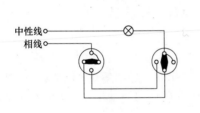

图9-49 两只双联开关线路

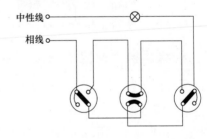

图9-50 两只双联和一只三联开关线路

同一建筑物、构筑物的开关采用同一系列的产品，开关的通断位置应一致，操作灵活，接触可靠；相线经开关控制。

（3）明开关应安装在木台上，暗开关盖应紧贴墙面，并应平整牢固，面板螺钉规格应一致；室外开关要采用有防水性能的开关，严禁使用木台安装；拉线开关一般装在距地 4m 以下，但不得低于 1.8m，距门口边上部 150～200mm 处，拉线出口应向下，其他各种开关安装一般为 1.3m，距门口边 150～200mm；同一场所的安装高度应一致，高低差不大于5mm，开关柄的切断位置应一致。

（四）插座的安装

单相两孔插座，面对插座的右孔或上孔与相线连接，左孔或下孔与零线连接；单相三孔插座，面对插座的右孔与相线连接，左孔与零线连接；单相三孔、三相四孔及三相五孔插座的接地或接零线接在上孔。插座的接地端子不与零线端子连接。同一场所的三相插座，接线的相序应一致。接地或接零线在插座间不串联连接。

明插座安装应采用方木木台；暗插座盖板应紧贴墙面，插座面板上固定螺钉应一致；明插座一般离地面高度为 1.3m，住宅不应低于 1.8m；安装最低的插座距地高度不低于 0.3m，特殊场所的暗插座不应低于 0.15m。

（五）吊扇的安装

吊扇的挂钩不应小于悬挂销钉的直径，且不得小于 10mm；预埋在混凝土中的挂钩应与主筋相连接；如无焊接条件时，也应将挂钩末端部分弯曲后与主筋绑扎在一起。吊杆上的销钉必须装设防振胶皮及防松装置；吊扇扇叶距离楼、地面不少于 2.5m，固定扇叶的螺母下应有弹簧垫圈或自锁垫圈，吊扇接线处宜用瓷接头连接。

安装壁扇时，壁扇底座采用膨胀螺栓固定；膨胀螺栓的数量不少于 2 个，且直径不小于 8mm。壁扇下侧边缘距地面高度不小于 1.8m。

（六）配电箱、盘、板的安装

配电箱内外表面应清洁，部件齐全，漆面完整，规格、型号与图样相符合；当电流超过 30A 时盘面应加包铁皮；金属配电箱体不准用气割开孔，而应钻孔，装有器件的可开箱门、柜门应有软钢线作接地保护。当配电箱体高为 500mm 以下，垂直安装偏差不应大于 1.5mm，箱体高大于 500mm 以上不应大于 3mm。暗设安装时，其面板四周边缘应紧贴墙面，箱体与墙体接触部位应刷防腐漆；照明配电板安装高度，板底距地面不少于 1.8m，配电箱安装高度，底边距地面一般为 1.5m。并且箱、盘、板安装的位置不得和常开关的门窗相碰撞，也不得将其安装在楼梯踏步两侧的墙面上。配电箱、板上应标明回路名称，配电箱内接地排与中性排不得混接，回路线应与图样相符，接线正确。金属箱体应有明显的接地或接零保护。配电箱内装设的熔断器，接线准确，熔电丝的额定通电电流应符合要求。

四、绝缘、接地电阻的测试

当电气安装工程完成后，应用摇表分层段、路段测试相间、相对零、相对地、零对地的绝缘电阻值，以及防雷、保护、重复、静电接地电阻值。低压时可采用 ZC—500 型摇表测绝缘电阻，380V 以上高压可用 ZC—1000 型摇表测试。

1. 绝缘电阻

用摇表测量配管及配线、瓷器配线、护套线配线、槽板配线等导线间和导线对地间的绝缘电阻值，该值必须大于 0.5MΩ。

2. 接地电阻

保护零线重复接地装置电阻值不大于 10Ω；防雷接地电阻一般不大于 10Ω；但在高层或雷电强烈地区应小于或等于 5Ω；防静电接地电阻为 0.5～2Ω；在工作接地电阻允许达到 10Ω 的电力系统中，所有重复接地的并联等值电阻应不大于 10Ω。

第十一节　建筑弱电安装技术

现代乡村中，建筑弱电中的电话、电视、宽带、有线电视、安防监控等是建筑电气工程的重要组成部分。建筑弱电是一种电流小、电压低、功率小、频率高的信息传送及控制的电子技术，是建设美丽乡村的一项重要内容。

一、弱电系统常用电缆

弱电所使用的电缆，是根据不同的用途设计和生产的，每种电缆的性能都有着本质的差别。哪怕就是同一种电缆，也会分为很多的规格，性能也有所不同。

弱电系统中常用的电缆有如下几种：

（1）普通电缆，由导线线芯、绝缘层、屏蔽层和保护层所组成。

（2）光纤电缆，这种电缆具有尺寸小、质量轻、传输损耗小、速率高、频带宽等显著特点，并且保密性强、无电磁干扰之优点。

（3）同轴电缆。同轴电缆，是由内外两层相互绝缘的金属导体同轴组合而成。一般中心层为实芯铜导线，外层为金属网结构。这种电缆屏蔽及抗干扰能力强，高频损耗低，使用频带宽，广泛用于有线、无线、卫星通信系统中。

二、弱电管路敷设

弱电管路的内容包括了与整个弱电系统相关的综合布线系统。

1. 钢管敷设

（1）管路敷设前应检查管道内侧有无毛刺，镀锌层和防锈层是否完整无损，管子是否顺直。

（2）管道在砌筑墙体中暗设时，钢管应置于墙体中心，然后按标高将接线盒装好。在混凝土墙体中暗设时，可将盒、箱焊接在钢筋上，敷设管子时每隔1m用铅丝绑扎固定。

（3）管道明设时，先将管卡一端的螺钉拧进1/2，然后将管道敷设在管卡内，逐个将螺钉拧紧。使用铁支架时，可将钢管固定在支架上。管道明设在2m以内的水平度及垂直度的允许偏差为3mm，全长时不应超过管子内径的1/2。

（4）当管路采用管箍螺纹连接时，套丝不得有乱扣现象。当采用配管的管壁厚度大于2mm的非镀锌管时应采用套管连接，套管长度为连接管径的2.2倍；连接管口的对口处应在套管的中心，焊口应焊接牢固严密。

（5）镀锌钢导管、可挠性导管不得熔焊跨接接地线，接地线采用截面面积不小于4mm^{2}的软铜导线，采用特制的接地卡做跨接连线。

（6）跨接地线应焊接在暗装配电箱预留的接地扁钢上，管与盒跨接地线可焊接在暗装盒的棱边上，管入盒、箱里外均用螺母锁紧。

（7）金属软管引入设备时，应符合下列要求：金属软管与钢管或设备连接时，应采用专用接头连接。金属软管用管卡固定，其固定间距不应大于1m。不得利用金属软管作为接地导线。

2. 分线箱的安装

分线箱的安装高度应符合设计要求，设计无要求时，底边距地面不低于1.4m。

明装壁挂式分线箱、端子箱或声柱箱，将引线与箱内导线用端子做过渡连接，并放入接线箱内。暗装箱体面板应与建筑装饰面配合严密。

3. 线缆敷设

所敷设的线缆两端必须有接线标志，布放线缆应排列整齐，不得绞拧，在交叉处，粗直径线缆应放在细直径线缆的下方。

管道内穿线不应有接头，接头必须在盒、箱处接续。进入机柜后的线缆应分别固定在分线槽内。

三、广播音响系统的安装

乡村中的有线广播，是当地县级广播机构定时向农村输送的广播信号源，可使村民及时了解党和国家的相关政策、致富信息、天气信息、地方新闻及娱乐节目。

在这项安装工程中，主要介绍终端设备的安装。

终端设备就是指乡村街道或农户家中所安装的广播喇叭，也就是扬声器。对于扬声器的安装应根据不同的位置和方式进行，但应固定且安全可靠。

扬声器安装在街道上时，可直接安装在广播线的立杆上，也可安装在墙壁上。

扬声器在农家庭院安装高度一般为4m，在室内安装高度距顶棚200mm处。音量控制开关距离地面1.3m或与照明开关同高。

以建筑装饰为掩体安装的扬声器箱体，其正面不得直接接触装饰物。

扬声器安装方法主要有嵌入吊顶式和吸顶式。吸顶式安装时，应将扬声器引线用端子与盒内导线连接好，扬声器与顶棚紧贴安装，并用螺钉将其固定在吊顶龙骨上，如图9-51所示。

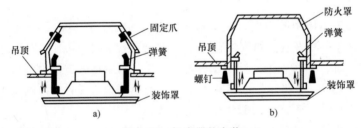

图9-51　扬声器的安装

具有不同功率和阻抗的成套扬声器，应事先将所需接用的线间变压器的端头焊出引线，剥去10~15mm绝缘外皮待用。

四、电话与宽带安装

1. 交接箱的安装

交接箱是设置在用户线路中用于主干电缆和配线电缆的接口装置。

交接箱设备安装位置应正确，并且安装牢固。当交接箱为架空安装时，一般安装在电线杆上，300对以下的交接箱，一般用单电线杆安装，600对以上时，则应安装在H型的双杆上。

引入组线箱的钢管应套丝，并用锁紧螺母与箱体连接，丝扣外露不得多于3扣。

组线箱与电力、照明线路，以及各管道等的最小距离为300mm。

箱体应接好保护地线，接地电阻不得大于1Ω。

2. 线路敷设

建筑物内电缆应采用全塑、阻燃型电话通信电缆，光缆宜采用阻燃型通信光缆。通信电缆不宜与用户电话线合穿在一根导管内。用户电话线应采用线径为0.5mm或0.6mm的铜芯线。

通信管道的路由和位置宜与高压电力管路、燃气管安排在不同路侧。各种材料的通信管道至路面的埋深应符合下列要求：当为混凝土和塑料管时，为 500～700mm；当为钢管时为 200～400mm。穿线前应对电话电缆进行绝缘强度量测，合格后进行编号，用带线将线缆穿入管中。

光缆的最小弯曲半径，敷设过程中不应小于光缆外径的 20 倍；安装固定后不应小于光缆外径的 10 倍。

在乡村中，通信电缆一般采用挂墙敷设的方式，其敷设方法有卡钩式和吊线式。卡钩式一般用在电缆拐弯处；在凹凸不平的墙面、有障碍物或者在房屋之间跨越时，则采用吊线式。

剥去组装箱内的导线绝缘层，按编号将导线压接在接线端子板上，留量适中，标识清楚、固定可靠。

3. 分线箱安装

因分线箱装有保险装置和一块绝缘瓷板，瓷板上装有金属避雷器及熔丝管，以防止雷电或其他高压电流进入到用户线，所以明装时应有防雨设施。采用暗装方式时，箱板应与墙面平齐。

4. 接线盒安装

接线盒是连接电话机的接线装置。从分线箱中分配到的用户线，沿墙角固定好后经穿墙导管进入室内，接到接线盒中。为了增加室内的美观，可采用暗装方式将接线盒装到相应位置，接线盒外盖应与墙面平齐，并固定牢固。然后将电话机的引入线头插入接线盒中。

接线盒安装的标高和位置应符合要求。一般明装接线盒距地面高度为 1800mm，暗装接线盒距地面高度为 300mm。

接线时，将预留在盒内的导线剥出芯线，压接在面板端子上，然后将面板固定。

当安装的接线盒上方有暖气管道时，其间距应大于 200mm；下方有暖气管道时，其间距应大于 300mm。

五、有线电视及数字电视线路安装

对于电视系统下面主要介绍有线电视支线和用户线的安装及卫星接收天线的避雷针安装。

（一）有线电视

1. 材料及设备要求

固定及连接件应全部采用镀锌件。

电视电缆应采用屏蔽性能好的物理高发泡聚乙烯绝缘电缆，特性阻抗为 75Ω，并应有产品合格证及"CCC"认证标志。对于现场环境有干扰的应选用双屏蔽电缆；室外电缆应采用黑色护套电缆；需架空的电缆，可选用自承式电视电缆。

用户终端所用的明装、暗装塑料盒，插座插孔输出阻抗应为 75Ω，并有产品合格证和"CCC"认证标识。

2. 支线安装

支线宜采用架空电缆或墙壁电缆。沿墙架设时，也可采用线卡卡挂在墙壁上，目测线卡间的距离不得超过 800mm，但不得以电缆本身的强度来支承电缆的重量和拉力。

采用自承式同轴电缆作支线时，电缆的受力应在自承线上；在电杆或墙担处将自承电缆连接的塑料部分切开一段距离，并在切开处的根部缠扎三层聚氯乙烯带，同时缩短自承线，用夹板夹住电缆产生的余兜。

采用自承式电缆作用户引入线时，在其下线端处应用缠扎法把自承线终结做在下线钩、电杆或吊线上，如图 9-52 所示。

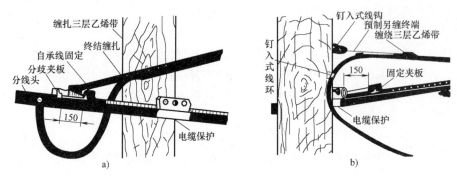

图 9-52　电缆线的终结

3. 分配器接线安装

分配器是将一路输入的电视信号，均匀地分成多路到各支路中。

分配器暗敷时，可直接固定在前端箱子里；明敷施工时分配器与同轴电缆一起固定在相应的墙体上。

分配信号时，进线电缆应接在输入端 IN 的接口上，支线电缆应接在输出端 OUT 接口上，分配器如图 9-53 所示。

图 9-53　分配器

在有线电视线路中，还有一个叫分支器的信号分支连接器件。它与分配器的不同点在于：分支器可将干线中传输的一部分信号取出输送给电视，这如同在河中取水那样，其接线方法与分配器相同。

4. 用户终端安装

用户线进入用户房屋内可穿管暗敷，也可用卡子明敷在室内的踢脚板上。但应排列整齐、横平竖直、固定可靠，电缆转弯和分支处应整齐，不得有死弯，电缆线卡的间距为 500mm。

在室内墙壁上安装的系统输出口用户盒，应做到牢固、美观、接线牢靠；接收机至用户盒的连接线应采用阻抗为 75Ω，屏蔽系数高的同轴电缆，其长度不宜超过 3m。

对于采用机顶盒的数字电视，也可不用接线盒，而是把同轴电缆直接接到机顶盒的输入端，如图 9-54 所示。

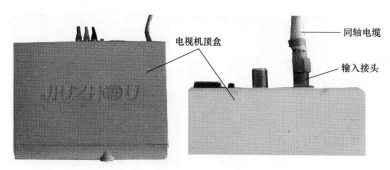

图 9-54　电缆接法

（二）卫星接收天线的安装

在山区或偏远的乡村，有线电视线路架设有困难时，可安装抛物面卫星接收天线。卫星天线必须对准卫星才能接收。

1. 天线的安装

卫星接收天线的安装应由专业技术人员按照产品说明要求进行。

天线一般架设在屋顶或其他较高而又便于安装的地方，并且所连接的馈线长度不应超过 35m。天线安装时应朝向电视信号的方向，并应固定牢固。

架设天线前，应对天线进行检查和测试。天线的振子应水平放置，相邻振子间相互平行，振子的固定件应采用防松动措施。馈线应固定牢固，并在接头处留出防水弯。

通过观测监视器的接收图像和读取场强仪测量值，确定天线的最佳接收方位。

2. 避雷针的安装

安装的天线如果位于建筑物避雷针保护范围之内，天线不用设置避雷针；位于避雷范围之外的，可在主反射面上沿和副反射面顶端各安装一避雷针，其高度应覆盖整个主反射面。避雷针应有独立引下线，严禁避雷针接地与室内接收设备共用一个接地线，如图 9-55 所示。

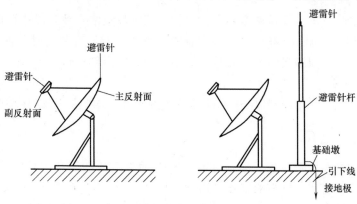

图 9-55　避雷针的安装

3. 用户终端安装

用户终端暗盒的外口应与墙面齐平，盒子标高应符合要求，若无要求时，电视用户终端插座距地面应为300mm。

接线时，先将盒内电缆切成100～150mm，然后将25mm的电缆绝缘护套剥去，留出3mm的绝缘台和12mm芯线，将芯线压接在端子上。

当线路全部连通后，检测用户终端，电平应控制在64dB±4dB。使用彩色监视器，观察图像是否清晰，是否有雪花或条纹以及交流电干扰等。

六、乡村安防系统的安装

现代乡村中，为了加强社会安全管理，已经开发出智能的安防监控管理模式。这种模式，是应用光纤、同轴电缆或微波在其闭合的环路内传输视频信号，并从摄像到图像显示和记录构成的一个独立完整系统。

这里仅对防盗报警系统和电视监控系统的安装予以简单介绍。

（一）设防区域及设置部位

乡村中，一般在下列区域和部位需要设防：

（1）公共区域。乡村广场、学校、村委、驻军所在地、专业市场、娱乐场所、乡村企业、旅游景区等。

（2）通道与出入口。乡村中心街道交叉口及出入口、社区门口、乡村车站、码头等。

（3）重要部位。乡村储蓄所、超市、人员集中地、仓储地等。

（二）防盗报警系统安装

防盗报警系统就是用探测器对建筑内外重要地点和区域进行布控。在它探测到有非法入侵时，可立即向有关人员发出示警。

1. 系统安装基本要求

（1）根据需要设防区域的防护要求，选择合适的探测器种类、型号等。

（2）根据探测器的有效防护区域、现场环境，确定探测器的安装位置、角度、高度，要求探测器在符合防护要求的条件下尽可能安装在隐蔽位置。

（3）走线应尽可能隐蔽，避免被破坏。若走明线应采用线槽或塑料管等保护，防止人为和动物的破坏。

2. 红外探测器的安装

在同一个空间最好不要安装两个红外探测器。安装时应注意探测器和水平面的夹角和高度。探测器对所防护的范围应可直视，不能有障碍物。探测器避免直对门窗、空调出风口、电暖器、冷气机。为了保证天线发射效果，请将发射天线全部拉开。

3. 门磁开关的安装

门磁开关应根据开门的最小角度确定安装位置，磁块及门磁开关的距离不能超过10mm。

4. 报警主机的安装

报警主机应安装在隐蔽位置，但应注意主机前面板上的话筒和内置喇叭位置不应有遮盖，以确保监听灵敏度和报警声响度不受影响。

报警主机不得靠近电视机、空调、计算机、微波炉等强电磁辐射的设备附近，以免影响天线接收效果。

主机安装完毕后应进行有关设置的输入操作，在非报警状态下，电话机可以正常使用，亦可将电话机拆除另接分线。

（三）电视监控系统的安装

电视监控系统是安全技术防范体系中的一个重要组成部分，是一种先进的、防范能力极强的综合系统，它在预防和打击犯罪，维护社会治安中起到了积极的作用。

1. 监控摄像机的安装

监控摄像机外形如图 9-56 所示。

图 9-56　摄像机外形

（1）摄像机应安装在监视目标附近不易受外界干扰、损坏的地方，安装位置不应影响现场人员的正常活动。

（2）在满足监视目标视场范围要求的条件下，其安装高度：室内离地不宜低于 2.5m，或在吊顶下 200mm 处；室外离地不宜低于 3.5m。

（3）在墙体上安装摄像机时，应有固定支架，支架安装应牢固。

（4）云台的安装应牢固，转动时无晃动。并应根据产品技术条件和系统设计要求，检查云台的转动角度范围是否满足要求。

（5）在室内吊顶上安装时应尽量避免利用吊顶龙骨，应用吊杆固定在顶板上，如图 9-57所示。

2. 镜头安装

摄像机必须配接镜头才可使用，一般应根据应用现场的实际情况来选配合适的镜头，如定焦镜头或变焦镜头、手动光圈镜头或自动光圈镜头、标准镜头、广角镜头或长焦镜头等。

在安装镜头时，还应注意镜头与摄像机的接口，是 C 型还是 CS 型。两种方式的螺纹均为 1 英寸 32 牙，直径为 1 英寸，其差别是镜头距摄像（CCD）靶面的距离不同。所以在安装镜头前，先看一看摄像机和镜头是不是一种接口方式，如不是，就需要根据具体情况增减

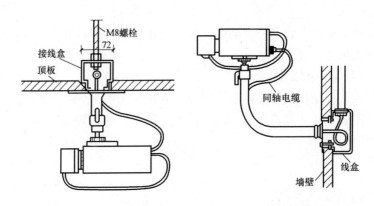

图 9-57　吊顶上安装摄像机

接圈。

安装镜头时，首先去掉摄像机及镜头的保护盖，然后将镜头轻轻旋入摄像机的镜头接口并使之到位。对于自动光圈镜头，还应将镜头的控制线连接到摄像机的自动光圈接口上，对于电动两可变镜头或三可变镜头，只要旋转镜头到位即可。

摄像机镜头应顺光源方向对准监视目标。

3. 防护罩安装

防护罩结构示意如图 9-58 所示。

为了保证摄像机和镜头工作的稳定性，延长其使用寿命，必须给摄像机装配具有多种特殊性保护措施的外罩，即防护罩。配置防护罩时，应根据摄像机的工作环境和摄像配用的不同镜头，选择不同的防护罩。室内防护罩通常用于防尘和隐蔽作用；室外的防护罩主要为了防晒、防雨、防尘、防冻等。

为了安装的隐蔽性和美观性，经常选用球形和半球形的防护罩。

4. 控制设施安装

控制台、机柜或架安装位置应符合设计要求，安装应平

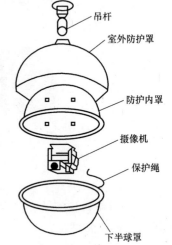

图 9-58　防护罩结构示意

稳牢固、便于操作维护。机柜或架背面、侧面离墙净距离应符合维修要求。

监控摄像头所有控制、显示、记录等终端设备的安装应平稳，便于操作。其中监视器应避免外来光直射，当不可避免时，应采取避光措施。在控制台、机柜或架内安装的设备应有通风散热措施，内部接插件与设备连接应牢固。

控制室内所有线缆应根据设备安装位置设置电缆槽和进线孔，排列应整齐、捆扎应牢固，编号应清晰，并有永久性标志。

第十章

乡村生态景观工程施工技术

乡村生态景观工程，是以工程技术为手段，采用特殊的工艺处理，来塑造生态造景艺术的形象。它是保护生态环境，改善村民生活环境，创建美丽乡村的重要措施。

第一节　乡村游园假山施工技术

假山工程，是一门讲究意境的造型艺术，它是自然界名山大川的艺术缩影。是用人工造出形态各异，灵动活泼，巧于变化的乡村景观。

一、假山基础的施工

1. 审图放线

假山基础施工前，先要把假山工程设计图读懂弄通，掌握假山基础的结构。然后在平面图上按照一定的比例，采用相应的矩形尺寸画出方格网，以其方格与山脚轮廓线的交点作为地面放样的依据和放样定位点。然后在所建的地面上，按实际尺寸，在对应图样上的方格和山脚轮廓线，放出地面上相应的白灰线。并设置假山平面的纵横中心线、纵横方向的边端线，以及主要部位的控制线等位置的两端，设置龙门桩或在地面埋设木桩，作为检查控制的依据。

2. 基础施工

（1）依据放样白灰线进行基础的土方开挖。当基础面积不是很大时，可采用人工开挖，如面积较大，施工场地开阔，可采用机械开挖，人工清底的方法。

（2）如为浅基础，应用人工进行整理平整，然后夯实。

（3）当为深基础时，应按基础放线进行开挖，并严格控制挖土的深度和宽度，基础宽度一般为山脚线向外500mm。人工整平后夯实，再按设计铺砌垫层砌筑基础。

（4）桩基础施工时，应按设计要求和相关桩位进行打桩，打桩深度按设计要求，一般桩位按梅花形排列，桩顶可露出地面100~300mm。桩间用小的石块嵌填紧密平整，然后用花岗岩或者其他石质材料铺在顶上，作为桩基的压顶层。当然也可用三七灰土填平夯实。

（5）三七灰土基础。在北方地下水位低，雨季集中的地方，陆地上的假山可采用灰土基础，以减少土壤冻胀的破坏。灰土基础的宽度应比假山底面积的宽度宽出约500mm左右。灰槽深度为500~600mm。2m以下的假山一般用素土夯实，然后填300mm灰土层夯实；2~4m高的假山用素土夯实后，再回填两层300mm灰土夯实。

（6）混凝土基础。当前假山的施工中，很多采用混凝土基础。如假山在地面上，混凝土的厚度为 100～200mm；在水中约 500mm。平地上选用不低于 C20 强度等级的混凝土，水中假山基础采用 C20 强度等级的防水混凝土。浇筑混凝土时必须振捣密实，接缝符合施工要求。

二、拉底施工

拉底工艺，是假山的叠山之本。拉底时，采用坚实耐压的大块山石，铺砌于基础之上的假山底层即为山脚线的石砌层。

拉底的方式：假山拉底的方式有满拉底和周边拉底两种。

满拉底是在山脚线的范围内用山石满铺一层，这种拉底的做法适宜规模较小、山底面积也较小的假山，或在北方冬季有冻胀破坏地方的假山。

周边拉底，也称为线拉底。是先用山石在假山山脚沿线砌成一圈垫底石，再用乱石、碎砖将石圈内全部填起来垫底的假山底层。这一方式适合于基底面积较大的大型假山。

拉底的技术要点：

（1）首先要注意选择合适的山石来做山底，不用风化过度的松散的山石。

（2）拉底的山石底部一定要垫稳，便于向上砌筑山体。

（3）拉底的石与石之间要紧连互咬。

（4）山石要不规则相间摆放，有断有连。

（5）拉底的边缘部分，要错落有序，使山脚弯曲时有不同的半径，凹进时有不同的凹深和凹陷宽度，避免山脚的平直和浑圆形状。

三、假山山体施工

假山拉底施工结束后，就要依据假山设计的外形进行施工。

1. 做脚

做脚就是用山石砌筑成山脚，做脚的常用方法有点脚法、连脚法及块面法。

2. 叠砌法

假山的堆叠法，常用以下十个字来表示。

（1）安：放一块山石叫做"安"。特别强调放置要安稳求实，使之形成一体。安石强调一个"巧"字，即本来不具备特殊形体的山石，经过安石以后，可以组成具有多种形体变化的组合体，这就是《园冶》中所说的"玲珑安巧"的含义。

（2）叠："岩横为叠"，是说要使假山造成较大的岩状山体时，就得横着叠石，构成这种岩体的横阔竖直的气派。

（3）竖："峰立为竖"，是说要将假山造成一座矗立状的峰体，应取竖向的岩层结构。在"竖"的施工造型中，应注意拼接要咬紧无隙，或有意偏侧错安，造成参差错落的意趣。

（4）垫："垫"的施工含意有二层：一是对于横向层状结构的山石，如卧伏，要形成实中带虚的意趣，特垫以石块，构成出头之状；二是对任何造型山石，在施工中都要注意片垫实之法。

（5）拼："配凑则拼"。选可以搭配的山石凑在一起组石成型，组型成景、拼中要分出主、次的关系，注意色泽、纹理的统一。

（6）挑：挑也为出挑，"石横担伸出为挑"。"挑"石应用横向纹理的山石，以免断裂。

每层出挑的长度约为山石本身的三分之一，要求出挑浑厚，而且要巧安后坚的山石，使观者但见"前悬"而不知"后坚"。

（7）压："偏重则压"，即在横挑出来的造型石的后方配压以竖向或横向的山石，使重心平稳，"压"与"挑"是相辅相承的施工造型关系。

（8）钩："平出多时应变为钩"，即山石按横平方向伸出过多时就应变化方向形成"钩"。"钩"实际上是在横挑出来的山石端部，加一块向上的或向下的小石块，形成钩状的造型。对"钩"的施工要求，一是要选节理纹路与横向配合有折转质感的山石；二是要压实接稳。

（9）挂：挂也称悬。"石倒悬侧为挂"它是在上层山石内倾环拱形成的竖向洞口中，插进一块上大下小的长条形的山石。由于山石的上端被洞口卡住，下端便可倒挂空中。

（10）撑："石偏斜要撑"，"石悬顶要撑"，即用斜撑的力量来稳固山石的做法。要选择合适的支撑点，使加撑后在外观上形成脉络相连的整体。在堆叠中层山体时，应采用"等分平衡"法。因为这时假山叠砌到中层时，因重心升高，山石之间的平衡问题就表现出来了。所谓的"等分平衡法"是指在掇山叠石时，应注意假山体量的平衡，以免畸轻畸重发生倾斜。

叠石中还应避"四不"和"六忌"。四不就是：石不可杂、纹不可乱、块不可均、缝不可多。"六忌"是：一忌三峰并列，香炉蜡烛，二忌峰不对称，形同笔架，三忌缝多平口，满体灰浆；四忌排列成行，形成锯齿，五忌似石墙铁壁，顽石一堆；六忌整齐划一，无层无曲。

四、收顶立峰

收顶即处理假山最顶层的山石。收顶一般分为峰、峦和平顶三种，这时可根据山石形态分布采用剑立、堆秀、流云等手法。

剑立峰，它是采用竖向山石纵立于山顶者，形容其形状好比一把宝剑矗立空中。在做剑立峰时，一定要使剑石的重心均衡，剑石要充分落实，并与周围石体靠紧，如图10-1所示。

堆秀峰：堆秀者，就是用奇形怪状的石块，堆砌出婀娜多姿、挺拔秀丽，步移景异的韵味。其结构特点在于利用丰厚强大的气势、镇压全局。它必须保证山体的重力线垂直底面中心，并起均衡山势的作用。峰石本身所用单块山石，也可由高块拼接，但要注意不能过大而压塌山体，如图10-2所示。

流云峰：是一个依势象形的比喻，它的造型犹如一片流云，轻轻地飘浮在空中，具有轻盈柔美、虚无缥缈之感。此种结构偏重于挑、飘、环、透的做法。在收头时，只要把环透飞舞的中层收合为一。峰石本身可能完成一个新

图10-1 剑立峰

的环透体，也可能作为某一挑石的后坚部分。这样既不破坏流云或轻松的感觉，又能保证叠石的安全，如图10-3所示。

图 10-2　堆秀峰

图 10-3　流云峰

五、拼补与勾缝

大块面的山石叠置只是完成假山的整体框架，而假山的细部美化和艺术加工，使假山成为一个具有整体性的造型艺术品，就要通过镶石拼补与勾缝这一重要环节来完成。

1. 镶石拼补

假山在叠砌过程中，发现某个部位在造型上有所缺陷时，往往需要采用纹理一致、色泽相同、脉络相通的同一种山石来进行镶石拼补。就其一般要求而言，假山的镶石拼补首先要符合造型需要，所选的山石，宜大则大，能用一整块山石就用一整块山石，而决不用两块山石相拼相补，以避免琐碎满补；其次是拼补连接要自然，使所镶补的部分与整体浑为一体，宛如一石。

假山的镶石拼补手法，一般有支撑法、卡夹法。

（1）支撑法。就是对要拼、悬、垂、挂的镶补山石，用粗细不同、长度适中、具有一定支撑力的棍棒、钢管，来支撑它们，以避免其因重力作用而松动，如图 10-4 所示。

（2）卡夹法。当所镶补的部位较高，支撑难以做到的时候，或所镶补的石块相对较小时，则可采用卡夹的办法来固定。所谓的卡夹法就是用一定粗度的钢筋，做成像弹簧夹子一样的东西，用来夹住固定镶补的石块。

所镶补的石块先要抹以水泥砂浆，水泥与黄砂的配比，一般不低于 1:3，而且要有一定的黏度。

2. 勾缝

勾缝，是假山工程中的一道修饰工序。其作用是对所堆叠的山石之间和因镶石拼补后所留有的拼接石缝，进行补强和美化，使它们连成一体，成为一个有机整体。

图 10-4　支撑法

假山勾缝的程序，一般从假山的底部开始，由下而上，先里后外，先暗后明，先横后竖，逐渐展开。

假山勾缝所用的材料则多为水泥砂浆，水泥和过筛的细黄沙配比标准，一般为1:3。勾缝的砂浆颜色应与叠石的颜色相近，所以，配浆时应根据山石的颜色兑配相应的颜料。

勾缝所用的工具为"柳叶抹"，这是一种稍具弹性、狭长微弯的铁钢片拓条。勾缝的手势操作有横勾、竖勾、倒勾等方法，勾缝时，应用力压紧。勾缝的线条要柔软自然，避免僵直，接缝要细腻，使其山石浑为一体。勾缝时不要满勾，有时要显出石缝，将勾抹材料隐于缝内，以形成较大的节理裂缝。暗缝应凹入石面15～20mm，外观越细越好。勾明缝不宜超过20mm宽，如缝过宽可用随形石块填缝后再勾。

勾缝2～3小时后，等水泥砂浆尚未最终凝固时，再用刷子蘸水刷缝，消除抹痕。

第二节　乡村景观水池施工技术

景观水池有观鱼池、水生植物种植池、喷泉水池等。水池的形态、深度和池底等结构各异。常见的池底有灰土池底、混凝土池底和防水材料池底。一般灰土池底、混凝土池底为刚性结构，而用防水材料的多为柔性结构。

一、刚性结构水池

水池基础施工

1. 定位放线

根据设计图样进行放线，放线时水池的外边线应包括池壁的厚度。为了方便施工，池外沿各边加宽500mm用石灰粉标记，并每5～10m设置一个控制桩。圆形水池应设置水池的圆心点，再以圆心为中心放水池的外边线。

2. 水池基坑施工

（1）土方开挖应视施工现场的情况和水池土方量的多少，采用人工开挖或机械开挖的方法。开挖时一定要考虑到池底与池壁的厚度。如下沉浅水池应做好池壁的保护，挖至设计标高后，基底应整平并夯实。

（2）池底如有积水，要采取排水措施，可以采用沿池底的基边缘挖一条临时排水沟并设置集水井，通过人工或机械抽水排走。

（3）池底施工时，混凝土池底在50m内可不做伸缩缝，如果形状变化较大，则可在长度约20m处设置一道伸缩缝。

（4）如果基土松软，就必须采取基础加固的方案，基础加固方案一般为用三七灰土分层夯实、渣石分层夯实或采用桩基础等。

（5）混凝土垫层浇筑完成后，其强度达设计强度的70%时，在垫层上弹出水池底板中线，然后根据设计尺寸进行放线，定出池壁的边线，弹出钢筋的墨线。

（6）绑扎钢筋时，应详细检查钢筋的直径、间距、位置、搭接长度、上下层钢筋间距、保护层及预埋件的位置和数量是否符合设计要求。上下层钢筋均应用支凳加以固定，保证钢筋在浇筑中不产生位移。

（7）钢筋绑扎完后，浇筑基础底板。底板应一次性连续浇筑、不留施工缝，施工间歇时间不超过混凝土初凝时间，并应振捣密实。

3. 现浇混凝土池壁施工

混凝土结构景观水池池壁施工时，应采用有撑支模的方法，内外模在钢筋绑扎完毕后一次立好。混凝土施工时，分层浇捣。池壁拆模后，将外露的止水螺栓杆头割去并涂防锈漆。水池的施工应防止变形裂缝的产生。施工时可采取以下措施：

（1）水池施工时用普通硅酸盐水泥，所用石子的最大粒径不大于 40mm，吸水率不大于 1.5%。池壁混凝土每立方米水泥用量不少于 320kg，含砂率宜为 35% ～ 40%；灰砂比为 1:2 ～ 1:2.5；水灰比不大于 0.6，应采用抗渗等级为 S6 的抗渗防水混凝土。

（2）当水池池壁高度大于 600mm 时，固定模板应用止水螺杆，采取止水措施，常见的止水措施有以下几个方面：螺栓上加焊止水环，止水环应满焊。支模时，在螺栓两边加堵头，拆模后，应用膨胀水泥砂浆封堵严密。

（3）若不能避免施工缝，则水池壁水平施工缝应设在离底板高度约 500mm 处，施工缝设凹形或者埋止水钢板或膨胀止水带，如图 10-5 所示。

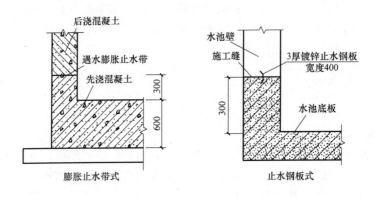

图 10-5　施工缝处理

（4）在池壁混凝土浇筑前，应先将施工缝处的混凝土表面凿毛，清除浮粒和杂物，用水冲洗干净，保持湿润。再铺上一层水泥砂浆，水泥砂浆所用材料的灰砂比应与混凝土的灰砂比相同。

（5）混凝土的浇灌和振捣。浇灌混凝土时宜先低处后高处，先中部后两端连续进行，避免出现冷缝。应确保足够的振捣时间，使混凝土中多余的气体和水分排出，对混凝土表面出现的泌水应及时排干，池底表面的混凝土初凝前应压实抹光。

（6）水池池壁混凝土初凝后，应立即进行养护，并保持湿润，养护时间不得少于 7 昼夜。

（7）加设滑动层和压缩层。考虑到较长的水池受地基的约束，可在水池的垫层上表面和底板下表面间贴一毡一油作为滑动层。

4. 砖、石池壁施工

当水池池壁为砖石结构时，应使用 M7.5 ～ M10 的水泥砂浆砌筑，并灌浆使其饱满密实。砌筑时，可参考建筑墙体砖、石结构的砌筑方法。

5. 水池抹灰

砖、石结构水池的内壁抹灰前 2 天，先将墙面扫净，用水洗刷干净，并用铁皮将所有灰缝刮一下，要求凹进 10～15mm。

抹灰应采用 32.5 级普通硅酸盐水泥砂浆，配合比为 1:2，可掺适量防水剂，并搅拌均匀。

在抹第一层底层砂浆时，应用铁板将砂浆挤入砖缝内，底层灰不宜太厚，一般在 5～10mm，第二层将墙面找平，厚度 5～12mm。第三层面层进行压光，厚度 2～3mm。

砖壁与钢筋混凝土地板结合处，要特别注意操作，加强转角抹灰厚度，使其呈圆角状，防止渗漏。

当为钢筋混凝土池壁时，抹灰时先将池壁内壁表面凿毛，不平处铲平，并用水冲洗干净。

抹灰时可在混凝土墙面上刷一遍界面剂或薄薄一层的纯水泥浆，以增加粘结力。

二、柔性结构水池

1. 柔性水池结构图

图 10-6 是三元乙丙橡胶防水层水池结构图。

2. 防水材料铺设

铺设防水材料前，在基层表面弹出材料的宽度线，铺设橡胶防水层材料时，应从低向高铺设，搭接处用专用的胶粘剂满涂后压紧，底部的空气必须排出，材料长边搭接宽度不得小于 80mm，短边不得小于 150mm。

防水材料铺设结束后，应在上面铺压卵石或粗砂做保护。

3. 柔性水池施工

柔性水池的基础及池壁施工，可参考刚性水池的施工方法。

4. 水池试水

不论是刚性结构水池或柔性结构水池，均应进行试水。

试水工作应在水景池全部施工完后方可进行。试水应分两次进行。

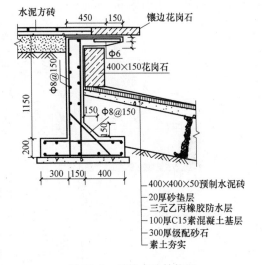

图 10-6　柔性水池结构图

第一次试水为结构试水，在混凝土结构施工完成后，进行找平层抹灰，完成后注入水，根据具体情况，进水高度控制在设计水面标高处，灌水到设计标高后，停 1 天进行外观检查，并做好水面高度标记，连续观察 7 天，外表面无渗透及水位无明显降落方为合格。

第二次试水是防水层施工完成后进行，步骤同上，试水合格后方可进行下道工序施工。

第三节　水景驳岸与护坡施工技术

水景驳岸与护坡，是对水景起防护作用的工程构筑物，它的主要作用是支持陆地和防止岸壁坍塌，并且高低曲折的驳岸可使水体更加富有变化。护坡指的是为防止边坡受冲刷，在坡面上所做的各种铺砌和栽植。如果河湖不采用岸壁直墙而用斜坡，则要用各种材料护坡。

一、驳岸施工

驳岸的造型主要有规则型、自然型和混合型。

（一）桩基类驳岸

这种方法是我国最古老的水工基础做法。这类基础最适应松土层以下为坚实土层或为基岩层的情况。图 10-7 是桩基驳岸的结构示意图，图中的卡裆石是在桩间填充的石块，对木桩起稳定的作用。盖桩石为桩顶浆砌砖的条石，以便找平桩顶。

图 10-7 桩基驳岸结构示意图

（二）砌石类驳岸

1. 驳岸基础施工

图 10-8 是砌石驳岸结构示意图。这种驳岸基础应牢固，埋入水底的深度不得小于 500mm，基础宽度应视土质情况来确定：砂砾土、砂壤土时应为基础高度 h 的 0.45 倍，湿砂土或饱和水壤土时为 $0.7h$。

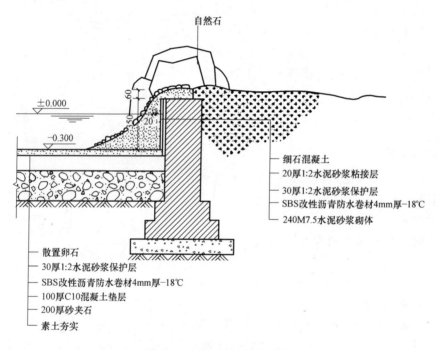

图 10-8 砌石驳岸结构示意

对这类驳岸进行施工时，应按下列程序：

（1）放线。放线时，应根据设计图上的日常水位线，确定驳岸的平面位置，并在基础两侧各加宽 200mm，放出白灰线。

（2）挖土方。对基槽挖土方时一般采用人工开挖，并应结合实际，需放坡时则要放坡，以保证施工安全。

（3）夯实。基槽开挖至设计标高后，整平基底，用夯夯实。遇到软土层时，应同设计单位进行协商后采取加固措施。

（4）浇筑基础。按设计要求的混凝土强度等级浇筑混凝土。

2. 岸墙砌筑施工

（1）在混凝土基础上放出砌石边线。

（2）砌石所用的石材，应选用强度等级不小于 MU30 的块石，厚度不小于 150mm，施工前对块石进行浇水湿润，并冲洗表面上的杂质。

（3）砌第一层石块时，基底要坐浆，石块大面向下。选择比较方正的石块作为角石，砌在每个转角上。角石两边应与准线相合，最后用填腹石填充中间部分。砌填腹石时，应根据石块自然形状交错放置，尽量使石块间缝隙最小，然后再将细石混凝土填在空隙中，使主体结构无空隙。

（4）砌筑第二层以上石块时，每砌一石块应先铺好砂浆，灰缝厚度宜为 20～30mm，砂浆应饱满。

（5）阶梯形基础上的石块应至少压砌下阶梯的 1/2，相邻阶梯的毛石块应相互错缝搭接，宜选用较大的块石砌筑。

（6）驳岸墙体的转角及交接处应同时砌筑，如果不能同时砌筑又必须留槎，应砌成斜插，块石每天砌筑高度不应超过 1.2m。每砌 3～4 皮为一个分层高度，每个分层高度找平一次；外露面灰缝厚度不得大于 40mm，两个分层高度间的错缝不得小于 80mm。

（7）当砌筑到防水层标高时，应将砌体表面找平，铺设 SBS 改性沥青防水卷材。

（8）接近设计标高时，注意选石，使顶平面应大致水平。

（9）块石驳岸砌成后，应在块石砌体的外露部分，采用 1:2 水泥砂浆顺着石块的缝隙进行勾缝，可以勾凸缝，也可以勾凹缝，缝宽 20～30mm。

（10）驳岸间距 10～20m 设一道沉降缝伸缩缝，缝宽 20mm，缝内填沥青麻丝，填深约 150mm。

（11）驳岸内设置泄水孔，孔距、孔径应符合设计要求。泄水孔出口应高出水面 200mm 左右。

（12）挡土墙的顶部宜选用较整齐的大块石，顶部按图样要求铺砌面层材料。

（13）如设计要求对驳岸墙体进行装饰时，则按要求粘贴相应材料。浆砌石驳岸如图 10-9 所示。

二、护坡施工

在乡村园林工程的施工中，自然山体的陡坡、人造山体的边坡，湖池岸边的岸坡，为了使其融入自然不做驳岸，而是改用斜坡伸入水中，这样就要采用相应的材料来做护坡。

1. 铺石护坡施工

当岸坡较陡，风浪较大，或因造景需要，常采用铺石来做护坡，如图 10-10

图 10-9 浆砌石驳岸

所示。

（1）材料要求。砌护坡时，选用180～
250mm 直径的块石作护坡材料，块石最好
是宽与长之比为 1:2 的长方形石料，石料要
求比重大，吸水率小。当水面较大，坡面较
高时，护坡应用 M7.5 水泥砂浆勾缝，压顶
用 MU20 浆砌块石，坡脚石一定要砌在湖
底下。

（2）施工方法。护坡施工前，应将岸
坡整理平整，并且要击实。在最下部挖一条
宽 400～500mm、深 500～600mm 的梯形沟

图 10-10　铺石护坡

槽来铺设垫层。垫层要用大小一致、厚度均匀的碎石或卵石。垫层一般做 1～3 层。第一层
用粗砂，第二层用卵石或碎石，最上面一层用碎石，总厚度可为 100～200mm。

铺石时由下至上铺设。下部要选用大块的石料，以增加护坡的稳定性。铺时石块摆成丁
字形，与岸坡平行，一行一行往上铺，石块与石块之间要紧密相贴，如有凸出的棱角，应用
铁锤将其敲掉。如果铺石稳定不松动，用碎石嵌补铺石缝隙，再将铺石夯实即成。

2. 植物护坡

在岸坡平缓、水面平静的池塘旁，可以
用草皮或灌木来护坡，使园林景色更加生动
活泼，富有自然情趣。

（1）灌木护坡。这种护坡适用于大而
平缓的坡岸。由于灌木韧性较强，根系发达
盘结，护坡作用较强。灌木要选用沼生植
物，可植苗、直播。也可再适量配植些绿草
和乔木。

（2）草皮护坡。草皮护坡的草种要求
耐水、耐湿，根系发达，生长快。如系新做
护坡，可直接在其上播种草种。也可采用带

图 10-11　植物护坡

状或块状草带铺设，从水面以上一直铺到坡顶。若要增加岸坡的景观层次，也可采用预制的
水泥空心花砖铺砌后，在砖的空心种植花草，如图 10-11 所示。

第四节　乡村喷泉施工技术

喷泉是一种动态艺术水景，主要是利用外部动力来驱动水流喷射出不同的水线形态。喷
泉的施工过程融合了土建、给排水、电气等多领域的知识和技能，所以喷泉施工也是多项技
术的融合结晶。

一、喷泉的种类

喷泉有很多种类和形式，大体上可以分为如下四类：

1. 普通装饰性喷泉

这种喷泉是由各种普通的水线图案，组成的固定喷水型，一般可作为乡村喷泉，如图10-12所示。

2. 与雕塑结合的喷泉

喷泉喷出的各种喷水花线与雕塑、水盘、观赏柱等共同组成景观，可作为乡村游园喷泉，如图10-13所示。

图 10-12　普通装饰喷泉

图 10-13　雕塑柱盘喷泉

3. 水装饰喷泉

这种喷泉是用人工或机械塑造出各种抽象或具象的喷水水线，其水线呈某种艺术的造型，一般可作为乡村广场或小公园喷泉，如图10-14所示。

4. 程控喷泉

这种喷泉是利用各种电子技术，按设计程序来控制水、光、声、色的变化，从而形成变幻多姿的奇异水景。这种喷泉可作为公共中心广场及大型商场室内用，如图10-15所示。

图 10-14　水装饰喷泉

图 10-15　程控喷泉

二、喷泉水池施工

喷泉水池施工前，应对所选位置进行复核，使水池距离村间道路的间距不得少于5m。

1. 水池基础

水池基础是一个承重结构，一般由灰土和混凝土所组成，如图10-16所示。

施工时水池土方开挖后，先将基础底部的素土整平夯实，然后用三七灰土回填夯实，再在其上浇素混凝土垫层。其施工方法可参考前边的水池施工。

2. 防水层

防水层分池底和池壁两部分。防水层质量关系到水池的使用寿命，必须认真对待。当前，做防水层的材料十分丰富，品种有金属类、防水卷材类、橡胶类、防水砂浆和混凝土等。

防水层材料应按照设计图的要求，无要求时，应结合池壁的砌筑材料来确定。如果为浆砌砖、石等块体

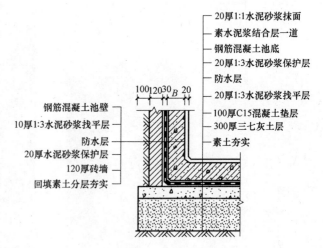

图10-16 水池施工做法

材料，可采用防水卷材；如为钢筋混凝土材料，可用水泥加防水粉组成的防水砂浆抹面，也可购买水泥防水砂浆成品。防水砂浆施工方法可参考相关说明书进行。

3. 水池池底

水池池底在防水层和水泥砂浆保护层完成后，在基底上铺设钢筋网片，钢筋的直径和等级以及绑扎的间距，应符合设计要求。施工中，应每隔20m设置变形缝，变形缝应用止水带或其他防水材料填充嵌实。浇筑混凝土时，应连续浇筑，不得留置施工缝。

4. 池壁施工

水池池壁有浆砌砖、石池壁和钢筋混凝土池壁。

池壁采用砖块砌筑时，应用M7.5水泥砂浆砌筑。砖缝应饱满，接槎应正确。

池壁采用石块砌筑时，应搭接正确，叠砌紧密，勾缝严实。

采用钢筋混凝土池壁时，支模应牢固，振捣要密实，因特殊情况有施工缝时，要清理表面杂质和疏松的石料，并用相同材料的素水泥浆作结合层后再浇筑混凝土，并进行养护。地上混凝土水池的结构如图10-17所示。

5. 壁体压顶

壁体压顶，就是用水泥、石块或花岗岩板材对壁顶进行装饰施工。

6. 其他要求

当喷泉水池设在坡道下方时，水池与坡道间至少应有3m的平坦缓冲段。

水池的沉降缝、伸缩缝等应设止水带，水池水深大于0.7m时，池内岸边宜作缓冲台阶等。

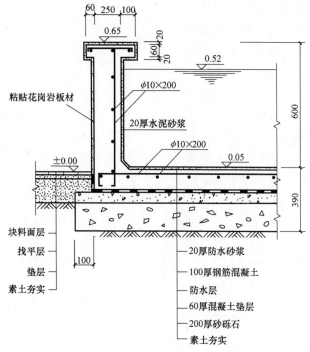

图 10-17　地上混凝土水池

三、喷泉的供水形式

喷泉能按设计进行喷水，也就必须有喷水的供水方式。喷泉供水有直流式和强制式供水方式。

1. 直流式供水

这种供水形式系统简单、造价低、易管理，因为它是采用自来水供水管道直接与喷泉水池内的喷头相连接，喷头喷射后，水从溢流管排走，如图 10-18 所示。所以这种供水又有耗水量大，不能重复利用，运行成本高的缺点。特别是在很多农村地区供水水压不稳定，喷出的水形不能保证设计的水形，这在水资源丰富的地区尚可考虑采用。

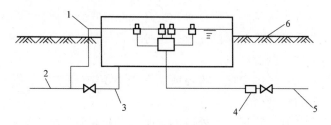

图 10-18　直流式

1—溢流管　2—排水管　3—泄水管

4—止回隔断阀　5—给水管　6—自然地面

2. 强制循环供水

这种供水方式主要有两种，一种是采用水泵循环供水，一种是潜水泵循环供水。

（1）水泵循环供水。如图10-19所示，这种供水方式需要另设泵房和循环管道。供水时，水泵将池中水吸入后经加压送入供水管至水池，水经喷头喷射后再落入水池内，经吸水管再供给水泵，这样循环用水，水压稳定。

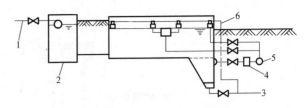

图10-19　水泵循环式

1—给水管　2—补给水井　3—排水管

4—过滤器　5—循环水泵　6—溢流管

（2）潜水泵循环供水。如图10-20所示，它是将潜水泵直接安装在水池内，并与供水管相连，水经喷头喷射后直接落入水池内，然后循环供水。所以这种供水方式最适合乡村的喷泉设置。

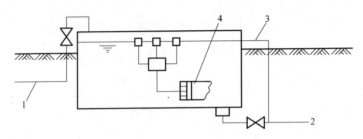

图10-20　潜水泵供水

1—给水管　2—排水管　3—溢流管　4—潜水泵

四、喷泉管道布局与穿壁处理

为了防止水管的锈蚀，喷泉水管一般采用PVC上水管、热镀锌管、不锈钢管、铜管，并采用法兰、螺纹或焊接连接。管道与水泵连接处应采用法兰连接。所有管道应按规范要求安装支架，所有管件必须做防腐处理。

1. 管道布局与安装

喷泉管道的布局应结合设计图的要求进行。

装饰性小型喷泉的管道，可直接埋设在地坪下面，或在管沟内铺设，上面用铁算子或预制板盖沟。

设计的环形管路，最好采用十字形供水，组合式配水管宜采用分水箱供水。

补给水管是保证池中的正常用水位而设，这种管道与村中的自来水供水管道相连接，可安装自动控制阀进行水位控制。

连接喷头的水管不能有急剧变化，喷嘴前应有不小于20倍喷管口径的直线段，转弯要圆滑，变径要渐变，接口要严密。

管道变径应采用异径管，管道弯曲处应采用曲率半径大的光滑弯头。

喷泉所用的管路，要具有2%的坡度，并且全部进行防腐处理。

2. 管道穿壁

由于喷泉设置的供水管、溢流管和排水管等，有的管道要穿池壁而过，所以必须做好管道穿壁的安装施工。遇有管道穿越池壁时，一般应按图10-21所示的处理方法。

从图10-21中可以看到，所有穿池壁或池底的管道，均应预埋管套和焊接止水片，管道

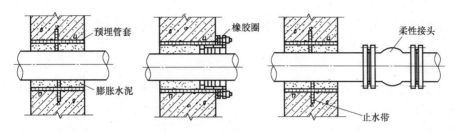

图 10-21　管道穿壁处理

穿入管套后，应用膨胀水泥填充密实，或用橡胶圈压紧。

为了方便检修和定期排放池中水，池底应设泄水管。泄水管口要低于池底的最低处，并要安装单向阀门，泄水管直接与排水系统相连。

第五节　乡村广场与园路铺装技术

乡村广场和游园，是创建美丽乡村不可缺少的重要组成部分。并且广场和游园是村民聚会、活动、休闲的主要空间，是村民户外活动的露天"客厅"，它对美化乡村环境，提升乡村的品位，起着决定性的作用。所以应对广场地面和园路进行铺装美化，为村民提供一个舒适、功能齐全的活动场所。

一、广场地面的铺装

（一）场地放样

（1）依据广场附近区域的平面位置、高程为基准，采用直角坐标法用经纬仪、水准仪测定广场的控制中心线，在中心线上测定高度基准点。

（2）场地放样。按照设计图所绘的施工坐标方格网，将所有坐标点测设到场地上并打桩定点。然后以坐标桩点为准，根据广场设计图，在场地地面上放出场地的边线，主要地面设施的范围线和挖方区、填方区之间的零点线。

（二）场地平整与找坡

1. 挖方与填方施工

如果场地高低不平，应先挖高填低。填方时，应将挖出的土分层先填实深处，后填浅处，每填一层就夯实一层。直到设计标高处，并且挖出的土质应符合填土要求。

2. 场地找坡

挖填方工程完成后要铲平地面，并根据各坐标桩标明该点填挖高度数据和设计的坡度数据，对场地进行找坡，保证场地内各处地面都基本达到设计的坡度。

根据场地上建筑、园路、管线等因素，确定边缘地带的竖向连接方式，调整连接点的地面标高。还要确认地面排水口的位置，调整排水沟管底部标高，使广场地面与周边地平的连接更自然。

（三）地面施工

1. 基层施工

基层施工应按照素土夯实、摊铺碎石、压路机碾压、撒填充料、压实、撒嵌缝料、再碾压的顺序进行。

撒填充料时，应将粗砂或灰土均匀地撒在碎石上，用扫帚扫入碎石缝里，并用水将料冲进缝隙中。

2. 稳定层施工

在完成的基层上定点放线，根据设计标高，边线放中间桩和边桩。并在广场整体边线处放置挡板。挡板的高度为10cm以上，但不要太高，在挡板上划好标高线。

检查并确认广场边线和各设计标高点正确无误后，可进入下道工序施工。

浇筑混凝土稳定前，在干燥的基层上洒一层水或1:3砂浆。

按设计的材料比例配制混凝土进行浇筑，并用直尺将顶面刮平。混凝土面层施工完成后，应及时养护，浇筑时要注意做出路面的横坡和纵坡。

（四）面层施工

1. 彩砖铺装

（1）测量放线：园路砖铺砌前要先放出边线，每隔5m放一水平桩，然后以路侧石为另一边线，与水平桩纵横挂线，用以控制方向和高程。

（2）铺砌：每隔3～5m铺一块作为控制点，以后依线在中间铺砌。铺砌时应轻拿轻放，用木槌或橡胶槌轻敲压平。

（3）填缝：园路连锁砖铺砌好，用水泥砂浆填灌缝，并用灰匙捣插砖缝砂浆至饱满。

彩砖铺装的广场地面如图10-22所示。

2. 花岗石铺装

花岗石地面铺装结构示意如图10-23所示。

图10-22　彩砖铺装

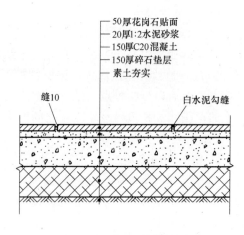

50厚花岗石贴面
20厚1:2水泥砂浆
150厚C20混凝土
150厚碎石垫层
素土夯实

缝10　　白水泥勾缝

图10-23　花岗石铺装示意

（1）在完成的混凝土面层上放样，根据设计标高和位置打好横向桩和纵向桩。

（2）将水泥混凝土面层上扫净后，洒上一层水，略干后先将1:2.5的干硬性水泥砂浆在稳定层上平铺上一层，厚度为30mm，以作结合用，铺好后抹平。

（3）再在上面薄薄地浇一层水泥浆，然后按设计的图案铺好，注意留缝间隙与设计要求保持一致，面层每拼好一块，就用平直的木板垫在顶面，以橡皮锤在多处振击，使所有的石板的顶面保持在一个平面上。

（4）花岗石铺好后，再用干燥的水泥粉撒在岩面上并扫入岩块缝隙中，使缝隙填满，最后将多余的灰砂清扫干净。

（5）地面铺装施工时，对于呈曲线、弧形、图案等形状的，其花岗石按平面弧度加工编序排列，圆弧曲线应磨光，对图案花色进行预摆并进行编号，然后再依号序铺装，确保曲线、弧形、花纹图案标准、精细、美观。

二、园路铺装

根据园路面层铺装材料的不同，可以分为混凝土园路、花岗石园路、碎拼花岗石园路、彩砖园路、鹅卵石园路等。有些园路由各种不同的材料混合铺装，组成了五光十色的图案，这种园路的铺装技术要求高，施工难度也较大。对于园路的基础施工，可参照上边所讲的内容进行施工，这里仅对常用的面层施工给予介绍。

1. 石子镶嵌与拼花的园路铺装

（1）这是中国传统地面铺装中常用的一种方法。施工前，先根据设计的图样，精心挑选铺地用石子，按照不同颜色、不同大小、不同长扁形状分类堆放，以利于铺地。

（2）施工时，先在已做好的道路基层上，铺垫一层结合材料，厚度一般为 10~50mm，垫层结合材料主要为 1:3 水泥砂浆。

（3）按照预定的图样开始镶嵌拼花。一般用立砖、小青瓦瓦片拉出线条、纹样和图形图案，再用各色卵石、砾石镶嵌作花，或者拼成不同颜色的色块，以填充图形大面。

（4）定形后的铺地地面，仍要用水泥干砂、石灰干砂撒布其上，并扫入砖石缝隙中填实。最后用大水冲击或使路面有水流淌。完成后，养护 7~10 天。

石子镶嵌与拼花的园路如图 10-24 所示。

图 10-24　石子镶嵌与拼花园路

2. 嵌草路面的铺筑

嵌草路面有两种类型：一种为块料铺装时，在块料之间留出空隙，其间种草，如空心砖纹嵌草路面、人字纹嵌草路面等；另一种是制作成可以嵌草的各种纹样的混凝土铺地砖。

施工时，先在整平压实的路基上铺垫一层栽培壤土作垫层。壤土要求比较肥沃，不含粗粒物，铺垫厚度为 100~150mm。然后在垫层上铺砌混凝土空心砌块或实心砌块，砌块缝中半填壤土，并播种草籽或移植上草块踩实。

铺装板块的尺寸较大，草皮嵌种在板块之间的预留缝中，草缝设计宽度可在 20~50mm 之间，缝中填土一般为砌块的 2/3 高。砌块下面用壤土作垫层并起找平作用，砌块要铺得尽量平整。

空心砌块的尺寸较小，草皮嵌种在砌块中心预留的孔中。砌块与砌块之间一般不留草缝，常用水泥砂浆粘接。砌块中心孔填土为砌块的 2/3 高，砌块下面仍用壤土作垫层找平。嵌草园路的铺装如图 10-25 所示。

a)   b)

图 10-25　嵌草园路

a）缝间嵌草　b）空心砖中嵌砖

3. 青瓦砖园路的铺装

青瓦砖园路铺装前，应按设计图样的要求选好青砖瓦的尺寸、规格。然后按设计图样的要求铺装样板段，看一看面层形式是否符合要求，然后再大面积地进行铺装。

（1）基层做法一般为素土夯实→碎石垫层→素混凝土垫层→砂浆结合层。

（2）在垫层施工中，应做好标高控制工作，碎石和素混凝土垫层的厚度应按施工图样的要求去做，砂石垫层一般较薄。

（3）弹线预铺。在素混凝土垫层上弹出定位十字中线，按施工图标注的面层形式预铺一段，符合要求后，再大面积铺装。

（4）青砖瓦与青砖瓦之间应挤压密实，铺装完成后用细灰填缝。

青砖瓦园路如图 10-26 所示。

图 10-26　砖瓦园路铺装示例

4. 鹅卵石园路的铺装

鹅卵石园路的路基做法一般也是素土夯实→碎石垫层→素混凝土垫层→砂浆结合层→卵石面层。

鹅卵石园路是指用 10～40mm 形状圆滑的冲刷石来铺装的园林道路。但完全使用鹅卵石铺成的园路往往会稍显单调，所以若于鹅卵石间加几块自然扁平的切石，或少量的彩色鹅卵石，就会显出路面变化的美感。

为使铺出的路面平坦，先将未干的砂浆填入，再把卵石及切石一一填下，鹅卵石多呈蛋形，应选择光滑圆润的一面向上，横向埋入砂浆中，埋入量约为卵石的 2/3，这样比较牢固。较大的埋入部分应多些以使路面整齐，高度一致。摆完卵石后，再在卵石之间填入稀砂浆。卵石排列间隙的线条要呈不规则形状，千万不要弄成十字形或直线形。此外，卵石的疏密也应保持均衡，不可部分拥挤、部分疏松。如果要做成花纹则要先进行试排放样后再进行铺设。

鹅卵石园路如图 10-27 所示。

图 10-27　鹅卵石园路

5. 木质园路的铺装方法

木质园路是采用木材铺装的园路。在园林工程中，木质园路的面层木材一般是采用耐磨、耐腐、纹理清晰、强度高、不易开裂、不易变形的优质木材。

一般木质园路做法是：素土夯实→碎石垫层→素混凝土垫层→砖墩→木格栅→面层木板。

（1）砌砖墩。砖墩一般采用标准砖，用水泥砂浆砌筑，砌筑高度应根据铺地架空高度及使用条件确定。砖墩与砖墩之间的距离一般不宜大于 2m，否则会造成木搁栅的端面尺寸加大。砖墩的布置一般与木搁栅的布置一致，如木搁栅间距为 500mm，那么砖墩的间距也应为 500mm。

（2）木搁栅。木搁栅的作用主要是固定与承托面层。木搁栅铺筑时，要进行找平，安装要牢固，并保持平直。在木搁栅之间要设置剪刀撑，将一根根单独的搁栅连成一体。剪刀撑应布置于木搁栅两侧面，用铁钉固定于木搁栅上，间距应按设计要求布置。

（3）面层木板的铺设。面层木板的铺装一般采用铁钉固定，即用铁钉将面层板条固定在木搁栅上。板条的拼缝一般采用平口、错口。木板条的铺设方向多垂直于人们行走的方向，也可以顺着人们行走的方向。铁钉钉入木板前，应先将钉帽砸扁，然后再钉入木板内。木质园路的木板铺装好后，应用手提刨将表面刨光，然后由油漆工进行砂、嵌、批、涂刷油漆等的涂装工作。

　　木质园路的铺装如图 10-28 所示。

图 10-28　木质园路

6. 步石、汀步的铺装

　　步石、汀步，是园林工程中置石的一种，它在园林绿地、水景工程中往往以少胜多，以简胜繁，用简单的形式，体现较深的意境，起到的配角和点缀作用。

　　（1）步石，是置于草坪、林间、岸边园林地面上的方形、条形或圆形石块。图 10-29 所示的就是在草坪上铺装的仿木步石。它由天然的大小或整形的人工石块布置而成，具有轻松、活泼、自然的风貌和较强的韵律。因此易与环境相协调。步石直径大小一般不小于 300～400mm，跨距大约为 600mm，深埋浅露，高出地面大约 60～70mm 或略低一些，一组步石的材料和色调要统一。

　　步石的构造可参见图 10-30 所示。

图 10-29　仿木步石

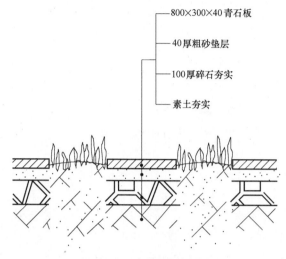

图 10-30　步石构造示意

（2）汀步，当我们遇到河湖浅水而无桥时，就会搬些石块或其他物块间隔地放于水中而渡过，这种无桥之形，却有渡桥之意的人工置石就是汀石，也称汀步。

按照汀步的平面布置形式和排列布置方式，可把汀步分为规则式和自然式。

（1）规则式汀步。这种汀步形状规则整齐，按一定的规则形式铺装成园路，规则式汀步步石的宽度在 400～500mm 之间，步石之间的净距宜在 50～150mm 之间。在同一条汀步路上，步石的宽度规格及排列间距要尽量统一。

常见的规则式汀步有如下两种：

1）墩式汀步。步石为正方形或长方形的矮柱状，排列一般按一定半径排列为规则的弧线形。

2）荷叶汀步。这种汀步形状为规则的圆形，但布置时多用不规则的排列。

（2）自然式汀步。这类汀步形状不规则，一般为某种自然物的形状。汀石的形状、大小并不一致，而是自然错落。这类园路又分为自然山石汀步和仿自然树桩汀步。

汀步的规则式和自然式的布置，如图 10-31 所示。

图 10-31　汀步园路

水中汀步的构造参见图 10-32 所示。

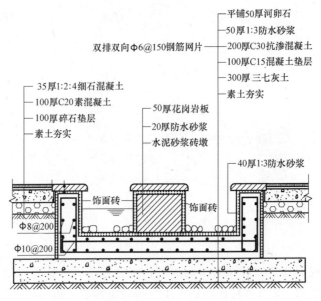

35厚1:2:4细石混凝土
100厚C20素混凝土
100厚碎石垫层
素土夯实

双排双向Φ6@150钢筋网片

平铺50厚河卵石
50厚1:3防水砂浆
200厚C30抗渗混凝土
100厚C15混凝土垫层
300厚 三七灰土
素土夯实

50厚花岗岩板
20厚防水砂浆
水泥砂浆砖墩

40厚1:3防水砂浆

饰面砖 饰面砖

Φ8@200

Φ10@200

图 10-32　水中汀步施工图

第六节　花坛施工技术

为了美化乡村环境，点缀家庭空间，通常在乡村的街道两边，游园、广场中心、学校、工厂、庭院等地方设置花坛，成为多种花卉或不同颜色的同种花卉的苗床。

一、花坛的分类

花坛的种类，可根据花坛的形状、性质、花卉物种、布置方式、观赏季节等特点进行分类。现代又出现移动花坛，由许多盆花组成，适用于铺装地面和装饰室内。下面按花坛的轮廓造型分类加以介绍。

（1）独立式。这种花坛是以一个平面几何的轮廓作为局部构图的主体，如圆形、长方形、多边形等，图 10-33 所示即为独立式圆形花坛。

图 10-33　圆形花坛

（2）组合花坛。这种形式花坛的构图中心可以同水池、喷泉等组成一个构图整体，如图 10-34 所示。

（3）立体式。这种花坛，是由两个以上的个体花坛，经过立体加工的艺术手法，在立面上形成错落有致、层次分明、协调统一的外观造型花坛，如图 10-35 所示。

图 10-34　组合式花坛

图 10-35　立体式花坛

（4）异型式。这种花坛造型，是在人的思维下，构思出形状各异、古色古香的独特造型，给人一种意想不到的艺术效果，如图 10-36 所示。

图 10-36　异型花坛

二、放线及垫层施工

1. 定位放样

根据花坛设计坐标网络将花坛测设到施工现场并打桩定点，然后根据各坐标点放出其中心线及边线位置并确定其标高。

2. 土方开挖

各尺寸经过复核无误后进行土方开挖，并按相应规定留出加宽工作面 100mm。待土方开挖基本完成后，对各点标高进行复核。

3. 基层施工

施工顺序：基层素土夯实→灰土垫层→压实→碎石垫层→摊铺碾压→素混凝土垫层施工。

（1）灰土垫层。灰土垫层采用人工摊铺压实，根据各桩点设计标高进行，灰土要求回填厚度一致，颗粒大小均匀。摊铺完成后采用重锤夯实，用平拱板及小线检验其平整度。

（2）碎石垫层施工。在已完成的灰土垫层上采用人工摊铺，按各坐标桩标高确定碎石摊铺厚度，碎石应尽量一次性上齐，其厚度应一致，颗粒均匀分布。

（3）素混凝土垫层施工。素混凝土垫层施工应按下列要求：

在已完成的基层上定点放样，根据设计尺寸确定其中心线、边线及标高，并打设龙门桩。在混凝土垫层边处，放置施工挡板，挡板高度应比垫层设计高度略高，但不宜太高，并在挡板上划出标高线。

对基层杂物等应清理干净，并浇水湿润，待稍干后进行浇筑。

在浇筑过程中，严格按施工配合比进行搅拌、浇筑、捣实，稍干后用抹灰砂浆抹至设计标高。

混凝土垫层施工完成后应及时养护。

三、花坛的边墙砌筑

花坛的边墙也称花坛的边缘石。花坛的边缘石高度通常为 100～150mm，宽度应不少于 100mm，可用大理石、花岗岩、陶瓷砖、玻璃砖等材料，其色彩应与其周围地面的铺装材料相协调，色彩要朴素，形式要简洁明快。砌筑材料可用 MU10 强度等级的砖，砌筑砂浆用 1:2 水泥砂浆。

图 10-37 所示的是花坛边缘石构造图。

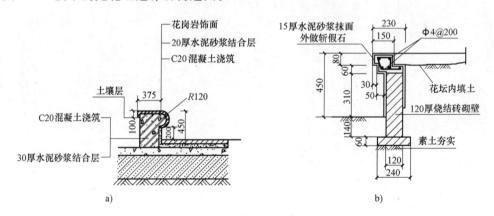

图 10-37　边墙构造图
a）混凝土坛壁　b）烧结砖砌壁

（1）砌砖前，应首先对花坛位置尺寸及标高进行复核，并在混凝土垫层上弹出其中心线、边线及水平线。

（2）对砖进行浇水湿润，其含水率一般控制在 10%～15% 左右。

（3）对基层砂灰、杂物进行清理并浇水湿润。

（4）砌筑时，在花坛四周转角处设置皮数杆，并挂线控制（一般控制在每 10 皮砖 630～650mm 左右）。

（5）如果边墙上设计有防护栏时，则应做防护栏的固定预埋件。如边墙侧设计有座椅时，也要进行同时施工。

（6）砖砌花坛要求砂浆饱满，上下错缝，内外搭接，灰缝均匀。

四、花坛边墙装饰

（1）材料选用：严格按设计图样及甲方要求选用材料，块料面层要求尺寸、规格一致，无缺棱掉角、开裂等现象。

（2）在基层抹灰前，应先对花坛砌体表面的杂物进行清理，并浇水湿润。

（3）基层抹灰应分遍进行，不能一次性完成，应特别注意抹灰表面平整度及边线角方正，其表面平整度可用 2m 长直尺进行检查，使其表面平整度严格控制在允许偏差范围内。

（4）面层铺装。面层铺装应按下面要求进行：

1）根据块料面层尺寸在已做好的基层上预摆，达到满意效果后在基层上弹线控制。

2）铺装时应先进行两边转角处铺贴，转角接缝处铺装需切边处理，使其转角方正密实。

3）转角两边贴好后，进行拉线铺贴，严格控制面层平整度和灰缝水平度。

4）铺贴完成后，应用 1:1 水泥砂浆嵌缝，要求灰缝粗细均匀、深浅一致。

5）施工完成后，面层应无空鼓、缺棱掉角现象。

第七节 美丽乡村亮化工程施工

乡村亮化又称为乡村"光彩工程"，即采用各种灯光器具，人为地塑造夜间形象和照明的艺术化，组成一个优美壮观和富有特色的夜景图画。

一、亮化工程的内容及材料

（一）亮化工程的内容

乡村亮化工程要本着当地的经济状况和乡村总体规划方案，结合当地的自然条件和传统的灯文化进行确定。

一般乡村亮化工程主要包括如下内容：

（1）乡村路灯照明系统

（2）建筑物的亮化

（3）乡村景观照明

（4）指示灯箱及营业招牌亮化

（5）乡村广场的亮化

（6）节日时的亮化装点

（二）亮化工程所用材料

1. 乡村亮化工程的主要材料

（1）数码管，又名 LED 护栏管、LED 轮廓灯。此产品常用来做楼体轮廓安装，KTV 门面或广告招牌，以及公路和桥梁护栏亮化项目；可以达到流光溢彩的醒目效果；若做成

LED 数码管屏（LED 数码招牌）则可以展示各种炫丽的动画和花型。

（2）LED 彩虹管又名 LED 灯带，LED 美耐灯。这是亮化工程中最常用的产品之一，且价格相对便宜。主要适用于造价不高，所需效果不需要太炫丽的场所，可以做建筑物体或招牌轮廓、铁皮字或造型围边等。

（3）LED 装饰灯系列有 LED 星星灯、LED 网灯、LED 瀑布灯、LED 满天星。这些灯一般用于花木或小型景观装饰。

（4）LED 地埋灯、投光灯等。地埋灯可用于乡村广场、草坪、花坛、瀑布、喷泉水底及步行街装饰。投光灯又称聚光灯，可将光线射到需要亮化的对象上，可在无控制条件下实现渐变、跳变、色彩闪烁、随机闪烁等效果；并且还可通过 DMX 控制，实现追逐、扫描等效果。

（5）LED 发光字，可根据所安装的位置分为立体发光字和外露发光字。

（6）太阳能灯、风力发电灯等。

2. 辅助材料

辅助材料主要有：公母插头，超五类网线，两芯电源线，自攻螺钉，膨胀螺钉等。

二、乡村路灯施工

乡村道路是乡村的动脉，乡村道路路灯是为夜间行驶的车辆和行人提供必要能见度的照明设施。它不但增强了道路装饰效果，也美化和亮化了乡村夜景。

（一）路灯安装的基本要求

灯具安装高度，同一街道广场、桥梁的路灯安装高度应尽量一致。小弯灯、普通街道长臂灯和吊灯的安装高度为 6.5 ~ 7.5m；快车道弧型灯不低于 8m；慢车道弧型灯不低于 6.5m。

灯具安装纵向中心线和灯臂纵向中心线应一致，灯具横向水平线应与地面平行，紧固后目测应无歪斜。

基础坑开挖尺寸应符合设计规定，基础混凝土强度等级不应低于 C20，基础内电缆护管从基础中心穿出并应超出基础平面 30 ~ 50mm。路灯基座尺寸应符合相应灯杆的底座尺寸。

灯头固定牢靠，可调灯头应按设计调整至正确位置。

（二）灯具仰角

灯具仰角由街道宽度及配光曲线决定，每条街道的仰角应一致。

灯头可调时，应使光源中心线落在路宽的 1/3 ~ 1/2 范围内。

长臂灯（或支臂灯）灯身在安装后，灯头侧应比电杆侧仰起 100mm。

特殊灯具应根据配光曲线来决定灯具的仰角。

（三）灯头接线

灯头接线应符合下列规定：

（1）在灯臂、灯盘、灯杆内穿线不得有接头，穿线孔口或管口应光滑、无毛刺，采用绝缘套管或包扎，包扎长度不得小于 200mm。

（2）路灯安装使用的灯杆、灯臂、抱箍、螺栓、压板等金属构件应进行热镀锌处理。

（3）各种螺母紧固，宜加垫片和弹簧垫。

（4）电容器、镇流器各压线螺栓处，最多能压两个线头，线头弯曲方向应按顺时针并用平垫压紧。

（四）路灯控制箱安装

材料到场后应开箱检验，动触头与静触头的中心线应一致，触头应接触紧密；二次回路辅助开关的切换接点应动作准确，接触可靠。

配电柜（箱、盘）的漆层（镀层）应完整无损伤。固定电器的支架应刷漆。

机械闭锁、电气闭锁动作应准确、可靠。

（五）调试

安装完成后进行检查，确认无误，方可进行分项调试。

各分项调试完成后，可进行系统调试、联动调试，再试运行。

（六）太阳能照明路灯安装

太阳能照明系统以太阳光为能源，白天充电，晚上使用。无需复杂昂贵的管线铺设，可任意调整灯具的布局，安全节能，无污染，充电及开、关过程采用智能控制，自动开关，无需人工操作，工作稳定可靠，节省电费，适用乡村路灯、家庭庭院等场所使用，如图 10-38 所示。

1. 组件及功能

太阳能照明是太阳能光伏技术的应用，这种技术是利用电池组件将太阳能

图 10-38 太阳能照明

转变为电能，如图 10-39 所示。太阳能光伏系统主要包括：电池组件、蓄电池、控制器、照明荷载等。

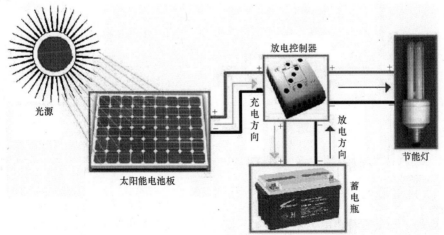

图 10-39 太阳能转为电能示意图

2. 太阳能电池

电池组件是利用半导体材料的电子学特性实现 P～V 转换的固体装置。太阳能照明灯具中的太阳能电池组件都是由多片太阳能电池并联构成的。常用的单一电池是一只硅晶体二极管，当太阳光照射到由 P 型和 N 型两种不同导电类型的同质半导电体材料构成的 P～N 结上时，太阳能辐射被半导体材料吸收，形成内建静电场，若在电场两侧引出电极并接上电荷就会形成电流。

3. 蓄电池

由于太阳能光伏发电系统的输入量极不稳定，所以要配上蓄电池系统才能工作。太阳能电池产生的直流电先进入蓄电池储存，达到一定阀值时才能供应照明荷载。

4. 控制器

控制器的作用是使太阳能电池和蓄电池安全、可靠、稳定地工作，以获得最高效率并延长蓄电池的使用寿命。另外还具有电路短路保护、雷电保护和温度补偿等功能。

5. 太阳能、风能路灯的安装

（1）太阳能路灯安装，可参照图 10-40。

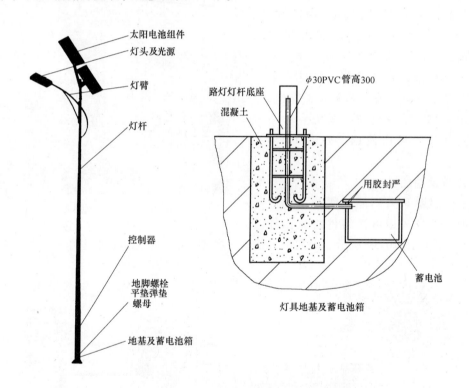

图 10-40　太阳能路灯安装示意图

（2）安装风力发电路灯时，可参照图 10-41。

三、乡村景观灯的安装

景观灯是一种很有特色的艺术灯，它不仅具有很高的照明亮度，而且还具有很高的观赏性。景观灯可安装在乡村小游园、广场、绿地等处。在比较弯曲的乡村街道，不能安装长

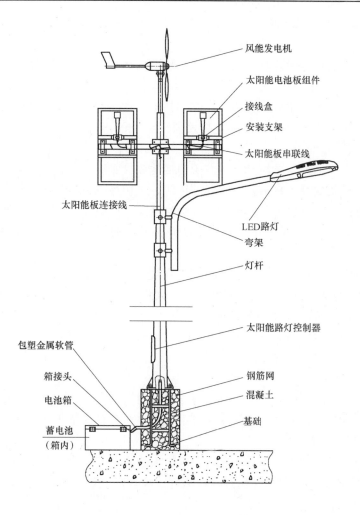

风能发电机

太阳能电池板组件

接线盒

安装支架

太阳能板串联线

太阳能板连接线

LED路灯

弯架

灯杆

太阳能路灯控制器

包塑金属软管

箱接头

电池箱

钢筋网

混凝土

基础

蓄电池
（箱内）

图 10-41 风能路灯安装示意图

杆、长臂的路灯时，也可安装立柱式景观灯，如图 10-42 所示。

图 10-42 立柱景观照明灯

（一）景观灯安装一般规定

1. 工艺流程

开箱检查→安装灯具→灯具接线→检查→通电试运行。

2. 安装规定

安装景观灯前，应测量放线，确定灯位，并根据产品的规格要求浇筑灯具基座。

在乡村人员流动比较密集的场所安装无围栏防护的落地柱式灯时，安装高度应距地面2.5m以上。

金属构架和灯具的裸露导体及金属软管的接地或接零应可靠，且应有明显的标识。

电缆和绝缘导线的分支接头，宜不断开干线，采用导电性能、防护性能良好的接线端子或线夹的连接方法。在接线端子的端部与单线绝缘层的空隙处，应用绝缘带包缠严密。

硬塑料管的相互连接处应用胶粘剂，接口必须牢固、密封，插入深度应为管内径的1.1～1.8倍。

明配硬塑料管应排列整齐，固定点的距离应均匀，管卡与终端、转弯中点、电器具或接线盒边缘的距离为150～500mm，中间的管卡最大距离：管子内径20mm以下为1.0m，管子内径25～40mm为1.5m，管子内径50mm以下为2.0m。

立柱式路灯、落地式路灯、特种园艺灯等灯具与基础固定可靠。灯具的接线盒或熔断器盒盖的防水密封垫应完整。

（二）街景亮化

采用各种灯具的光源、光色和灯具造型，对乡村街道、广场、游园、旅游景点等进行亮化和点缀，来表现和烘托景观对象的照明效果，是乡村亮化的重头戏，如图10-43所示。

（三）水景照明灯

水景照明包括喷泉照明、喷水池照明、假山人造瀑布等；喷泉照明灯具一般安装在水面下10～30mm，光源采用金属卤化物灯或白炽灯，喷水池照明可采用在水下的投光灯将喷水水头照亮，如图10-44所示。

图10-43　街景亮化效果

图10-44　水景照明效果

（四）雕塑小品照明

雕塑小品的照明多采用侧光、投光和泛光，所需灯的数量和布灯的位置应视被照物的形式而定，其照明目的是把雕塑小品照亮，但不要求均匀，依靠光影以及亮度的差别，把雕塑小品的形和体充分显示出来。

（五）古塔、古树照明

对于村中的古塔、古树照明，可在塔体或树体上安装 LED 轮廓灯，如图 10-45 所示。或在其下安装多只金属卤化物灯向上投射，形成一种特写的效果。

（六）草坪灯安装

草坪灯多用在绿化地的拐角处，或小径，或光照死角处，也有用于局部点光源的装饰。但草坪灯的设置应避免直射光进入人的视野，如图 10-46 所示。

（七）商业门脸牌匾、橱窗

乡村中的商业门脸牌匾的单体构图造型、尺度、面积应与建筑物造型、尺度和总面积的比例及风格相协调，照明色调应和周边街景相协调，并要能显眼。故一般采用 LED 发光字作为主体，并用 LED 灯将牌匾四边装饰。应注意橱窗内光源不应对观赏者产生眩光。

四、LED 灯的安装

（一）LED 护栏灯

1. LED 护栏管

LED 护栏管又称 LED 护栏灯。这种产品可作为广告牌背景，水乡中的河、湖、桥护栏，花坛四周、古建筑等轮廓的装饰，装饰效果如图 10-47 所示。

图 10-45　古塔照明

图 10-46　草坪灯

2. LED 护栏灯的安装

（1）护栏灯之间的距离可根据客户的要求而定，一般在 100～200mm 之间。

（2）将 LED 护栏灯安装到相应位置，并固定牢固。

（3）将 LED 护栏灯的信号线、电源线对接起来，信号线一般是四芯或五芯的公母插头；

电源线是两芯的公母插。

（4）安装变压器或开关电源。不管变压器的功率有多大，每边接的 LED 管最好不要超过 25m。

（5）安装 LED 护栏灯控制器时，可直接将分控器接在 LED 护栏灯上，然后将分控器与主控器的信号对接。分控器与主控器之间应采用超五线网线连接。

（6）将变压器全部接到 220V 主电源上，然后采用一个空气开关和时间开关，来控制 LED 护栏灯统一通电。

图 10-47　建筑轮廓光照效果

（7）控制器和 LED 护栏灯通电后，应对系统进行调试。在调试中，将发光不正常的管换下，直到正常运作。

（二）LED 装饰灯

LED 装饰灯系列有 LED 星星灯、LED 网灯、LED 满天星等，一般用于花木或小型景观装饰上。安装时应根据景观的结构进行方案设计，使装饰过的对象更为美丽直观，栩栩如生，如图 10-48 所示。

图 10-48　LED 满天星装饰效果

（三）LED 灯带安装

LED 灯带又称发光二级管，如图 10-49 所示。

这种产品可以任意弯曲、折叠、卷绕，可在三维空间随意移动及伸缩而不会折断。适合于不规则的地方和空间狭小的地方，又因其可以任意的弯曲和卷绕，适合于在广告装饰中组合成各种图案。

安装 LED 灯带时，尽量不要把灯带从卷轴上取下，然后再一整条拉到楼体上安装。安装时要轻拉动灯带，不要造成灯带主线断裂。如果中间有不亮的，可以用刀片切下不亮的单元，然后用中间接头对接上。户外使用时对接的插头以及尾塞处均要做好防水处理。

另外，在使用电线时要注意其功率负荷。在工程用电量不大的情况下，主线使用标准 $4mm^2$ 的主线，变压器到灯管的路线使用 $2.5mm^2$ 的电线。信号线尽可能使用超五类网线。

图 10-49　LED 灯带

变压器和控制器应做好防水防雨措施。

参 考 文 献

[1] 刘宗群，黎明. 绿色住宅绿化环境技术 [M]. 北京：化学工业出版社，2008.

[2] 金兆森. 农村规划与村庄整冶 [M]. 北京：中国建筑工业出版社，2010.

[3] 张勃，骆中钊，李松梅. 小城镇街道与广场设计 [M]. 北京：化学工业出版社，2011.

[4] 钟汉华. 建筑工程施工技术 [M]. 北京：北京大学出版社，2013.

[5] 北京土木工程学会. 建筑给水排水及采暖工程 [M]. 南京：江苏人民出版社，2013.

[6] 王君一，徐任学，等. 农村太阳能实用技术 [M]. 北京：金盾出版社，2006.

[7] 郭继业. 省柴节煤灶炕 [M]. 北京：中国农业出版社，2003.

[8] 王俊起. 农村户厕改造 [M]. 北京：中国建筑工业出版社，2010.

[9] 陈远吉，李娜. 园林工程施工技术 [M]. 北京：化学工业出版社，2012.

[10] 李映彤. 小庭院绿化设计 [M]. 北京：机械工业出版社，2010.

[11] 李映彤. 小庭院山石设计 [M]. 北京：机械工业出版社，2010.